I0031311

Heliog. Dujardin   Cliché Neurdein frères

LA TOUR EIFFEL EN 1900

G. EIFFEL

OFFICIER DE LA LÉGION D'HONNEUR

ANCIEN PRÉSIDENT DE LA SOCIÉTÉ DES INGÉNIEURS CIVILS DE FRANCE

La Tour Eiffel

EN 1900

PARIS

MASSON ET Cⁱᵉ, ÉDITEURS

LIBRAIRES DE L'ACADÉMIE DE MÉDECINE

120, Boulevard Saint-Germain

M D CCCC II

AVANT-PROPOS

En 1900, j'ai fait paraître un ouvrage constituant une monographie complète de la Tour de trois cents mètres comme historique, calculs, exécution des travaux, description des organes mécaniques, et applications scientifiques. (La Tour de trois cents mètres. *Imprimeries Lemercier, texte in-folio de 382 pages, Album de 67 planches in-folio.)*

Cette monographie, tirée à peu d'exemplaires, formait un ouvrage de luxe qui a été offert à titre de don aux bibliothèques publiques, universités, sociétés scientifiques de la France et de l'Étranger, ainsi qu'à quelques rares personnalités.

J'en ai extrait depuis un ouvrage in-quarto intitulé : « Travaux scientifiques exécutés à la Tour de trois cents mètres », *qui, comme le précédent, n'a pas été mis dans le commerce. Sous une forme plus maniable, il contenait une des parties de la monographie qui présentait le plus un caractère d'intérêt général. Le but de cet ouvrage était non seulement de rendre hommage aux travaux des nombreux savants qui ont utilisé la Tour pour leurs recherches, mais encore de répondre à ce reproche d'inutilité que tant de personnes peu renseignées adressent encore à la Tour, malgré la grande part qu'elle peut revendiquer dans le succès de l'Exposition de 1889 et malgré le rôle qu'elle a joué dans l'Exposition de 1900.*

La faveur avec laquelle ces deux ouvrages ont été accueillis m'a amené à penser qu'il y aurait utilité à mettre sous les yeux du public, dans un livre d'un prix facilement accessible, tout ce qu'il était intéressant de faire connaître sur la Tour, telle qu'elle existe en 1900, après les récentes modifications qu'elle a subies, mais en mettant de côté les détails trop exclusivement techniques, dont ceux antérieurs à 1900 peuvent toujours être retrouvés en consultant la monographie de la Tour dans les nombreuses bibliothèques qui la possèdent.

Je comprends dans l'ouvrage actuel tous les faits de 1900 concernant la Tour, mais, néanmoins, je crois devoir faire précéder leur exposé d'un chapitre relatant les origines de la Tour et le faire suivre d'un court résumé des travaux scientifiques antérieurs, d'une annexe contenant les calculs dynamiques des nouveaux ascenseurs, et enfin d'un appendice renfermant une notice sur les travaux exécutés par mes établissements industriels de 1867 à 1890.

PREMIÈRE PARTIE

LA TOUR AVANT L'EXPOSITION DE 1900

CHAPITRE I

ORIGINES DE LA TOUR

---

§ 1. — Projets antérieurs.

Sans remonter à la Tour de Babel, on peut observer que l'idée même de la construction d'une Tour de très grande hauteur a depuis longtemps hanté l'imagination des hommes.

Cette sorte de victoire sur cette terrible loi de la pesanteur qui attache l'homme au sol, lui a toujours paru un symbole de la force et des difficultés vaincues.

Pour ne parler que des faits de notre siècle, la *Tour de mille pieds*, qui dépassait par sa hauteur le double de celle que les monuments les plus élevés construits jusqu'alors avaient permis d'atteindre, s'était posée dans l'esprit des ingénieurs anglais et américains comme un problème bien tentant à résoudre. L'emploi nouveau du métal dans la construction permettait d'ailleurs de l'aborder avec chance de succès.

En effet, les ressources de la maçonnerie, au point de vue de la construction d'un édifice très élevé, sont fort limitées. Dès que l'on aborde ces grandes hauteurs de mille pieds, les pressions deviennent tellement considérables que l'on se heurte à des impossibilités pratiques qui rejettent l'édifice projeté au rang des chimères irréalisables.

Mais il n'en est pas de même avec l'emploi de la fonte, du fer ou de l'acier, que ce siècle a vu naître comme matériaux de construction, et qui a pris un développement si considérable. Les résistances de ces métaux se meuvent dans un champ beaucoup plus étendu, et leurs ressources sont toutes différentes.

Aussi, dès la première apparition de leur emploi dans la construction, l'ingénieur anglais Trevithick, en 1833, proposa d'ériger une immense colonne en fonte ajourée de 1.000 pieds de hauteur (304,80 m), ayant 30 m à la base et 3,60 m au sommet. Mais ce projet fort peu étudié ne reçut aucun commencement d'exécution.

La première étude sérieuse qui suivit eut lieu en 1874, à l'occasion de l'Exposition de Philadelphie. Il fut parlé plus que jamais de la Tour de mille pieds, dont le projet (décrit dans la Revue scientifique *La Nature*) avait été établi par deux ingénieurs américains distingués, MM. Clarke et Reeves. Elle était constituée par un cylindre en fer de 9 m de diamètre maintenu par des haubans métalliques disposés sur tout son pourtour et venant se rattacher à une base de 45 m de diamètre. Malgré le bruit fait autour de ce projet et le génie novateur du Nouveau Monde, soit que la construction parût trop hardie, soit que les capitaux eussent manqué, on recula au dernier moment devant son exécution; mais cette conception était déjà entrée dans le domaine de l'ingénieur.

En 1881, M. Sébillot revint d'Amérique avec le dessin d'une Tour en fer de 300 m, surmontée d'un foyer électrique pour l'éclairage de Paris, projet sur le caractère pratique duquel il n'y a pas à insister.

MM. Bourdais et Sébillot reprirent en commun l'idée de cet édifice, mais leur *Tour soleil* était cette fois en maçonnerie. Ce projet soulevait de nombreuses objections qui s'appliquent d'ailleurs à une construction quelconque de ce genre.

La difficulté des fondations, les conséquences dangereuses qui pourraient résulter, soit des tassements inégaux du sol (tassements qui, dans le cas d'une Tour en fer, n'ont aucun inconvénient sérieux), soit

des tassements inégaux des mortiers et de leur prise insuffisante au sein
de ces gros massifs, les difficultés et les lenteurs de construction qu'en-
traînerait la mise en œuvre du cube énorme des maçonneries nécessaires,
ainsi que le prix considérable de l'ouvrage, — toutes ces considérations
nous ont donné la conviction qu'une tour en maçonnerie, très difficile à
projeter théoriquement, présenterait en pratique des dangers et des
inconvénients considérables, dont le moindre est celui d'une dépense
tout à fait disproportionnée avec le but à atteindre. Le fer ou l'acier
nous semble donc la seule matière capable de mener à la solution du
problème. Du reste, l'Antiquité, le Moyen Age et la Renaissance ont
poussé l'emploi de la pierre à ses extrêmes limites de hardiesse, et il ne
semble guère possible d'aller beaucoup plus loin que nos devanciers
avec les mêmes matériaux, — d'autant plus que l'art de la construction
n'a pas fait de très notables progrès dans ce sens depuis bien longtemps
déjà.

Voici la hauteur des plus hauts monuments du monde actuellement
existants :

Colonne de la place Vendôme	45	mètres.
Colonne de la Bastille	47	—
Tours de Notre-Dame de Paris	66	—
Panthéon	79	—
Capitole de Washington	93	—
Cathédrale d'Amiens	100	—
Flèche des Invalides	105	—
Dôme de Milan	109	—
Saint-Paul de Londres	110	—
Cathédrale de Chartres	113	—
Tour Saint-Michel à Bordeaux	113	—
Cathédrale d'Anvers	120	—
Saint-Pierre de Rome	132	—
Tour Saint-Étienne à Vienne	138	—
Cathédrale de Strasbourg	142	—
Pyramide de Chéops	146	—
Cathédrale de Rouen	150	—
Cathédrale de Cologne	156	—
Obélisque de Washington	169	—
Tour Môle Antonelliana à Turin	170	—

L'édifice, tel que nous le projetions avec sa hauteur inusitée,
exigeait donc rationnellement une matière sinon nouvelle, mais au

moins que l'industrie n'avait pas encore mise à la portée des ingénieurs et des architectes qui nous avaient précédés. Cette matière ne pouvait pas être la fonte, laquelle résiste très mal à des efforts autres que ceux de simple compression; ce devait être exclusivement le fer ou l'acier, par l'emploi desquels les plus difficiles problèmes de construction se résolvent si simplement, en nous permettant d'établir couramment soit des charpentes, soit des ponts à grande portée, qui auraient paru autrefois irréalisables.

§ 2. — Considérations générales sur les piles métalliques.

J'avais eu l'occasion, dans ma carrière industrielle, de faire de nombreuses études sur les piles métalliques, notamment en 1869 avec M. Nordling, ingénieur de la Compagnie d'Orléans. Je construisis, sous les ordres de cet éminent ingénieur, deux des grands viaducs de la ligne de Commentry à Gannat, ceux de la Sioule et de Neuvial.

Les piles de ces viaducs, dont la partie métallique atteint une hauteur de 51 m au-dessus du soubassement en maçonnerie, étaient constituées par des colonnes en fonte, réunies par des entretoises en fer.

Je me suis attaché depuis à ce genre de construction, mais en remplaçant la fonte par le fer afin d'augmenter les garanties de solidité.

Le type de piles que j'y ai substitué consiste à former celles-ci par quatre grands caissons quadrangulaires, ouverts du côté de l'intérieur de la pile, et dans lesquels viennent s'insérer de longues barres de contreventement de section carrée, susceptibles de travailler aussi bien à la compression qu'à l'extension sous les efforts du vent.

Ce type est devenu courant et je l'ai employé à de nombreux viaducs. Parmi ceux-ci je ne citerai que le pont du Douro, à Porto, — dont l'arche centrale comporte un arc métallique de 160 m d'ouverture et de 42,50 m de flèche, — et le viaduc de Garabit (Cantal), qui franchit la Truyère à une hauteur de 122 m. On sait que ce viaduc, d'une longueur de 564 m, a été établi sur le type du pont du Douro et que son arche centrale est formée par un arc parabolique de 165 m d'ouverture et de 57 m de flèche. C'est dans ce dernier ouvrage que je réalisai le type définitif de ces piles, dont la hauteur atteint 61 *m* pour la partie métallique seule.

La rigidité des piles ainsi constituées est très grande, leur entretien très facile et leur ensemble a un réel caractère de force et d'élégance.

Mais si l'on veut aborder des hauteurs encore plus grandes et dépasser 100 *m*, par exemple, il devient nécessaire de modifier le mode de construction. — En effet, si les pieds de la pile atteignent la largeur de 25 à 30 *m* nécessaire pour ces hauteurs, les diagonales d'entretoisement qui les réunissent prennent une telle longueur que, même établies en forme de caisson, elles deviennent d'une efficacité à peu près illusoire et en même temps leur poids devient relativement très élevé. Il y a donc grand avantage à se débarrasser complètement de ces pièces accessoires et à donner à la pile une forme telle que tous les efforts tranchants viennent se concentrer dans ses arêtes. A cet effet il y a intérêt à la réduire à quatre grands montants dégagés de tout treillis de contreventement et réunis simplement par quelques ceintures horizontales très espacées.

S'il s'agit d'une pile supportant un tablier métallique, et si l'on ne tient compte que de l'effet du vent sur le tablier lui-même, lequel est toujours considérable par rapport à celui qui s'exerce sur la pile, il suffira, pour pouvoir supprimer les barres de contreventement des faces verticales, de faire passer les deux axes des arbalétriers par un point unique placé sur le sommet de cette pile.

Il est évident, dans ce cas, que l'effort horizontal du vent pourra se décomposer directement suivant les axes de ces arbalétriers, et que ceux-ci ne seront soumis à aucun effort tranchant.

Si, au contraire, il s'agit d'une très grande pile, telle que la Tour actuelle, dans laquelle il n'y a plus au sommet la réaction horizontale du vent sur le tablier, mais simplement l'action du vent sur la pile elle-même, les choses se passent différemment, et il convient, pour supprimer l'emploi des barres de treillis, de donner aux montants une courbure telle que les tangentes à ces montants, menées en des points situés à la même hauteur, viennent toujours se rencontrer au point de passage de la résultante des actions que le vent exerce sur la partie de la pile qui se trouve au-dessus des points considérés.

Enfin, dans le cas où l'on veut tenir compte à la fois de l'action du vent sur le tablier supérieur du viaduc et de celle que subit la pile elle-même, la courbe extérieure de la pile est moins infléchie et se rapproche de la ligne droite.

Ce nouveau système de piles sans entretoisements et à arêtes courbes fournit pour la première fois la solution complète des piles d'une hauteur quelconque.

§ 3. — Avant-projet de la Tour actuelle.

C'est l'ensemble de ces recherches qui me conduisit tout de suite à considérer comme réalisable, à l'aide d'études approfondies, l'avant-projet que deux de mes plus distingués collaborateurs, MM. Émile Nouguier et Maurice Kœchlin, ingénieurs de ma maison, me présentèrent pour l'édification, en vue de l'Exposition de 1889, d'un grand pylône de 300 m; cet avant-projet réalisait, d'après des études qui nous étaient communes, le problème de la Tour de 1.000 pieds. Ils s'adjoignirent pour la partie architecturale M. Sauvestre, architecte.

Je n'hésitai pas à assumer la responsabilité de cette entreprise et à consacrer à sa réalisation des efforts que je ne croyais certes pas, à ce moment, devoir être aussi grands.

Quoique j'aie moi-même dirigé les études définitives et l'exécution de l'œuvre avec l'aide des ingénieurs de ma maison, j'attribue avec d'autant plus de plaisir à MM. Nouguier et Kœchlin, mes collaborateurs habituels, la part qui leur revient, que, soit pour les études définitives, soit pour les travaux de montage, ils n'ont cessé de m'apporter un concours qui m'a été des plus précieux. M. Maurice Kœchlin principalement a suivi toutes les études avec une science et un zèle auxquels je me plais à rendre hommage.

§ 4. — Présentation et approbation des projets.

On me permettra de faire, pour l'historique de cette période, de larges emprunts au magistral *Rapport Général* de M. Alfred Picard, Inspecteur Général des Ponts et Chaussées, Président de section au Conseil d'État, aujourd'hui Commissaire Général de l'Exposition de 1900 (Tome deuxième — Tour Eiffel).

« Ces indications (*sur les hautes piles métalliques*) mettent en lumière et montrent en même temps combien, dans les ouvrages considérables, on était resté loin de la hauteur assignée à la Tour du Champ-de-Mars. Elles mettent aussi en lumière la part si large prise par M. Eiffel dans l'étude et l'exécution des travaux de ce genre : par sa science, par son expérience, par les progrès considérables qu'il a réalisés dans les procédés de montage, par la puissance de production de ses ateliers, cet éminent constructeur était tout désigné pour entreprendre l'œuvre colossale qui a définitivement consacré sa réputation.

« L'entreprise était bien faite pour tenter un constructeur habile, expérimenté et audacieux comme M. Eiffel : il n'hésita point à en assumer la charge et à présenter des propositions fermes au Ministre du Commerce et de l'Industrie en vue de comprendre la Tour dans le cadre de l'Exposition universelle de 1889.

« Dans la pensée de M. Eiffel, cette œuvre colossale devait constituer une éclatante manifestation de la puissance industrielle de notre pays, attester les immenses progrès réalisés dans l'art des constructions métalliques, célébrer l'essor inouï du génie civil au cours de ce siècle, attirer de nombreux visiteurs et contribuer largement au succès des grandes assises pacifiques organisées pour le Centenaire de 1789.

« Les ouvertures de M. Eiffel reçurent un accueil favorable de l'Administration. Lorsque, à la date du 1er mai 1886, M. Lockroy, alors Ministre du Commerce et de l'Industrie, arrêta le programme du concours pour l'Exposition de 1889, il y inséra l'article suivant : « Les « concurrents devront étudier la possibilité d'élever sur le Champ-de- « Mars une Tour en fer à base carrée, de 125 m de côté à la base « et de 300 m de hauteur. Ils feront figurer cette Tour sur le plan du « Champ-de-Mars, et, s'ils le jugent convenable, ils pourront présenter « un autre plan sans ladite Tour. »

« On peut dire que, dès cette époque, le travail était décidé en principe. »

Peu de jours après, le 12 mai 1886, M. Lockroy instituait une Commission pour l'étude et l'examen du projet d'exécution que j'avais présenté.

Cette Commission était ainsi composée : Le Ministre du Commerce et de l'Industrie, président ; — MM. J. Alphand, Directeur des travaux de la Ville de Paris ; — G. Berger, ancien Commissaire des Expositions internationales ; — E. Brune, architecte, professeur à l'École des Beaux-Arts ; — Ed. Collignon, ingénieur en chef des Ponts et Chaussées ; — V. Contamin, professeur à l'École Centrale ; — Cuvinot, sénateur ; — Hersent, Président de la Société des ingénieurs civils ; — Hervé-Mangon, Membre de l'Institut ; — Ménard-Dorian, député ; — Molinos, Administrateur des Forges et Aciéries de la Marine ; — Amiral Mouchez, Directeur de l'Observatoire ; — Phillipps, Membre de l'Institut.

« La Commission s'est réunie au Ministère du Commerce et de l'Industrie, le 15 mai 1886. Dans cette première séance, le Ministre a rappelé que l'adoption définitive du projet présenté par M. G. Eiffel restait subordonnée aux décisions ultérieures de la Commission de contrôle et de finances, et que la Commission actuelle était exclusivement chargée d'étudier ce projet au point de vue technique et d'émettre un avis motivé sur les avantages qu'il présente et les modifications qu'il pourrait comporter. La Commission a entendu les explications fournies par M. G. Eiffel et a confié l'étude détaillée des plans et la vérification des calculs à une Sous-Commission composée de MM. Phillipps, Collignon et Contamin.

« Dans sa seconde séance, tenue le 12 juin, la Commission a reçu lecture du rapport présenté, au nom de la Sous-Commission, par M. Collignon, et, par un vote, a adopté à l'unanimité les conclusions de ce rapport. Ensuite, sur l'invitation du Ministre, elle s'est livrée à l'examen des divers autres projets de Tour dont le Ministre s'était trouvé saisi dans l'intervalle des deux séances. Après avoir successivement examiné les projets présentés par MM. Boucher, Bourdais, Henry, Marion, Pochet, Robert, Rouyer et Speyser, la Commission a écarté plusieurs d'entre eux comme irréalisables, quelques autres comme insuffisamment étudiés, et finalement, sur la proposition de M. Alphand, elle a déclaré, *à l'unanimité*, que la Tour à édifier en vue de l'Exposition universelle de 1889 devait offrir nettement un caractère déterminé, qu'elle devait apparaître *comme un chef-d'œuvre original d'industrie métallique* et *que la Tour Eiffel semblait seule répondre pleinement à ce but*. En conséquence, la Commission, dans les limites du mandat purement technique qui lui était confié, a proposé au Ministre l'adoption du projet de Tour Eiffel, sous la double réserve que l'ingénieur-constructeur aurait à étudier d'une manière plus précise le mécanisme des ascenseurs, et que trois spécialistes, MM. Mascart, Becquerel et Berger, seraient priés de donner leur avis motivé sur les mesures à prendre au sujet des phénomènes électriques qui pourraient se produire. » (*Extrait des procès-verbaux de la Commission.*)

§ 5. — Traité définitif.

« Le 8 janvier 1887 (1), MM. Lockroy, Ministre, Commissaire général de l'Exposition, Poubelle, Préfet de la Seine, dûment autorisé par le Conseil municipal, et Eiffel, soumissionnaire, signaient une convention aux termes de laquelle ce dernier s'engageait définitivement à exécuter la Tour de 300 *m* et à la mettre en exploitation à l'ouverture de l'Exposition de 1889.

« M. Eiffel demeurait soumis au contrôle des ingénieurs de l'Exposition et de la Commission spéciale instituée le 12 mai 1886.

« Il recevait :

« 1° Une subvention de 1.500.000 *fr* échelonnée en trois termes, dont le dernier échéant à la réception de l'ouvrage ;

« 2° L'autorisation d'exploiter la Tour pendant toute la durée de l'Exposition, tant au point de vue de l'ascension du public qu'au point de vue de l'installation de restaurants, cafés ou autres établissements analogues, sous la double condition que le prix de l'ascension entre 11 heures du matin et 6 heures du soir serait limité, les jours ordinaires, à 5 *fr* pour le sommet et à 2 *fr* pour le premier étage, et les dimanches et jours fériés, à 2 *fr* pour le sommet et à 0,50 *fr* pour le premier étage, et que les concessions de cafés, restaurants, etc., seraient approuvées par le Ministre ;

3° La continuation de la jouissance pendant vingt ans à compter du 1ᵉʳ janvier 1890.

« A l'expiration de ce dernier délai, la jouissance de la Tour devait faire retour à la Ville de Paris, qui était d'ailleurs substituée à l'État dans la propriété du monument, dès après l'Exposition. »

(1) *Rapport Général* de M. Alfred Picard.

2

§ 6. — Protestation des Artistes.

« Il avait fallu beaucoup de ténacité à M. Eiffel et quelque courage au Ministre, Commissaire général, pour conclure cette convention.

« Sans parler des sceptiques qui avaient mis en doute la possibilité de mener à bien une œuvre si nouvelle et si gigantesque, on avait assisté à une véritable levée de boucliers de la part des artistes.

« Voici une lettre fort curieuse, au point de vue historique, qui était adressée à M. Alphand, vers le commencement de février 1887, et qui portait la signature des peintres, des sculpteurs, des architectes et des écrivains les plus connus :

Nous venons, écrivains, peintres, sculpteurs, architectes, amateurs passionnés de la beauté jusqu'ici intacte de Paris, protester de toutes nos forces, de toute notre indignation, au nom du goût français méconnu, au nom de l'art et de l'histoire français menacés, contre l'érection, en plein cœur de notre capitale, de l'inutile et monstrueuse Tour Eiffel, que la malignité publique, souvent empreinte de bon sens et d'esprit de justice, a déjà baptisée du nom de « Tour de Babel ».

Sans tomber dans l'exaltation du chauvinisme, nous avons le droit de proclamer bien haut que Paris est la ville sans rivale dans le monde. Au-dessus de ses rues, de ses boulevards élargis, le long de ses quais admirables, du milieu de ses magnifiques promenades, surgissent les plus nobles monuments que le génie humain ait enfantés. L'âme de la France, créatrice de chefs-d'œuvre, resplendit parmi cette floraison auguste de pierres. L'Italie, l'Allemagne, les Flandres, si fières à juste titre de leur héritage artistique, ne possèdent rien qui soit comparable au nôtre, et de tous les coins de l'univers Paris attire les curiosités et les admirations. Allons-nous donc laisser profaner tout cela? La ville de Paris va-t-elle donc s'associer plus longtemps aux baroques, aux mercantiles imaginations d'un constructeur de machines, pour s'enlaidir irréparablement et se déshonorer? Car la Tour Eiffel, dont la commerciale Amérique elle-même ne voudrait pas, c'est, n'en doutez pas, le déshonneur de Paris. Chacun le sent, chacun le dit, chacun s'en afflige profondément, et nous ne sommes qu'un faible écho de l'opinion universelle, si légitimement alarmée. Enfin,

lorsque les étrangers viendront visiter notre Exposition, ils s'écrieront, étonnés :
« Quoi? C'est cette horreur que les Français ont trouvée pour nous donner
une idée de leur goût si fort vanté? » Ils auront raison de se moquer de nous,
parce que le Paris des gothiques sublimes, le Paris de Jean Goujon, de
Germain Pilon, de Puget, de Rude, de Barye, etc..., sera devenu le Paris de
M. Eiffel.

Il suffit, d'ailleurs, pour se rendre compte de ce que nous avançons, de se
figurer un instant une Tour vertigineusement ridicule, dominant Paris, ainsi
qu'une noire et gigantesque cheminée d'usine, écrasant de sa masse barbare
Notre-Dame, la Sainte-Chapelle, la Tour Saint-Jacques, le Louvre, le dôme des
Invalides, l'Arc de Triomphe, tous nos monuments humiliés, toutes nos archi-
tectures rapetissées, qui disparaîtront dans ce rêve stupéfiant. Et pendant
vingt ans, nous verrons s'allonger sur la ville entière, frémissante encore du
génie de tant de siècles, nous verrons s'allonger comme une tache d'encre
l'ombre odieuse de l'odieuse colonne de tôle boulonnée.

C'est à vous qui aimez tant Paris, qui l'avez tant embelli, qui l'avez tant
de fois protégé contre les dévastations administratives et le vandalisme des
entreprises industrielles, qu'appartient l'honneur de le défendre une fois de plus.
Nous nous en remettons à vous du soin de plaider la cause de Paris, sachant
que vous y dépenserez toute l'énergie, toute l'éloquence que doit inspirer à un
artiste tel que vous l'amour de ce qui est beau, de ce qui est grand, de ce qui
est juste. Et si notre cri d'alarme n'est pas entendu, si nos raisons ne sont pas
écoutées, si Paris s'obstine dans l'idée de déshonorer Paris, nous aurons du moins,
vous et nous, fait entendre une protestation qui honore.

« De la forme de cette philippique, je ne dirai rien : les grands écrivains qui l'ont revêtue de leur signature avaient cependant donné jusqu'alors à leurs lecteurs une idée différente de la langue française.

« Dans le fond, l'attaque était tout à fait excessive, quelles que
fussent les vues des protestataires sur la valeur esthétique de l'œuvre.
Le crime qu'allaient commettre les organisateurs de l'Exposition, de
complicité avec M. Eiffel, n'était point si noir que Paris dût en être à
jamais déshonoré. De pareilles exagérations peuvent s'excuser de la part
des artistes, peintres, sculpteurs et même compositeurs de musique :
tout leur est permis; ils possèdent le monopole du goût; eux seuls ont
le sentiment du beau; leur sacerdoce est infaillible; leurs oracles sont

indiscutables. Peut-être les auteurs dramatiques, les poètes, les roman-
ciers et autres signataires de la lettre méritaient-ils moins d'indul-
gence.

« M. Lockroy, qui, pour être ministre, n'avait rien perdu de son
esprit si fin ni de sa verve si mordante, remit à M. Alphand une réponse
que j'ai plaisir à reproduire, en me bornant à en retrancher un passage
pour ne point citer de nom propre :

*Les journaux publient une soi-disant protestation à vous adressée par les
artistes et les littérateurs français. Il s'agit de la Tour Eiffel, que vous avez
contribué à placer dans l'enceinte de l'Exposition Universelle. A l'ampleur des
périodes, à la beauté des métaphores, à l'atticisme d'un style délicat et précis, on
devine, sans même regarder les signatures, que la protestation est due à la
collaboration des écrivains et des poètes les plus célèbres de notre temps.*

*Cette protestation est bien dure pour vous, Monsieur le Directeur des
travaux. Elle ne l'est pas moins pour moi. Paris, « frémissant encore du génie
de tant de siècles », dit-elle, et qui « est une floraison auguste de pierres parmi
lesquelles resplendit l'âme de la France », serait déshonoré si on élevait une Tour
dont « la commerciale Amérique ne voudrait pas ». « Cette main barbare »,
ajoute-t-elle dans le langage vivant et coloré qu'elle emploie, gâtera « le Paris
des gothiques sublimes », le Paris des Goujon, des Pilon, des Barye et des
Rude.*

*Ce dernier passage vous frappera, sans doute, autant qu'il m'a frappé,
« car l'art et l'histoire français », comme dit la protestation, ne m'avaient point
appris encore que les Pilon, les Barye, ou même les Rude, fussent des gothiques
sublimes. Mais quand des artistes compétents affirment un fait de cette nature,
nous n'avons qu'à nous incliner...*

*Ne vous laissez donc pas impressionner par la forme qui est belle, et voyez
les faits. La protestation manque d'à-propos. Vous ferez remarquer aux signataires qui vous l'apporteront que la construction de la Tour Eiffel est décidée
depuis un an et que le chantier est ouvert depuis un mois. On pouvait protester
en temps utile : on ne l'a pas fait, et « l'indignation qui honore » a le tort
d'éclater juste trop tard.*

*J'en suis profondément peiné. Ce n'est pas que je craigne pour Paris.
Notre-Dame restera Notre-Dame et l'Arc de Triomphe restera l'Arc de
Triomphe. Mais j'aurais pu sauver la seule partie de la grande ville qui fût*

sérieusement menacée : cet incomparable carré de sable qu'on appelle le Champ-
de-Mars, si digne d'inspirer les poètes et de séduire les paysagistes.

Vous pouvez exprimer ce regret à ces Messieurs. Ne leur dites pas qu'il est
pénible de ne voir attaquer l'Exposition que par ceux qui devraient la défendre ;
qu'une protestation signée de noms si illustres aura du retentissement dans
toute l'Europe et risquera de fournir un prétexte à certains étrangers pour ne
point participer à nos fêtes ; qu'il est mauvais de chercher à ridiculiser une œuvre
pacifique à laquelle la France s'attache avec d'autant plus d'ardeur, à l'heure
présente, qu'elle se voit plus injustement suspectée au dehors. De si mesquines
considérations touchent un ministre : elles n'auraient point de valeur pour des
esprits élevés que préoccupent avant tout les intérêts de l'art et l'amour du beau.

Ce que je vous prie de faire, c'est de recevoir la protestation et de la garder.
Elle devra figurer dans les vitrines de l'Exposition. Une si belle et si noble prose,
signée de noms connus dans le monde entier, ne pourra manquer d'attirer la foule
et, peut-être, de l'étonner.

« Cette page bien française a dû étonner quelque peu les expédi-
tionnaires du Ministère ; la correspondance administrative n'est malheureusement d'ordinaire ni si vive, ni si gaie, ni si spirituelle ; sa sévérité
s'accommode mal à nos vieilles traditions gauloises. Si M. Lockroy pouvait faire école, l'exercice des fonctions publiques serait moins monotone
et certainement mieux apprécié. Le ministre avait su mettre les rieurs
de son côté. Son procès était gagné. »

Je dois ajouter, pour être juste, que les plus célèbres parmi les
signataires de la protestation lue plus haut s'empressèrent, une fois
l'œuvre achevée et consacrée par le succès, de me témoigner leur regret
d'avoir cédé aux importunités de ceux qui colportaient ce ridicule factum
et d'y avoir donné leur signature. Mais il n'en est pas moins vrai que,
s'il s'était produit avant qu'il ne fût beaucoup trop tard pour être d'un
effet quelconque, il aurait rendu plus difficile encore l'appui que le
Ministre, M. Lockroy, accorda au projet, et il en aurait peut-être
empêché la réalisation, et ce au grand préjudice de l'Exposition de 1889,
dont la Tour a été sans conteste un des plus sérieux éléments de succès.

On me permettra de rappeler ce que je disais moi-même dans un
entretien que j'eus à ce sujet avec M. Paul Bourde et qui fut reproduit
dans le journal *Le Temps* :

« Quels sont les motifs que donnent les artistes pour protester contre l'érection de la Tour? Qu'elle est inutile et monstrueuse? Nous parlerons de l'utilité tout à l'heure. Ne nous occupons pour le moment que du mérite esthétique, sur lequel les artistes sont plus particulièrement compétents.

« Je vous dirai toute ma pensée et toutes mes espérances. Je crois, pour ma part, que la Tour aura sa beauté propre. Parce que nous sommes des ingénieurs, croit-on donc que la beauté ne nous préoccupe pas dans nos constructions et qu'en même temps que nous faisons solide et durable, nous ne nous efforçons pas de faire élégant? Est-ce que les véritables conditions de la force ne sont pas toujours conformes aux conditions secrètes de l'harmonie? Le premier principe de l'esthétique architecturale est que les lignes essentielles d'un monument soient déterminées par la parfaite appropriation à sa destination. Or, de quelle condition ai-je eu, avant tout, à tenir compte dans la Tour? De la résistance au vent. Et bien! je prétends que les courbes des quatre arêtes du monument telles que le calcul les a fournies, qui, partant d'un énorme et inusité empâtement à la base, vont en s'effilant jusqu'au sommet, donneront une grande impression de force et de beauté; car elles traduiront aux yeux la hardiesse de la conception dans son ensemble, de même que les nombreux vides ménagés dans les éléments mêmes de la construction accuseront fortement le constant souci de ne pas livrer inutilement aux violences des ouragans des surfaces dangereuses pour la stabilité de l'édifice.

« Il y a, du reste, dans le colossal une attraction, un charme propre, auxquels les théories d'art ordinaires ne sont guère applicables. Soutiendra-t-on que c'est par leur valeur artistique que les Pyramides ont si fortement frappé l'imagination des hommes? Qu'est-ce autre chose, après tout, que des monticules artificiels? Et pourtant, quel est le visiteur qui reste froid en leur présence? Qui n'en est pas revenu rempli d'une irrésistible admiration! Et quelle est la source de cette admiration, sinon l'immensité de l'effort et la grandeur du résultat?

« La Tour sera le plus haut édifice qu'aient jamais élevé les hommes. — Ne sera-t-elle donc pas grandiose aussi à sa façon? Et pourquoi ce qui est admirable en Égypte deviendrait-il hideux et ridicule à Paris? Je cherche et j'avoue que je ne trouve pas.

« La protestation dit que la Tour va écraser de sa grosse masse barbare Notre-Dame, la Sainte-Chapelle, la Tour Saint-Jacques, le Louvre, le dôme des Invalides, l'Arc de Triomphe, tous nos monuments. Que de choses à la fois! Cela fait sourire, vraiment. Quand on veut admirer Notre-Dame, on va la voir du parvis. En quoi, du Champ-de-Mars, la Tour gênera-t-elle le curieux placé sur le parvis Notre-Dame, qui ne la verra pas? C'est, d'ailleurs, une des idées les plus fausses, quoique des plus répandues, même parmi les artistes, que celle qui consiste à croire qu'un édifice élevé écrase les constructions environnantes. Regardez si l'Opéra ne paraît pas plus écrasé par les maisons du voisinage qu'il ne les écrase lui-même. Allez au rond-point de l'Étoile, et, parce que l'Arc de Triomphe est grand, les maisons de la place ne vous en paraîtront pas plus petites. Au contraire, les maisons ont bien l'air d'avoir la hauteur qu'elles ont réellement, c'est-à-dire à peu près 15 m, et il faut un effort de l'esprit pour se persuader que l'Arc de Triomphe en mesure 45, c'est-à-dire trois fois plus. En conséquence, il est tout à fait illusoire que la Tour puisse porter préjudice aux autres monuments de Paris; ce sont là des mots.

« Reste la question d'utilité. Ici, puisque nous quittons le domaine artistique, il me sera bien permis d'opposer à l'opinion des artistes celle du public.

« Je ne crois point faire preuve de vanité en disant que jamais projet n'a été plus populaire; j'ai tous les jours la preuve qu'il n'y a pas dans Paris de gens, si humbles qu'ils soient, qui ne le connaissent et ne s'y intéressent. A l'étranger même, quand il m'arrive de voyager, je suis étonné du retentissement qu'il a eu.

« Quant aux savants, les vrais juges de la question d'utilité, je puis dire qu'ils sont unanimes.

« Non seulement la Tour promet d'intéressantes observations pour l'astronomie, la météorologie et la physique, non seulement elle permettra en temps de guerre de tenir Paris constamment relié au reste de la France, mais elle sera en même temps la preuve éclatante des progrès réalisés en ce siècle par l'art des ingénieurs.

« C'est seulement à notre époque, en ces dernières années, que l'on pouvait dresser des calculs assez sûrs et travailler le fer avec assez de précision pour songer à une aussi gigantesque entreprise.

« N'est-ce rien pour la gloire de Paris que ce résumé de la science contemporaine soit érigé dans ses murs ?

« La protestation gratifie la Tour d' « odieuse colonne de tôle « boulonnée ». Je n'ai point vu ce ton de dédain sans une certaine impression irritante. Il y a parmi les signataires des hommes qui ont toute mon admiration ; mais il y en a beaucoup d'autres qui ne sont connus que par des productions de l'art le plus inférieur ou par celles d'une littérature qui ne profite pas beaucoup au bon renom de notre pays.

« M. de Vogüé, dans un récent article de la *Revue des Deux Mondes*, après avoir constaté que dans n'importe quelle ville d'Europe où il passait, il entendait répéter les plus ineptes chansons alors à la mode dans nos cafés-concerts, se demandait si nous étions en train de devenir les *Græculi* du monde contemporain. Il me semble que, n'eût-elle pas d'autre raison d'être que de montrer que nous ne sommes pas simplement le pays des amuseurs, mais aussi celui des ingénieurs et des constructeurs qu'on appelle de toutes les régions du monde pour édifier les ponts, les viaducs, les gares et les grands monuments de l'industrie moderne, la Tour Eiffel mériterait d'être traitée avec considération. »

J'ai tenu à reproduire cette réplique, malgré la vivacité de sa forme, parce qu'elle rappelle l'ardeur des polémiques qui avaient été engagées au moment de la construction et les difficultés sans cesse renaissantes contre lesquelles pendant deux années j'ai eu jusqu'au bout à lutter. Mais mon projet avait deux puissants auxiliaires qui lui sont encore fidèles : le patronage des hommes connus par leur haute science et la force irrésistible de l'opinion du grand public.

§ 7. — Autres objections contre la Tour et son utilité.

Les objections les plus fréquemment mises en avant étaient que la construction elle-même était impossible, que jamais on ne pourrait lui donner une résistance capable de s'opposer à la violence du vent ; que même y arrivât-on *sur le papier*, on ne trouverait pas d'ouvriers capables de travailler à cette hauteur, les difficultés devant être encore aggravées par les énormes oscillations que prendrait cette colossale tige de fer sous l'effet des vents.

Ces objections, qui semblent actuellement bien puériles, ne me touchaient guère. Je savais, par mes travaux antérieurs, que, quand il s'agit de constructions métalliques, la science de la Résistance des matériaux est parvenue, de notre temps, à un degré de précision qui permet d'être assuré par le calcul de la détermination des efforts en chaque point de la construction et des résistances qu'on peut leur appliquer. Je savais aussi, par l'expérience acquise aux grands viaducs de Garabit, de la Tardes, etc., que je n'avais eu aucune difficulté à recruter des hommes travaillant à l'aise au-dessus de vides atteignant 125 m, et pour lesquels l'effet de la hauteur était sans conséquence appréciable. Quant aux oscillations, le calcul les montrait si faibles et si lentes que les ouvriers portés par la construction n'en devaient ressentir aucun effet gênant et à peine s'en apercevoir.

J'eus bien davantage à lutter contre cette objection sans cesse renaissante de l'*inutilité* de la Tour, qui était la *tarte à la crème* courante. Voici ce que je ne cessais de répéter :

Connue du monde entier, la Tour a frappé l'imagination de tous en leur inspirant le désir de visiter les merveilles de l'Exposition, et il est indiscutable qu'elle a excité une curiosité et un intérêt universels.

Étant la plus saisissante manifestation de l'art des constructions métalliques par lesquelles nos ingénieurs se sont illustrés en Europe, elle est une des formes les plus frappantes de notre génie national moderne.

En dehors de ces premiers résultats, dont l'importance matérielle et morale est capitale dans la circonstance, il n'est pas douteux que les visiteurs qui seront transportés au sommet de la Tour auront un vif plaisir à contempler sans danger, d'une plate-forme solide, le magnifique panorama qui les entourera. A leurs pieds, ils verront la grande ville avec ses innombrables monuments, ses avenues, ses clochers et ses dômes, la Seine qui l'entoure comme un long ruban d'argent ; plus loin, les collines qui lui forment une ceinture verdoyante, et par-dessus ces collines, un immense horizon d'une étendue de 180 km. On aura autour de soi un site d'une beauté incomparable et nouvelle, devant lequel chacun sera vivement impressionné par le sentiment des grandeurs et des beautés de la nature, en même temps que par la puissance de l'effort humain. Ces spectacles ne sont-ils pas de ceux qui élèvent l'âme ?

La Tour aura en outre des applications très variées, soit au point de vue de notre défense nationale, soit dans le domaine de la science.

« En cas de guerre ou de siège, on pourrait, du haut de la Tour, observer les mouvements de l'ennemi dans un rayon de plus de 70 km, et cela par-dessus les hauteurs qui entourent Paris, et sur lesquelles sont construits nos nouveaux forts de défense. Si l'on eût possédé la Tour pendant le siège de Paris en 1870, avec les foyers électriques intenses dont elle sera munie, qui sait si les chances de la lutte n'eussent pas été profondément modifiées ? La Tour serait la communication constante et facile entre Paris et la province à l'aide de la télégraphie optique, dont les procédés ont atteint une si remarquable perfection. » (Max de Nansouty. — *La Tour Eiffel*.)

Elle est elle-même à une distance telle des forts de défense qu'elle est absolument hors de portée des batteries de l'ennemi.

Elle sera, enfin, un observatoire météorologique merveilleux, dans lequel on pourra étudier utilement, au point de vue de l'hygiène et de la science, la direction et la violence des courants atmosphériques, l'état et la composition chimique de l'atmosphère, son électrisation, son hygrométrie, la variation de température à diverses hauteurs, etc.

Comme observations astronomiques, la pureté de l'air à cette grande hauteur et l'absence des brumes basses qui recouvrent le plus souvent l'horizon de Paris, permettront de faire un grand nombre d'observations d'astronomie physique, souvent impossibles dans notre région.

Il faut encore y ajouter l'étude de la chute des corps dans l'air, la résistance de l'air sous différentes vitesses, l'étude de la compression des gaz ou des vapeurs sous la pression d'un immense manomètre à mercure de 400 atmosphères, et toute une série d'expériences physiologiques du plus haut intérêt.

Ce sera donc pour tous un observatoire et un laboratoire tels qu'il n'en aura jamais été mis d'analogues à la disposition de la science. C'est la raison pour laquelle, dès le premier jour, tous nos savants m'ont encouragé par leurs plus hautes sympathies. Parmi ceux-ci, je dois citer tout d'abord M. Hervé Mangon, Membre de l'Institut, qui, dès le 3 mars 1885, dans une communication à la Société Météorologique de France, détaillait avec une grande science les services que devait rendre la Tour « dont », disait-il le premier, « l'utilité comme instrument de recherches scientifiques ne saurait être mis en doute ».

A ce nom je dois ajouter celui de l'amiral Mouchez, Directeur de l'Observatoire, du colonel Perrier, connu par ses grands travaux géodésiques, de M. Janssen, Directeur de l'Observatoire de Meudon, etc.

Je puis maintenant ajouter que l'expérience a réalisé leurs prévisions; j'ai publié un ouvrage qui est presque en entier consacré aux applications scientifiques et militaires de la Tour ainsi qu'aux recherches que je viens d'énumérer. Elles sont résumées dans le présent livre.

Sans m'attarder à rappeler toutes les difficultés que rencontrent, semées complaisamment sous leurs pas, tous ceux qui veulent entreprendre une œuvre nouvelle, je dirai seulement que, grâce aux bonnes raisons que je viens d'exposer rapidement et à la persévérance que je mis à leur service, la cause fut enfin gagnée : il n'y eut plus qu'à déterminer l'emplacement définitif sur lequel la Tour devait s'élever.

§ 8. — Choix de l'emplacement définitif de la Tour.

Voici sur ce sujet comment s'exprime M. Alfred Picard dans son *Rapport Général* :

« La première question à résoudre était celle de l'emplacement définitif de la Tour.

« De graves objections étaient faites au choix du Champ-de-Mars.

« Était-il rationnel de construire la Tour dans le fond de la vallée de la Seine? Ne valait-il pas mieux la placer sur un point élevé, sur une éminence, qui lui servirait en quelque sorte de piédestal et en augmenterait le relief?

« Ce gigantesque pylône n'allait-il pas écraser le palais du Champ-de-Mars?

« Convenait-il d'édifier un monument définitif dans l'emplacement où seraient sans aucun doute organisées les expositions futures, de s'astreindre ainsi à le faire nécessairement entrer dans le cadre de ces expositions, alors que la nouveauté des installations est l'un des éléments essentiels, sinon l'élément primordial du succès?

« Certes les critiques étaient graves. Mais, en éloignant la Tour, on eût tout à la fois compromis le succès financier de l'entreprise et perdu une forte part du bénéfice qu'elle devait apporter à l'Exposition de 1889. Il ne restait donc à choisir qu'entre le Champ-de-Mars et la place du Trocadéro.

« L'adoption de ce dernier emplacement n'eût fait gagner qu'une hauteur de 25 m environ, chiffre bien minime relativement aux 300 m de la Tour; elle aurait donné lieu aux plus sérieuses difficultés pour l'assiette des fondations sur un sol profondément excavé par les anciennes carrières de Paris; enfin le contact immédiat du monument avec le palais du Trocadéro eût certainement produit un effet désastreux.

« Il fallut accepter le Champ-de-Mars. Du reste, à côté de ses inconvénients, cette solution avait de réels avantages; elle permettait notamment d'utiliser la Tour comme entrée monumentale de l'Exposition, en face du pont d'Iéna, d'éviter par suite la construction d'une entrée spéciale et de réaliser de ce chef une grosse économie, tout en dotant le concessionnaire d'une subvention de 1.500.000 fr.

« Cette dernière considération, qui avait si justement frappé M. Lockroy, n'a peut-être pas toujours été suffisamment appréciée. »

En d'autres termes, la Tour est née de l'Exposition; sans celle-ci, il est probable qu'elle n'eût pas été édifiée; elle devait donc contribuer à son embellissement et à son attraction, en même temps qu'elle en bénéficierait elle-même. Son emplacement ne pouvait dès lors être que dans l'enceinte même de l'Exposition. Si celle-ci avait été à Courbevoie, la Tour l'y aurait certainement suivie; mais l'Exposition étant au Champ-de-Mars, il est peu sérieux de regretter que la Tour n'ait pas été édifiée sur le mont Valérien.

L'expérience a montré d'ailleurs que l'on ne pouvait faire un meilleur choix comme emplacement. La Tour formait en effet, dans celui qui a été adopté, une entrée triomphale à l'Exposition, et, sous ses grands arceaux, on voyait du pont d'Iéna se découper le Dôme central qui conduisait à la galerie des Machines et, de chaque côté, les dômes des galeries des Beaux-Arts et des Arts libéraux, où ils s'encadraient merveilleusement.

CHAPITRE II

---

§ 1. — Ossature et plates-formes.

La Tour a la forme d'une pyramide quadrangulaire à faces courbes, dont la hauteur est partagée en trois étages : le premier situé à 57,63 *m* au-dessus du sol, dont l'altitude est (+ 33,50), le deuxième à 115,73 *m* et le troisième à 276,13 *m*. C'est ce dernier plancher qui porte le campanile formant le couronnement de la Tour et la lanterne du phare, dont la plate-forme supérieure est à la hauteur de 300,51 *m* au-dessus du sol.

Les arêtes de la pyramide sont constituées jusqu'à la hauteur du deuxième étage par quatre montants ou piliers distincts ayant la forme de caissons carrés. A la naissance de l'ossature métallique, c'est-à-dire dans le plan horizontal passant par les points où elle s'appuie sur les soubassements en maçonnerie, ces quatre montants ont leurs centres situés suivant les sommets d'un carré de 101,40 *m* de côté. Depuis le sol jusqu'au niveau inférieur des grandes poutres en treillis qui supportent le premier étage et entretoisent les montants en formant une première ceinture horizontale, ces montants ont une inclinaison constante et leurs faces une largeur également constante de 15 *m*. Cette inclinaison est de 65°,48'49" dans le plan des faces et de 54°,35'26" dans le plan diagonal qui contient la projection de l'axe du montant.

Au delà du premier étage, leur inclinaison devient variable ainsi que leur largeur, qui va en décroissant progressivement jusqu'au deuxième étage, où elle n'est plus que de 10,41 m.

A ce deuxième étage, de nouvelles poutres horizontales entretoisent les quatre montants; mais, au delà, le mode de construction change : les faces extérieures des montants se réunissent deux à deux, leurs faces intérieures disparaissent et l'on n'a plus, dans cette partie supérieure de la Tour, qu'un grand caisson unique en forme de tronc de pyramide quadrangulaire dont la base, à la hauteur de 115,73 m, a 31,70 m de côté et dont celle au niveau du troisième étage, c'est-à-dire à la hauteur de 276,13 m, a seulement 10,00 m.

Des arcs de 74 m de diamètre se développent entre les montants à l'étage inférieur; mais leur rôle est purement décoratif.

Au premier étage sont installés, dans les espaces compris entre les montants d'une même face, quatre restaurants; de plus une galerie couverte extérieure, portée par des consoles et ayant 270 m de développement, fait le tour de la construction.

Tout l'espace compris entre les montants et dans l'intérieur de ceux-ci porte un plancher laissant un grand vide central entouré d'un garde-corps.

La surface totale des planchers de cet étage, déduction faite des vides pour le passage des ascenseurs, mais en y comprenant la galerie, est de 4.010 m^2. La surface couverte par les galeries et les restaurants est de 2.760 m^2.

Le deuxième étage a aussi une galerie extérieure établie de la même manière que celle du premier étage, mais d'un développement moindre (150,52 m^2). Le plancher s'étend à cet étage sur toute la section de la Tour, sans vide central, et donne une surface de 1.300 m^2. Sur ce plancher étaient établies une boulangerie, une imprimerie du *Figaro*, des abris fermés et des kiosques divers qui ont disparu après l'Exposition.

Le troisième étage est complètement couvert et donne avec les consoles extérieures une surface de 270 m^2. Il forme une sorte de cage vitrée par des glaces mobiles, d'où les visiteurs peuvent, à l'abri du vent qui règne fréquemment à ces hauteurs, observer le panorama qui les entoure.

Immédiatement au-dessus de cette partie couverte, se trouve une terrasse que j'avais tenu à me réserver; le centre en est occupé par des laboratoires scientifiques et par une pièce servant aux réceptions.

Au-dessus de ce bâtiment central, sont disposées les poutres en croix supportant les poulies de transmission de l'ascenseur vertical du sommet. Ces poutres sont surmontées des quatre grands arceaux à jour supportant la lanterne du phare. C'est sur la coupole supérieure de ce phare que s'appuie la petite plate-forme de 1,70 m de diamètre, qui est exactement à la hauteur de 300 m au-dessus du sol.

On peut y accéder facilement par des échelles intérieures, et l'on n'a plus au-dessus de soi que le paratonnerre.

L'axe du Champ-de-Mars étant très sensiblement incliné à 45° sur le méridien, la Tour se trouve orientée de telle façon que ses pieds sont situés aux quatre points cardinaux.

Les piliers ont été numérotés en prenant pour origine celui qui est placé près de la Seine du côté du centre de Paris. Ce pilier, qui porte le numéro 1 est le pilier Nord. L'ordre des numéros ayant été établi suivant le sens des aiguilles d'une montre, les autres piliers portent les désignations : 2 ou Est, 3 ou Sud, 4 ou Ouest.

Comme principe de construction, j'ai admis, au point de vue de la matière, l'emploi à peu près exclusif du fer de préférence à l'acier, qui a une rigidité moindre ; au point de vue de la forme des éléments, j'ai adopté celle que j'ai toujours préconisée dans les constructions sorties de mes ateliers et notamment dans les piles de nos viaducs : c'est-à-dire celle en *caissons*, qui, avec le minimum de section, donne le maximum de résistance longitudinale et transversale, et permet aux pièces ainsi constituées de travailler aussi bien à la compression qu'à l'extension.

L'emploi de cette forme en caissons, avec parois pleines pour les pièces d'exceptionnelle résistance, et avec parois évidées en treillis pour toutes les autres, beaucoup plus nombreuses, est une des caractéristiques du système de construction de la Tour.

Cet emploi presque général des caissons en treillis s'impose d'autant plus ici qu'il permet, pour une résistance déterminée, de n'opposer au vent que le minimum de surface.

§ 2. — Puissance des ascenseurs.

Pour faciliter aux nombreux visiteurs l'ascension des différents étages de la Tour, il a été nécessaire d'installer des organes mécaniques puissants permettant de transporter ces voyageurs sans fatigue et sans danger.

On a du reste, en dehors des ascenseurs, accès du sol au premier étage par deux escaliers placés dans les piliers Ouest et Est, et du premier au deuxième étage par quatre escaliers en hélice, placés respectivement dans chaque pilier.

Le nombre et la puissance des ascenseurs devaient être proportionnés au chiffre des visiteurs prévu pour chaque plate-forme; ce chiffre devait naturellement diminuer avec la hauteur de l'étage et avec l'augmentation du tarif d'ascension.

C'est ainsi que l'on fut amené à desservir la première plate-forme au moyen de deux ascenseurs spéciaux, du système Roux, Combaluzier et Lepape, installés dans les piliers Ouest et Est, qui, pratiquement, élevaient 90 personnes par voyage et effectuaient 10 voyages à l'heure, soit 900 personnes à l'heure et 1.800 pour les deux appareils.

Pour le deuxième étage, on a installé deux ascenseurs hydrauliques, système Otis, dans les piliers Nord et Sud, qui étaient capables de transporter 42 voyageurs en effectuant 9 voyages à l'heure. On a été conduit par les besoins de l'exploitation à affecter un seul de ces ascenseurs à ce service, qui comportait $42 \times 9 = 378$ voyageurs à l'heure. L'autre ascenseur fut affecté au service du premier au deuxième étage et réalisa 12 ascensions de 42 voyageurs, soit $42 \times 12 = 504$ voyageurs à l'heure. Leur ensemble permettait ainsi de monter au deuxième étage $378 + 504 = 882$ voyageurs à l'heure.

Pour l'ascension du deuxième étage au sommet, on a adopté un ascenseur vertical du système Edoux à course fractionnée et avec changement de cabine à la plate-forme intermédiaire.

Il élevait 455 personnes à l'heure à raison de 7 voyages et de 65 personnes par voyage.

§ 3. — Description sommaire des trois systèmes d'ascenseurs.

a) *Ascenseurs Roux, Combaluzier et Lepape.*

Ces deux ascenseurs ont été étudiés par M. Guyenet, ingénieur, d'après le principe du brevet de MM. Roux, Combaluzier et Lepape. Les pièces principales ont été exécutées par MM. Carion et Delmotte, d'Anzin.

Le système est basé sur le principe suivant : si l'on constitue une chaîne au moyen de bielles articulées entre elles et si on l'oblige à se déplacer dans l'intérieur d'une gaine rigide, cette chaîne sera susceptible de travailler soit à la traction, soit à la compression, et elle pourra fonctionner à la façon d'un piston unique par l'intermédiaire duquel se produira le mouvement de la cabine. Celle-ci d'ailleurs restera, en tous les points de sa course, soutenue par un appui susceptible de s'opposer à sa chute, comme cela se produit dans les ascenseurs hydrauliques du système Edoux. De plus, ce piston articulé peut se déplacer suivant un chemin courbe, ce qui le différencie du système précédent.

Le chemin de roulement sur lequel se déplace la cabine comprend deux rails placés sur les semelles supérieures de deux poutres fixées à l'ossature de la Tour. De chaque côté de ce chemin est installée la chaîne des pistons articulés sous forme de chaîne sans fin, qui engrène à la partie inférieure avec une roue motrice à empreintes R (voir schéma, fig. 1) et passe sur une poulie de renvoi lisse R', placée au-dessus du 1ᵉʳ étage.

Le brin inférieur de chacune des deux chaînes est fixé à la cabine, laquelle est portée par des galets roulant sur une file de rails placés sur les poutres du chemin de roulement.

Chacun des circuits est enfermé dans une gaine continue qui entoure la roue motrice et la poulie de renvoi. Dans la portion correspondante à la course de la cabine, les deux parties de cette gaine sont juxtaposées.

L'attache de la cabine se fait au moyen d'une traverse en fer P_1, faisant partie du circuit (voir fig. 1). Pour lui livrer passage pendant la marche de la cabine, la gaine inférieure est ouverte latéralement. Les pistons courants P sont formés de barres de 1 m de longueur, articulées entre elles à leurs extrémités. Chacune de ces articulations porte deux

4

galets de 140 *mm* de diamètre, se déplaçant chacun entre deux rails fixés à la gaine, de sorte que la gaine rectangulaire renferme quatre rails

Coupe des gaines
au ⅟₁₀ᵉ.

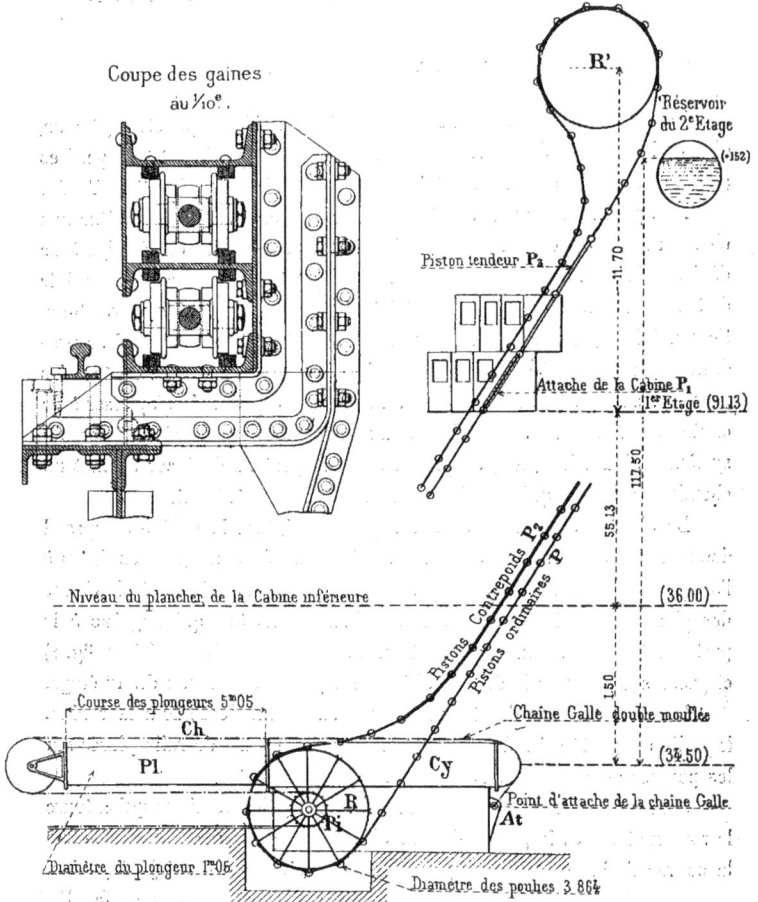

Fig. 1. — Schéma de l'ascenseur Combaluzier.

placés près des angles, deux à la partie inférieure et deux à la partie supérieure (voir coupe des gaines de la fig. 1).

Dans chacun de ces circuits sont intercalés deux pistons tendeurs P_t (fig. 1) servant à augmenter ou diminuer sa tension, et des pistons contrepoids P_t, destinés à équilibrer en partie le poids de la cage.

Chacun est actionné par un moteur hydraulique absolument indépendant, qui se compose d'un cylindre hydraulique à simple effet Cy dans lequel se meut un piston plongeur Pl, portant à son extrémité deux poulies de mouflage, sur chacune desquelles passe une chaîne de Galle, Ch. Ces chaînes, fixées à l'une de leurs extrémités At, actionnent, après avoir passé sur les poulies de mouflage, des pignons Pi montés sur l'arbre portant la poulie motrice de la chaîne des pistons articulés.

Pour la montée, on fait communiquer les cylindres avec l'eau sous pression; les pistons, poussés en avant, entraînent les chaînes de Galle qui font tourner les arbres moteurs. Pour la descente, on fait communiquer les cylindres avec l'évacuation; le poids de la cage qui n'est pas complètement équilibré fait, par l'intermédiaire des pistons articulés, tourner les roues motrices et rentrer les plongeurs dans le cylindre.

b) *Ascenseurs Otis.*

Deux ascenseurs de ce système sont installés, l'un dans le pilier Nord, l'autre dans le pilier Sud. Le projet en a été établi par la Société américaine des ascenseurs

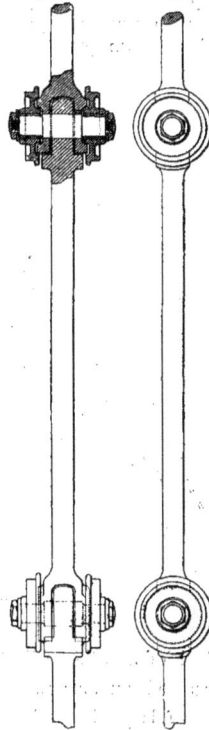

Fig. 2. — *Pistons articulés au 1/10e.*

Otis, qui a construit, dans ses ateliers de New-York, la presque totalité des pièces du mécanisme.

L'ascenseur Otis présente la disposition générale des appareils hydrauliques à système funiculaire : c'est-à-dire que la cabine est mue par un palan relié à un piston hydraulique. La puissance est appliquée directement sur le moufle et la résistance sur le garant.

Ce dispositif a l'avantage de permettre la course très considérable de la cabine, soit 129,96 m, par un déplacement relativement faible du piston, soit 10,83 m en employant un palan à 12 brins; mais, en revanche, il nécessite un grand effort, lequel, abstraction faite des frottements, est

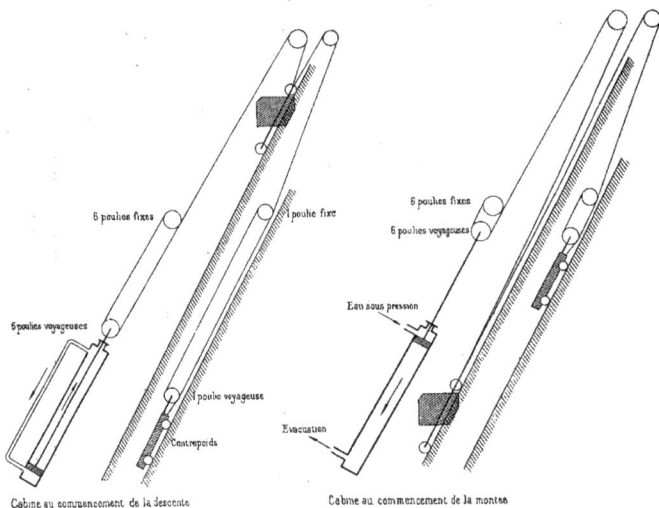

Fig. 3. — *Schéma de l'ascenseur.*

égal à douze fois l'effort de traction sur la cabine. Cet effort est obtenu par de l'eau sous une pression de 12 *kg* environ.

A la partie inférieure des piliers Nord et Sud de la Tour, est disposé un long cylindre incliné de 0,965 *m* de diamètre intérieur et de 13 *m* de longueur environ, dans lequel se meut le piston; au-dessus de celui-ci agit l'eau emmagasinée dans un réservoir situé sur la seconde plate-forme. Deux tiges rattachent le piston à un chariot mobile, portant 6 poulies à gorge de 1,52 *m* de diamètre.

Le cylindre et la voie du chariot reposent sur deux poutres inclinées de 61°,20 sur l'horizontale et présentant une longueur de 40 *m*. A l'extré-

mité supérieure de ces poutres, sont installées 6 poulies fixes, en correspondance avec les poulies du chariot pour constituer un grand palan
mouflé à 12 brins. Le dormant est fixé sur le sommet des poutres et
l'extrémité du garant entraîne la cabine.

Pour diminuer l'effort de traction, on équilibre une partie du poids
mort au moyen d'un contrepoids se déplaçant sur un chemin de roulement
spécial, et on ne laisse à la cabine que l'excédent nécessaire pour qu'elle
puisse descendre seule à vide, en entraînant le chariot des poulies mobiles
et le piston; car, ainsi que nous l'avons dit plus haut, la pression d'eau
n'est jamais introduite que par le haut du cylindre, qui travaille à simple
effet.

Ces premières indications suffisent à expliquer le fonctionnement
général de l'ascenseur. Lorsque l'eau sous pression est introduite au-dessus
du piston, celui-ci tire le chariot de haut en bas, le garant passe sur un
système de poulies de renvoi placées au deuxième étage et la cabine est
entraînée en sens inverse (voir fig. 3).

Pour opérer la descente, on établit la communication entre le haut et
le bas du cylindre : la cabine descend alors sous l'action de son poids en
faisant remonter le chariot du palan et le piston. Dans ces deux mouvements les tiges du piston travaillent toujours à la traction, c'est-à-dire
dans les meilleures conditions, en raison de leur grande longueur.

Pendant l'arrêt, l'eau ne circule ni ne s'introduit dans le cylindre.

c) Ascenseur Edoux.

L'ascenseur destiné à transporter les voyageurs de la Tour, de la
deuxième à la troisième plate-forme, est un ascenseur hydraulique vertical
d'une course totale de 160,40 m. Il a été étudié et construit par M. Edoux,
constructeur à Paris.

Le principe des appareils de ce genre est connu : Un piston métallique, ayant pour hauteur celle de la distance à parcourir, se déplace dans
un cylindre vertical, et porte à sa partie supérieure la cabine destinée à
recevoir les voyageurs; le système ainsi constitué est équilibré par des
contrepoids convenablement disposés et calculés.

Ce type d'ascenseur, en raison de la course exceptionnelle à fournir,
ne pouvait s'appliquer tel quel à la Tour, et l'appareil à réaliser devait être

constitué de façon qu'aucun de ses organes ne pénétrât au-dessous du niveau inférieur des ceintures du deuxième étage.

À cet effet, on a divisé la course en deux parties égales en établissant à mi-hauteur un plancher intermédiaire (voir fig. 4).

La portion de course comprise entre ce plancher intermédiaire et la troisième plate-forme (soit 80,20 m) est franchie en faisant, comme d'ordinaire, supporter la cabine par la tête des pistons hydrauliques, dont les deux cylindres A sont logés entre le deuxième étage et le plancher intermédiaire.

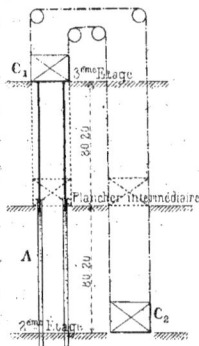

Fig. 4. — *Schéma de l'ascenseur Edoux.*

Mais, de plus, quand l'une des cabines C₁ monte de la plate-forme intermédiaire au troisième étage, l'autre, C₂, formant contrepoids, descend de la plate-forme intermédiaire au deuxième étage et *vice versa*.

Les voyageurs changent de cabine au plancher intermédiaire, et parcourent la course totale de 160,40 m par le double mouvement de descente et de montée du piston.

Le projet avait d'abord été établi avec un piston central de 0,45 m de diamètre; mais on reconnut bien vite que le vent aurait sur ce piston une action des plus fâcheuses, en faisant prendre une flèche inadmissible à cette longue tige abandonnée sur une longueur de 80 m. La flèche aurait atteint 2,00 m pour les vents de 100 kg. Aussi, on a été conduit à dédoubler le piston, et à le remplacer par deux pistons latéraux placés en dehors du périmètre occupé par la cabine, de sorte qu'il a été possible d'entourer ces pistons d'une gaine rattachée à la charpente métallique et les soustrayant à l'action du vent.

Ces gaines offrent chacune une fente longitudinale laissant passer l'assemblage de la tête du piston avec la cabine. Elles sont formées de colonnes creuses en fonte, emboîtées les unes dans les autres; elles sont boulonnées sur les poteaux-guides faisant partie de l'ossature de la Tour précédemment décrits; elles règnent sur la hauteur comprise entre le plancher intermédiaire et le troisième étage.

Des gaines analogues allant du deuxième étage à la plate-forme intermédiaire servent de guidage à la cabine contrepoids, protègent les câbles de réunion des deux cabines, et servent en même temps pour le frein parachute.

Dans la portion comprise entre la plate-forme intermédiaire et le troisième étage où sont installées les poulies de renvoi, les câbles réunissant les deux cabines sont guidés dans un léger caisson en tôle et cornières fixé à l'ossature de la Tour, qui les protège également contre l'action du vent.

§ 4. — Machines et chaudières.

L'eau sous pression qui est employée pour la marche des ascenseurs est fournie par des pompes qui élèvent l'eau provenant des conduites de la ville jusqu'à des réservoirs situés dans la Tour, et placés l'un au troisième étage, pour desservir l'ascenseur Edoux, les autres au deuxième étage, pour desservir les ascenseurs Combaluzier et Otis.

Ces pompes, ainsi que toutes les installations mécaniques, dynamos et chaudières, ont été réunies dans le sous-sol de la pile 3 (Sud), spécialement aménagé à cet effet.

Les deux réservoirs des ascenseurs système Combaluzier et système Otis, étaient alimentés, depuis 1889 jusqu'en 1899, par des machines et pompes au nombre de deux, étudiées par M. Meunier, ingénieur civil, et construites par la Société anonyme d'Anzin, représentée par M. A. de Quillacq.

Le moteur à vapeur était du type Weelhock, et la pompe, du type Girard, à double effet et à pistons plongeurs, était attelée au prolongement arrière de la tige du piston moteur.

Chaque pompe était capable d'élever à 120 m un volume de 4.050 ᵉ d'eau par minute avec une vitesse de 32 tours. La puissance correspondante est d'environ 111 chevaux. Ces machines étaient à condensation par mélange. La vapeur était introduite pendant 1/7 de la course à la pression initiale de 6,3 kg par cheval-heure en eau montée.

L'ascenseur Edoux était et est encore desservi par deux pompes système Worthington, comprenant deux cylindres à double effet. Ces pompes, qui refoulent l'eau au troisième étage à la cote de 307 m, sont alimentées par un réservoir de décharge recevant l'eau à la sortie de l'ascenseur et situé lui-même à la cote de 227 m, de sorte que le refoulement effectif n'est que de 80 m.

Chacune de ces pompes est actionnée directement par deux moteurs compound à cylindres en tandem, ayant une puissance de 36 chevaux pour 30 coups de pompe, ce qui correspond à un débit de 1.100 l à la minute.

La salle des machines renferme encore des dynamos et leurs moteurs servant à l'éclairage électrique.

La distribution électrique comprenait :

1° L'éclairage des plates-formes par des lampes à arc et des lampes à incandescence représentant une intensité totale de 860 ampères, débités sous 70 volts, correspondant à un total de 28.130 bougies ;

2° Deux projecteurs, du système Mangin, installés sur la quatrième plate-forme. Ces projecteurs, qui permettent de distinguer, par un temps clair, les détails des monuments jusqu'à une distance de 7 à 8 km, absorbent chacun 100 ampères.

3° Enfin le phare du sommet à feu continu et éclats périodiques, alimenté par un courant de 100 ampères et fournissant, après amplification d'un tambour dioptrique, une intensité lumineuse de 71.500 carcels environ pour le feu fixe et de 540.000 pour les éclats. Par une nuit claire, les éclats peuvent être aperçus jusqu'à 100 km.

Le courant nécessaire à l'ensemble de cet éclairage est emprunté à deux dynamos de la maison Sautter et Harlé pouvant fournir chacune 600 ampères à 70 volts. Chacune d'elles est actionnée par un moteur pilon compound de 70 chevaux, agissant par courroie.

Enfin une petite pompe Worthington de deux chevaux envoie l'eau de source indispensable aux restaurants et bars des étages.

La vapeur nécessaire à ces différentes machines est fournie par une batterie de 4 chaudières multitubulaires à vaporisation rapide, du système Collet-Niclausse. Cette batterie a été conservée pour 1900.

La production totale du groupe est de 6.000 kg de vapeur sèche à la pression maxima de 10 kg. L'une des chaudières est mise en réserve ; les trois autres, représentant 150 chevaux-vapeur, suffisent au service normal.

Elles sont alimentées par deux petits chevaux Worthington, qui aspirent l'eau dans le bac de refoulement des condenseurs.

Ces derniers, au nombre de deux, capables chacun de condenser 1.200 *kg* de vapeur à l'heure, sont à mélange, et alimentés par de l'eau de l'Ourcq et de l'eau de Seine prises au compteur.

§ 5. — Renseignements généraux.

Le poids total de la Tour depuis les soubassements jusqu'au sommet est, y compris toutes constructions, de 9.700 tonnes.

Le poids des fers et fontes entrant dans l'ouvrage complet est de :

Fondations (caissons, etc.)	277.602 *kg*
Superstructure	7.341.214
Pièces mécaniques pour ascenseurs	946.000
Total	8.564.816 *kg*

La pression sur le sol, quand le vent n'agit pas, varie de 4,1 *kg* à 4,5 *kg* par centimètre carré suivant les piles.

L'hypothèse admise pour l'intensité du vent est celle de 300 *kg* par mètre carré de surface offerte au vent. Celle-ci est de 8.515 *m²*. L'effort de renversement correspondant est de 2.554 tonnes et s'exerce à une hauteur de 84,90 *m* au-dessus du niveau du soubassement.

A ce niveau, le maximum de pression se produit sur l'arbalétrier le plus voisin du centre. La valeur en est de 723.750 *kg* sans le vent, et 1.075.250 *kg* avec le vent. La pression totale maxima sur le sol a lieu pour la pile Nord et sous le caisson de cet arbalétrier ; elle est de 5,95 *kg* par centimètre carré.

Les travaux sur place ont commencé le 26 janvier 1887 et ont été terminés le 31 mars 1889, jour de la pose du drapeau du sommet.

Le coût de la construction en 1889 a été le suivant :

Infrastructure	701.127,08 *fr*
Superstructure	5.734.622,90
Frais d'ensemble	956.554,99
Total payé par M. Eiffel	7.392.304,97 *fr*
Dépenses complémentaires payées par la Société de la Tour	407.096,34
Prix de revient total de la Tour	7.799.401,31 *fr*

5

Au point de vue de l'Exploitation, le nombre total des visiteurs en 1889 a été de 1.968.287, donnant une recette de 5.919.884 *fr*.

Les deux journées où le nombre des visiteurs a été le plus élevé sont : celle du 10 juin (lundi de la Pentecôte), 23.202 visiteurs, et celle du dimanche 18 août, 18.950 visiteurs.

Les deux plus fortes recettes journalières ont été réalisées le lundi 9 septembre et le lundi 16 septembre, où elles ont été respectivement de 60.756 *fr* et 59.437 *fr*.

DEUXIÈME PARTIE

MODIFICATIONS EN VUE DE L'EXPOSITION DE 1900

CHAPITRE I

PLATES-FORMES

L'Exposition de 1900 et l'affluence des visiteurs sur laquelle on devait compter à ce moment ont rendu indispensable de remédier à certains des inconvénients qui s'étaient manifestés pendant l'exploitation de 1889.

Il était nécessaire :

1° De faciliter la circulation sur les plates-formes en leur donnant plus de surface utilisable ;

2° De modifier le système des ascenseurs pour procurer un plus grand nombre d'ascensions.

Ce sont ces modifications que nous allons décrire en y joignant la description des nouveaux moteurs mécaniques qui en ont été la conséquence.

§ 1. — Traité avec l'Exposition.

Une convention préalable fut passée, à la date du 28 décembre 1897, entre l'Administration de l'Exposition et la Société de la Tour, pour que la Tour fît partie intégrante de l'Exposition dans les mêmes conditions qu'en 1889. Par contre, la Société prenait à sa charge le service des illuminations qui incombaient autrefois à l'Exposition.

Ces illuminations devaient être faites non plus au gaz, mais entièrement à l'électricité, et de plus avoir une importance beaucoup plus grande : en outre des parties de la Tour antérieurement illuminées, chacune des arêtes extérieures, sur toute la longueur du sol au sommet, devait former une série de grands cordons lumineux. Le nombre de lampes que nécessite cette illumination générale n'est pas moindre de 5.000. Aussi, a-t-on été conduit à augmenter dans de très grandes proportions les organes électriques anciens.

§ 2. — Première plate-forme.

Comme on ne pouvait songer à augmenter la surface même de la première plate-forme, on a dû se borner à mieux utiliser celle existante pour les facilités de la circulation. Notamment, le passage qui existait entre la partie arrière des restaurants et la balustrade intérieure du vide central de la plate-forme était beaucoup trop étroit pour qu'une circulation importante pût s'y produire. De plus, ces façades postérieures avaient été traitées trop simplement pour avoir un attrait quelconque, de sorte que cette partie de la plate-forme était presque inutilisée. Par suite, on décida d'augmenter le passage intérieur dont nous venons de parler jusqu'à une largeur minima de 2 m en reculant en conséquence les façades postérieures des bâtiments. On chercha en même temps à leur imprimer un caractère plus gai et plus vivant en leur donnant une silhouette plus animée et en y installant des boutiques et des bars. Cette ornementation nouvelle a été faite en harmonie avec le caractère de chacun des bâtiments.

§ 3. — Deuxième plate-forme.

Les modifications ont été beaucoup plus importantes sur cette plate-forme que sur la première. En effet, pendant l'Exposition de 1889, elle était particulièrement encombrée, non seulement en raison de l'emplacement nécessaire aux voyageurs pour se rendre des ascenseurs inclinés à l'ascenseur vertical, et pour la formation des queues qui en étaient la conséquence, mais encore par l'existence des prolongements inutilisés des chemins des ascenseurs Combaluzier et par celle des grands réservoirs cylindriques alimentant les ascenseurs.

Comme cette plate-forme est l'une des plus agréables de la Tour, on résolut de lui donner le plus grand attrait possible pour les visiteurs, et on augmenta tout d'abord la surface inférieure par une bande au pourtour de 2 m de largeur, et on créa un deuxième étage en terrasse sur une partie de sa superficie; enfin on réunit en un pavillon central tous les petits édicules qui étaient disséminés sur la plate-forme.

Mais cela entraînait à une notable augmentation du poids propre de la plate-forme, laquelle n'eût pas été sans inconvénient. La condition essentielle de cette transformation était la suppression des réservoirs cylindriques si encombrants, alimentant les ascenseurs et dont le poids, quand ils étaient pleins d'eau, dépassait 100 tonnes.

C'est ainsi que l'on a été conduit à alimenter les ascenseurs accédant à cette plate-forme par un système d'accumulateurs reposant sur le sol, et en outre à supprimer le hourdis en briques Perrière, ainsi qu'il sera dit plus loin.

La première modification consista à enlever la galerie couverte du pourtour et à augmenter de 2 m la saillie des consoles portant le plancher. A cet effet, des consoles nouvelles en tôle pleine furent appliquées en avant des anciennes. On créa ainsi une plate-forme découverte de 4 m de largeur, assurant une large et agréable circulation en plein air.

Une seconde modification, consistant dans la construction d'une terrasse au-dessus de la plate-forme, fut aussi réalisée.

Au droit de la face intérieure des grandes poutres de ceinture, s'élèvent des piliers en fer de 3 m de hauteur supportant à ce niveau un balcon muni sur son pourtour extérieur d'une légère balustrade. En arrière de ce balcon qui est en saillie sur le plan des faces extérieures des arbalétriers de la Tour, le plancher, soutenu par de nouveaux piliers en fer, se prolonge jusqu'au pavillon central sur une largeur de 8 m. Sur l'entretoisement des piliers s'attachent les solives en double T auxquelles sont rivées des tôles minces raidies par des cornières. Ces tôles ont été rècouvèrtes par du linoléum et forment un vaste promenoir découvert de 8,90 m de largeur.

Cette terrasse enclôt à l'intérieur un espace octogonal de 6,72 m de côté, affecté au pavillon central. Il ne touche pas à l'emplacement des ascenseurs Est et Ouest et communique avec le sol de la plate-forme par huit escaliers, placés dans le voisinage des piliers.

Le pavillon central comprend un rez-de-chaussée et un premier étage. Les montants extérieurs de ce pavillon sont en bois. Les planchers et la charpente sont en fer; les dallages, les plafonds, les cloisons intérieures, ainsi que les remplissages des façades, sont en métal déployé hourdé en plâtre.

Au rez-de-chaussée sont installés : la cage de l'ascenseur vertical, avec son entrée et sa sortie au niveau de la plate-forme, un bar et son office, trois boutiques, des water-closets, le bureau des tickets, ainsi que les escaliers d'accès au premier étage. Au-dessous est une cave.

La partie du plancher de la terrasse qui environne ce pavillon sert d'abri aux promeneurs en cas de mauvais temps. Les boutiques sont éclairées par le jour venant de l'étage supérieur à travers des verres-dalles.

Le premier étage comprend également la cage de l'ascenseur vertical avec son entrée et sa sortie au niveau de la terrasse, un bureau d'administration et enfin les salles du restaurant auxquelles on accède par un escalier de quelques marches.

Au rez-de-chaussée et entre les grandes poutres de l'ascenseur central est installé un réservoir en tôle de 30 m de capacité, servant à l'alimentation de l'ascenseur Otis conservé au pilier Nord.

Quant au dallage, nous avons vu que le hourdis Perrière, qui à l'origine était recouvert par un plancher en bois asphalté, avait reçu ensuite un dallage en ciment armé (système Coignet); le poids de ce dallage y compris hourdis était de 145 kg. Dans la construction actuelle, le hourdis Perrière est supprimé, et le dallage est fait uniquement par des dalles rectangulaires en ciment armé qui s'appuient sur le solivage par l'intermédiaire de chevrons en bois reliés entre eux par un grillage de métal déployé. Ces dalles, qui arrivaient toutes prêtes au chantier, ont un poids de 70 kg seulement par mètre carré. Leurs dimensions sont de : longueur 1,35 m, largeur 0,67 m, épaisseur 0,030 m. Elles sont munies à leur pourtour de rebords saillants de 60 *mm* d'épaisseur, pour faciliter leur appui sur le solivage. Entre les joints est disposé du caoutchouc pour permettre à la dilatation de se produire, tout en assurant l'étanchéité.

Par suite de ces diverses modifications, le poids total de la plate-forme est resté ce qu'il était précédemment, savoir 365.000 *kg* pour une surface de 1.500 *m²* entre garde-corps.

§ 4. — Troisième plate-forme.

La partie inférieure de la troisième plate-forme ne comporte aucun changement, sauf que, dans les cloisons séparatives, le bois est remplacé par du métal déployé.

La galerie supérieure, que M. Eiffel s'était jusqu'alors réservée, est livrée au public. Son plancher a été consolidé en conséquence et le bois y a été remplacé par de la tôle.

La distribution est modifiée pour donner accès à l'impériale surmontant la cabine de l'ascenseur vertical. En outre, quelques boutiques ont été installées sur le pourtour, et dans les façades le bois a été remplacé autant que possible par du métal déployé hourdé, de manière à écarter toute chance d'incendie.

Enfin, il a été installé au-dessus des grandes poutres en croix du campanile un petit pavillon réservé à M. Eiffel. Ce pavillon vitré est en tôle et de forme hexagonale; il a 5 *m* de largeur et 2,12 *m* de côté. On y accède par un escalier partant de la galerie supérieure.

L'ensemble des plates-formes, tel qu'il vient d'être décrit, est représenté dans la planche ci-jointe.

CHAPITRE II

DISPOSITIONS GÉNÉRALES DES ASCENSEURS ET ESCALIERS

§ 1. — Dispositions nouvelles.

En vue d'augmenter pour l'Exposition de 1900 le nombre des voyageurs montés aux différentes plates-formes, la Société de la Tour décida de modifier complètement le système des ascenseurs accédant au premier et au deuxième étage.

Les transformations sont les suivantes :

1° *Service du premier et du deuxième étage.* — Les deux ascenseurs du système Roux, Combaluzier et Lepape sont remplacés, aux piliers Est et Ouest, par deux ascenseurs à grande puissance, construits par la Compagnie de Fives-Lille pour le service du premier et du deuxième étage.

Ces ascenseurs permettent, avec arrêt au premier, d'effectuer 10 voyages à l'heure, en élevant 100 personnes par voyage, dont la moitié peut effectuer directement le voyage à la deuxième plate-forme et l'autre moitié s'arrêter au premier pour remonter à la deuxième plate-forme à un voyage suivant; c'est-à-dire que, si les cabines étaient toujours pleines, le nombre des voyageurs montés au deuxième par les deux ascenseurs serait de 2.000 à l'heure avec ou sans arrêt, et la recette maxima par heure avec le tarif normal de 3 *fr* s'élèverait à 6.000 *fr*.

En outre, l'ascenseur Otis installé dans le pilier Nord ne fait plus

6

que le service du sol au premier. Il est transformé de manière qu'à sa nouvelle vitesse il puisse effectuer 14 voyages à l'heure à raison de 80 voyageurs, ce qui permet de transporter par heure $14 \times 80 = 1.120$ personnes, lesquelles, au tarif de 1 fr de l'Exposition de 1900, donnent lieu à une recette maxima de 1.120 fr.

Le chiffre de la recette maxima par heure pour les trois ascenseurs est donc au total de $6.000 + 1.120 = 7.120$ fr.

Avec les anciens ascenseurs, et le tarif de 1889, la recette par heure était :

Au 1er étage. Ascenseurs Combaluzier . . .	1.800 à 2 fr =	3.600 fr
Au 2e étage. Ascenseur Otis direct	380 à 3 fr =	1.140
Ascenseur Otis du 1er au 2e.	500 à 1 fr =	500
	Total. . .	5.240 fr

L'augmentation par heure de la recette maxima est donc de $7.120 - 5.240 = 1.880$ fr, soit 36 p. 100.

Ces chiffres sont la mesure de l'augmentation du rendement possible des nouveaux ascenseurs pour le premier et le deuxième étage.

L'ascenseur du pilier Sud est supprimé et à sa place est installé un large escalier servant à effectuer les descentes du premier au sol; les deux escaliers existant aux piles Est et Ouest sont uniquement affectés à la montée, et ce service est ainsi doublé relativement à ce qui existait en 1889. En outre, les quatre petits escaliers en hélice, allant du premier au deuxième et dont l'usage était fort incommode, sont remplacés par un large escalier unique situé dans la pile Sud en prolongement de l'escalier nouveau.

Contre nos prévisions et malgré une réduction de tarif de moitié, le rendement de ces escaliers a été peu important et ce n'était que par certains dimanches qu'ils étaient un peu fréquentés.

2° *Service du deuxième au troisième étage.* — L'ascenseur vertical n'a pas reçu de modifications essentielles. On s'est contenté, pour le service courant de la journée, de le munir d'une impériale découverte pouvant recevoir 39 personnes. La cabine elle-même ne reçoit plus que 50 personnes, soit en tout 80; c'était ce nombre de voyageurs qui était parfois admis pendant l'Exposition de 1889, mais avec un empilement très inconfortable et donnant lieu à de grandes lenteurs pour l'entrée et la sortie. Il y a tout avantage à répartir ce nombre autrement, de manière à procurer un voyage plus agréable et plus rapide. Pendant les premiers et les derniers voyages, alors que les cabines montantes et descendantes sont insuffisamment équilibrées, l'accès à l'impériale était supprimé et le nombre des voyageurs par cabine n'excédait pas 55 à 60. Avec quelques modifications de détail dans la distribution, qui a été améliorée de manière à diminuer les pertes de charge et à augmenter la vitesse, et dans les portes qui ont été élargies, de manière à faciliter les entrées et les sorties, on a pu réaliser 10 voyages à l'heure, soit 800 voyageurs donnant une recette nouvelle de $800 \times 2 = 1.600$ fr, lesquels, ajoutés à la recette précédente 7.120 fr, pouvaient procurer une recette maxima par heure de 8.720 fr.

L'ancien ascenseur Edoux pouvait donner une recette de 455 voyageurs à 2 fr, soit 910 fr, qui, s'ajoutant à la recette de 5.240 fr, donnait un total de 6.150 fr.

La comparaison de ces chiffres, à savoir 8.720 fr pour l'installation actuelle et 6.150 fr pour l'ancienne, soit 2.570 fr de plus par heure, ou 42 p. 100, donne la mesure de l'avantage procuré par la nouvelle installation des ascenseurs.

Le nombre de voyageurs transportés dans une heure s'est bien réalisé suivant ces prévisions, au moins pendant les après-midi des dimanches ; mais, malheureusement, les conditions générales d'exploitation par rapport à 1889 ont bien changé en raison de circonstances sur lesquelles il est inutile d'insister, telles que l'excessive étendue de l'Exposition, le nombre exagéré des attractions qui s'offraient au public et qui à peu près sans exception ont abouti à la ruine. Le nombre d'heures de plein rendement n'était plus que très limité, le Champ-de-Mars étant presque désert jusqu'à deux heures de l'après-midi, tandis qu'à l'Exposition de 1889 les queues de voyageurs prenant l'ascenseur commençaient dès neuf heures du matin pour ne finir qu'au coucher du soleil.

Aussi finalement le nombre de voyageurs montés a été beaucoup moindre en 1900 qu'en 1889, savoir : 1.017.281 voyageurs en 1900, contre 1.968.287 en 1889, c'est-à-dire 51 p. 100 de moins.

Ce nombre aurait été encore certainement réduit si, au moment de l'affluence, on n'avait disposé que des anciens moyens d'ascension, ce qui fait moins regretter les coûteuses améliorations qui y ont été apportées.

Nous allons maintenant examiner dans leur ensemble ces modifications et nous commencerons par les ascenseurs des piliers Est et Ouest, construits par la Compagnie de Fives-Lille et étudiés par MM. Bassères et Ribourt, ingénieurs de cette Compagnie. Nous donnons ci-après la description sommaire qui en a été faite par M. Bassères au Congrès international de mécanique appliquée.

CHAPITRE III

ASCENSEURS SYSTÈME FIVES-LILLE

---

§ 1. — Ensemble de l'installation.

Les installations confiées à la Compagnie de Fives-Lille comprennent l'établissement, dans les piliers Est et Ouest de la Tour, de deux ascenseurs desservant la première et la deuxième plate-forme et pouvant chacun transporter cent voyageurs par ascension sur un parcours de 128 m. La durée du voyage, aller et retour, ne devait pas dépasser deux minutes, non compris le temps d'arrêt aux étages (1).

Dans les conditions ci-dessus indiquées, et étant donné que le véhicule en charge, d'un poids approximatif de 16.500 kg, doit effectuer en 60 secondes une ascension mesurée verticalement de 114 m (différence de niveau entre le rez-de-chaussée et le deuxième étage), le travail utile absorbé en pleine marche, par seconde et pour chaque ascenseur, est d'environ 420 chevaux. En admettant que la durée minima d'un voyage

---

(1) Aux termes du contrat passé avec la Compagnie, le trajet de deux minutes, aller et retour, comprenait un ralentissement d'allure au départ des stations ainsi qu'avant l'arrêt absolu au sol, au 1er et au 2e étage, sur 5 m de parcours environ dans les deux sens.

La vitesse maxima du véhicule sur le chemin devait être ainsi de 2,30 m par seconde environ.

Le trajet d'un étage à l'autre devait donc s'effectuer en 30″ et l'arrêt à chacun des étages était prévu à 60″. Le temps total aller et retour comprenait 4 trajets à 30″, soit 120″, et 4 arrêts à 60″, soit 240″, ce qui donne en tout 6 minutes, c'est-à-dire que l'on devait pouvoir effectuer 10 voyages à l'heure. Ce nombre a été à peu près réalisé, mais d'une manière exceptionnelle. G. E..

aller et retour, comprenant les arrêts aux stations, soit de 6 minutes, le travail moyen correspondant à fournir par la pompe d'alimentation des accumulateurs ne serait que de 70 chevaux.

Pour réduire autant que possible la puissance motrice nécessaire au fonctionnement des ascenseurs, on a été naturellement conduit à adopter un dispositif permettant d'accumuler pendant la durée totale d'une

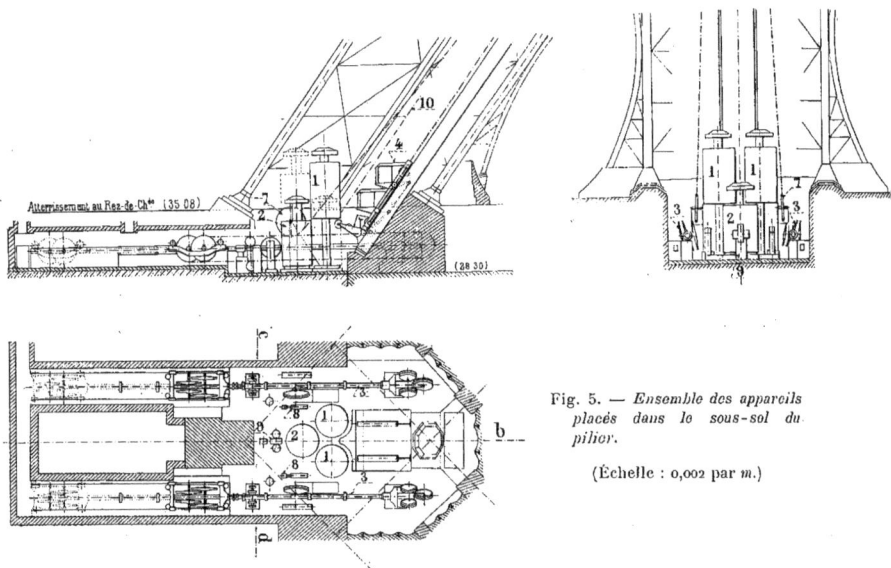

Fig. 5. — *Ensemble des appareils placés dans le sous-sol du pilier.*

(Échelle : 0,002 par m.)

manœuvre le travail dépensé à la montée dans un temps très court, et à chercher en même temps à récupérer une partie du travail fourni par la descente du véhicule.

Ces conditions ont pu être réalisées par l'emploi de l'eau sous pression. Chaque ascenseur (voir fig. 5 et 6) comprend, à cet effet, deux accumulateurs accouplés à haute pression, dont les plongeurs ont 700 *mm* de diamètre et 5,500 *m* de course, contenant ensemble 4.230 *l* d'eau à la pression de 54 *kg*. Le travail total ainsi accumulé est de plus de 2 millions de *kgm*, suffisant pour les besoins d'une ascension complète en pleine charge.

1. Accumulateurs (haute pression) contenant ensemble 4.230 *l* de liquide à 54 *kg*.
2. Accumulateur (basse pression) contenant 5.250 *l* de liquide à 18 *kg*.
3. Appareils funiculaires à 8 brins de câbles, ayant chacun une puissance de 68.000 *kg* et une course de 16.750 *m* comptées sur le piston.
4. Véhicule pouvant porter 100 voyageurs.
5. Poulies de suspension du véhicule.
6. Poulies d'inflexion des câbles de traction du véhicule.
7. Poulies de renvoi des câbles de retour aboutissant aux appareils funiculaires.
8. Soupapes avec servo-moteurs pour la distribution de l'eau sous pression.
9. Appareil de réglage automatique de la vitesse du véhicule et de son ralentissement aux stations.
10. Câbles de manœuvre de la distribution (parallèles à la voie de roulement).

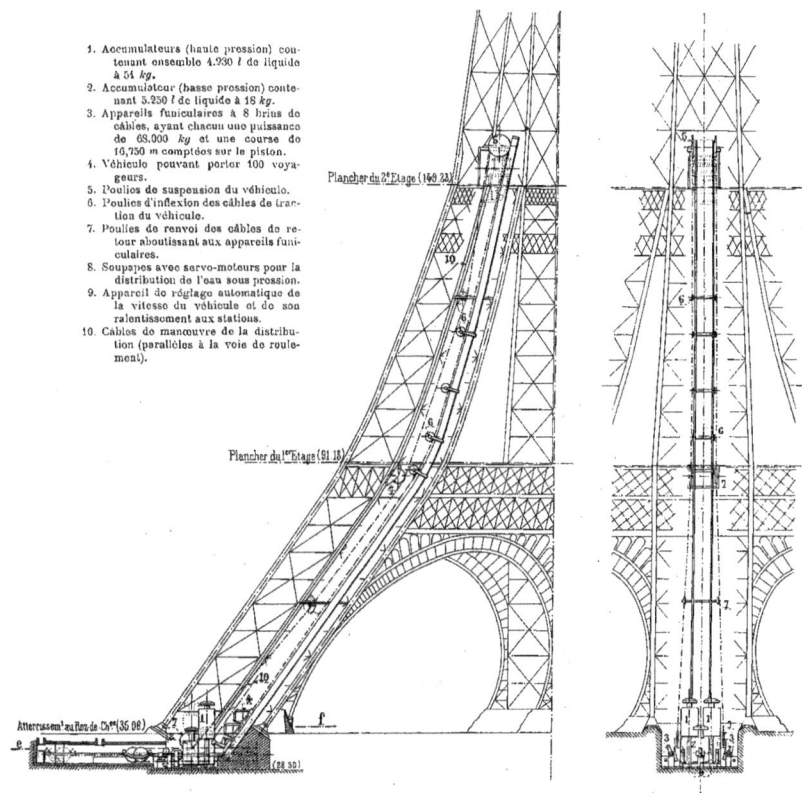

Plancher du 2ᵉ Étage (148 23)

Plancher du 1ᵉʳ Étage (91 18)

Atterrissemᵗ au Rez de Chᵉᵉ (35 06)

(28 50)

Fig. 6. — *Ensemble de l'ascenseur.*
(Échelle : 0,001 par m.)

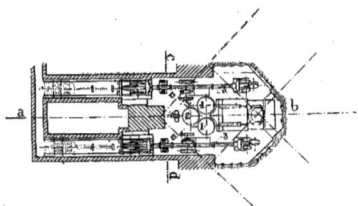

Coupe suivant *ef.*

Conditions principales d'établissement de chaque ascenseur.

Nombre de voyageurs élevés à chaque ascension (les planchers des cabines devant approximativement conserver l'horizontalité du sol au 2ᵉ étage) : 100 : soit, à 70 *kg*, charge de . . 7.000 *kg*
Poids du véhicule vide . . . . 9.500 *kg*
Course du véhicule du sol au 2ᵉ étage, comptée sur les rails. . . . . 128,61 *m*
Vitesse maxima de marche du véhicule à vide ou en charge, par seconde . . . . 2,50 *m*

Un troisième accumulateur à basse pression, dont le plongeur a 1,100 m de diamètre et 5,500 m de course, reçoit à la descente du véhicule l'eau refoulée par les presses funiculaires motrices pendant la période de récupération.

Les accumulateurs sont alimentés par une pompe de compression Worthington, dont le fonctionnement est à peu près continu grâce aux dispositions qui précèdent.

Le véhicule est mis en mouvement sur son chemin de roulement établi sur le pilier de la Tour au moyen de deux appareils funiculaires couplés de dimensions exceptionnelles et dont les câbles, en acier de haute résistance, sont attelés sur le châssis métallique portant les cabines destinées à recevoir les voyageurs.

Les appareils funiculaires sont établis dans l'enclave des fondations du pilier, au pied du chemin de l'ascenseur, et sont prolongés, en outre, à l'intérieur de deux galeries ouvertes débordant sous les jardins du Champ-de-Mars.

Pendant la montée, l'eau motrice est fournie à ces appareils par les deux accumulateurs à haute pression. A la descente, le véhicule devient moteur, et les pistons des appareils funiculaires refoulent le liquide dépensé à la montée dans l'accumulateur à basse pression (18 *kg* environ), présentant une capacité au moins égale à celle des deux accumulateurs à haute pression.

Les pompes aspirent l'eau dans ce troisième accumulateur, de sorte que la hauteur de refoulement qu'elles ont à vaincre n'est plus que la différence de pression existant entre les accumulateurs de haute pression et celui de basse pression, soit $54 - 18 = 36$ *kg*.

Le travail moyen de 70 chevaux, indiqué précédemment, et correspondant à la marche d'un ascenseur, se trouve ainsi réduit à $\dfrac{70 \times 36}{54}$ $= 46$ chevaux, travail auquel il convient d'ajouter toutes les résistances passives du système, très peu importantes d'ailleurs, et qui l'élèvent à 60 chevaux environ par ascenseur, c'est-à-dire à moins de 1/6 de celui correspondant à la pleine marche.

La distribution de l'eau sous pression dans les appareils s'effectue du véhicule même, et le conducteur peut ainsi régler, suivant les besoins du service, la vitesse de marche, faire les ralentissements nécessaires et les arrêts aux stations, bien que ces ralentissements soient aussi produits automatiquement au moyen d'appareils spéciaux dont il sera parlé plus loin.

En résumé, l'installation de chaque ascenseur hydraulique comprend principalement :

Deux accumulateurs à haute pression (fig. 5), contenant ensemble une réserve de 4.230 *l* d'eau à 54 *kg* ;

Un accumulateur à basse pression à 18 *kg* pour la récupération, présentant une capacité de 5.250 *l* ;

Deux appareils funiculaires conjugués, avec plongeurs de 402 *mm* de diamètre et 16,750 *m* de course (fig. 7) transmettant le mouvement au véhicule par l'intermédiaire d'un mouflage à 8 brins de câbles en acier ;

Le véhicule (fig. 10), aménagé pour recevoir 100 voyageurs, avec ses mécanismes de redressement des cabines et organes de sécurité ;

Les appareils de distribution et de réglage automatique de la vitesse.

§ 2. — Accumulateurs.

Les accumulateurs, du type Armstrong (fig. 5), ne présentent de particulier que leurs dimensions tout à fait exceptionnelles et les difficultés auxquelles a donné lieu leur exécution; leurs dimensions principales sont indiquées ci-après :

	HAUTE PRESSION	BASSE PRESSION
Diamètre du piston plongeur.	0,700	1,100
Course	5,500	5,500
Diamètre intérieur du corps du cylindre.	0,730	1,160
Épaisseur du piston.	0,055	0.040
Épaisseur du corps du cylindre.	0,090	0,045
Longueur totale du piston	7,985	8,085
Diamètre de la caisse de charge en tôlerie. . . .	3,498	3,500
Pression par cent. carré de la surface du piston.	54 *kg*	18 *kg*
Poids total de la partie mobile	208.000 *kg*	171.000 *kg*

Il y a lieu de noter, comme détail intéressant, que, dans chacun de ces appareils, le piston plongeur vient, vers la fin de sa course descendante, obturer partiellement et progressivement l'orifice d'arrivée et de départ d'eau sous pression, de façon à réduire la vitesse de descente du plongeur dans des limites convenables et à éviter ainsi des chocs violents sur le sommier en bois de repos de la partie mobile.

§ 3. — Appareils funiculaires (fig. 7 et 8).

Les appareils funiculaires doivent exercer sur le véhicule une traction dont le maximum : 16.500 *kg*, se produit entre le premier et le deuxième étage, et lui faire effectuer une course de 128 *m*. Afin de réduire autant que possible les frottements des organes, le mouflage de la presse ne comporte que huit brins, ce qui a conduit à donner au plongeur une course de 16,75 *m*.

Dans le même but, le diamètre des poulies du mouflage et de renvoi des câbles a été porté à 3 *m*. Le système de poulies mobiles attelé à la tête du piston atteignant, dans ces conditions, le poids assez considérable de 15.000 *kg*, on a été conduit à le monter par galets sur un chemin de roulement qui sert, en même temps, à guider le piston plongeur à son extrémité; mais on comprend que le corps de ce piston, dont la longueur libre dépasse 18 *m*, doive être lui-même parfaitement maintenu en divers points de sa longueur, pour ne pas être soumis à des flexions anormales susceptibles de compromettre sa résistance.

Dans ce but, le plongeur est appuyé, en trois points de sa longueur, sur des mains garnies de gaïac et montées sur des tiges filetées permettant d'en régler la position, avec toute la précision désirable.

Le plongeur des presses funiculaires, en tôle d'acier soudée de 20 *mm* d'épaisseur, a 402 *mm* de diamètre extérieur et transmet au système de poulies mobiles un effort de 68.000 *kg*. L'eau sous pression pénètre dans l'intérieur de ce piston creux, de telle sorte que la plus grande partie de cet effort : 55.000 *kg* environ, est transmise directement sur le chariot des poulies mobiles, sans intéresser en tant que solide comprimé la résistance de cet organe, qui n'a alors à supporter, à la compression, que la pression d'eau s'exerçant sur la surface annulaire de la partie de piston engagée dans le corps de presse, soit environ 13.000 *kg* seulement.

Le cylindre de presse est également en tôle d'acier soudée de 20 mm d'épaisseur, en trois tronçons assemblés à brides. Son diamètre intérieur est de 0,420 m, laissant un jeu de 9 mm autour du piston.

Il convient d'ajouter que le plongeur est également guidé dans l'intérieur du corps de presse dans des lunettes en bronze intercalées entre les brides d'assemblage des tronçons.

Les câbles actionnant le véhicule sont au nombre de six, soit trois pour chaque presse motrice; ils sont en acier de haute résistance, et ont 28 mm de diamètre; ils sont constitués par deux cent seize fils élémentaires ayant chacun 1,3 mm de diamètre. Leur résistance aux essais de rupture a dépassé 40 tonnes, ce qui donne, pour l'ensemble des six câbles, une résistance de rupture de 240 tonnes, soit environ quatorze fois la charge maxima à lever, sans faire entrer en ligne de compte, il est vrai, le supplément du travail dû à l'incurvation, que l'on a cherché à réduire autant que possible, en adoptant de grands diamètres pour les poulies de renvoi (1).

L'accouplement des deux appareils funiculaires moteurs agissant sur une même cabine a nécessité quelques précautions. Les brins morts des câbles sont attelés à un système de petites presses hydrauliques assurant une égale répartition de la charge sur chacun des câbles, tout en leur laissant la faculté de s'allonger isolément. De plus, les poulies recevant les câbles sont à trois gorges indépendantes, pour qu'aucun glissement ne puisse être déterminé sur les jantes, ce qui aurait pu se produire avec une poulie unique comportant trois gorges.

Enfin, dans le cas, peu probable d'ailleurs, où l'une ou l'autre des

---

(1) Voici le calcul de ces câbles :

L'effort maximum sur le brin mort est de 15.780 kg, soit $\frac{15.780}{6} = 2.630$ kg pour chacun des six câbles.

La section du câble étant de 286,6 mm², le travail à la traction correspondant est de $\frac{2.630}{286,6} = 9,18$ kg.

Si on ajoute à cette fatigue celle due à l'incurvation du câble sur les poulies de 3 m de diamètre et qui est :

$$20.000 \times \frac{3.000}{1,3} = 8,66 \, kg,$$

on arrive à un total de 17,85 kg par millimètre carré, qui correspond environ au 1/8e de la charge de rupture, laquelle est de $\frac{40.000}{286,6} = 140$ kg.

G. E.

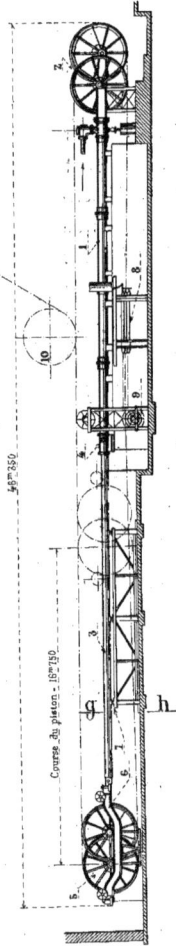

Ensemble d'une presse motrice. (Échelle : 0,004 par m.)

Vue en plan.

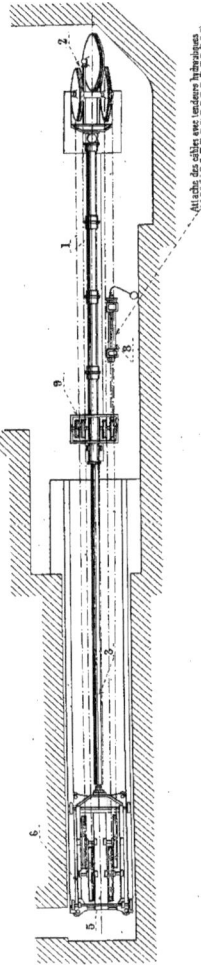

Poulies mobiles de mouflage et tête de piston.

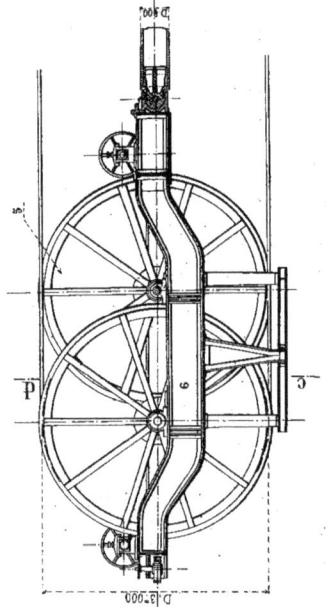

Coupe par ab.

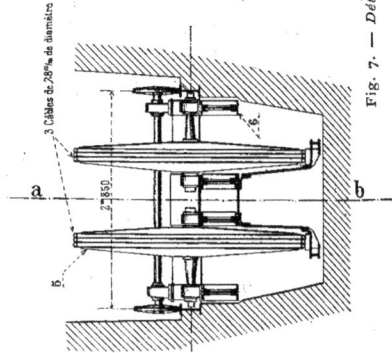

Coupe par cd.

Fig. 7. — Détail de l'appareil funiculaire. (Échelle : 0,015 par m.)

presses motrices éprouverait dans sa marche une résistance anormale
provenant soit d'un grippement de presse-étoupes du plongeur, soit d'une

Tête de presse
et culasse du piston.

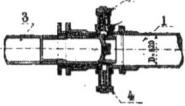

fuite grave, ou de toute autre cause pouvant diminuer sa puissance de traction par
rapport à l'autre presse, un coupleur hydraulique établi dans le cours de la canalisation
de deux presses funiculaires déterminerait
la fermeture partielle de l'orifice d'alimen-

Supports du piston.

Coupe par *gh*.

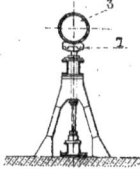

1. Cylindre.
2. Poulies fixes de mouflage.
3. Piston plongeur.
4. Verrous limitant la course du piston.
5. Poulies mobiles de mouflage.
6. Chariot à galets de roulement des poulies mobiles.
7. Mains soutenant le piston hors du cylindre.
8. Attaches de câbles avec tendeurs hydrauliques.
9. Poulies soutenant les câbles.
10. Poulies de renvoi des câbles allant au véhicule (3 câbles par appareil funiculaire).

Poulies fixes de mouflage et culasse de presse.

Vue en bout.

Coupe en *ef*.

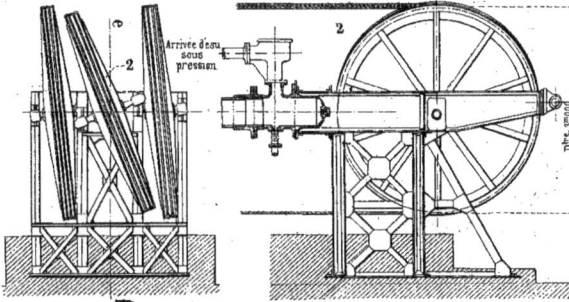

Fig. 8. — *Détail de l'appareil funiculaire.* (Échelle : 0,015 par *m.*)

tation de la presse non avariée, de façon à rétablir l'égalité de puissance
des deux appareils moteurs et, au besoin, arrêterait leur marche au cas
d'une avarie grave survenue à l'un d'eux.

Les poulies, à trois gorges indépendantes, sont en acier; l'une des gorges latérales a son moyeu clavelé sur l'arbre et assure l'entraînement de ce dernier, les moyeux des deux autres gorges sont fous sur ce même arbre. L'indépendance absolue des trois gorges et, par suite, des trois câbles se trouve ainsi réalisée.

§ 4. — Véhicule (fig. 9 et 10).

Les conditions imposées pour l'établissement du véhicule, et qui sont mentionnées dans la description suivante, ont nécessité d'importantes et laborieuses études, ainsi qu'une construction d'un genre exceptionnel, particulièrement pour arriver à réduire les poids morts autant que possible.

Le poids total du véhicule, y compris tous les accessoires, est de 9.500 kg, mais le truck avec les deux cabines, sans les divers mécanismes spéciaux, ne pèse que 6.000 kg, soit 60 kg par voyageur transporté; ce poids est notablement inférieur à celui des divers véhicules circulant sur les voies ferrées.

Le véhicule comprend :

Deux cabines superposées pouvant recevoir cha-

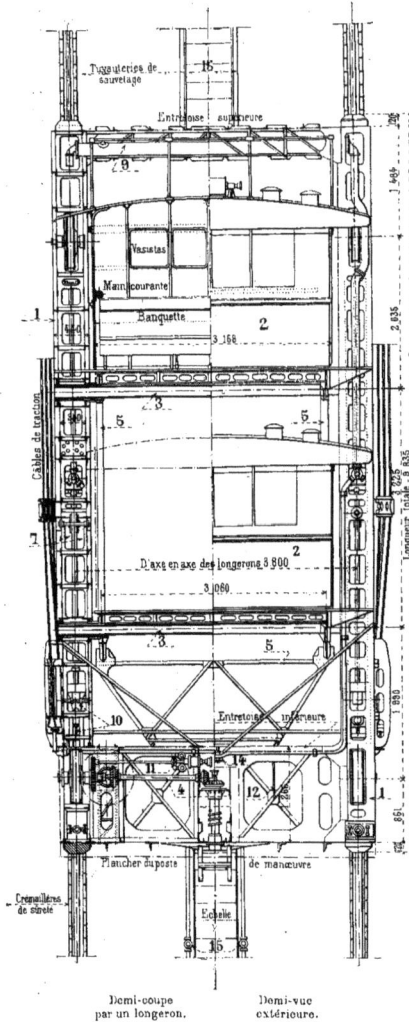

Fig. 9. — *Détail du véhicule.* (Échelle : 0,015 par m.)

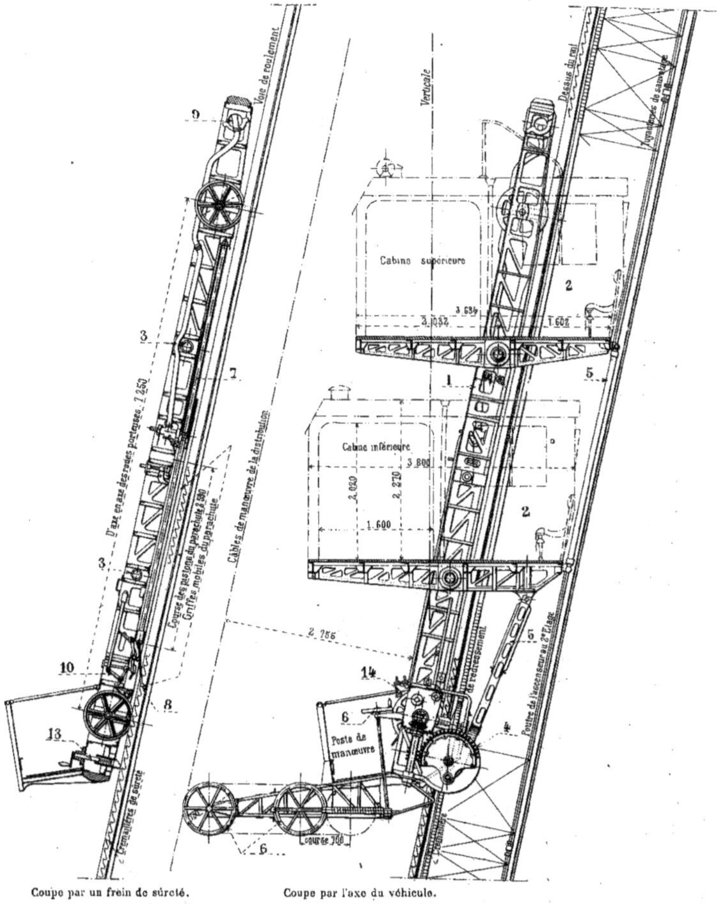

Coupe par un frein de sûreté.   Coupe par l'axe du véhicule.

Fig. 10. — *Détail du véhicule.*

1. Châssis du véhicule. — 2. Cabines supérieure et inférieure. — 3. Axe d'articulation des cabines. — 4 Mécanisme de redressement des cabines. — 5. Bielles de redressement des cabines. — 6. Organes de commande des câbles de manœuvre de distribution. — 7. Freins hydrauliques de sûreté ou parachute du véhicule. — 8. Griffes mobiles des freins de sûreté. — 9. Réservoir d'évacuation des freins de sûreté. — 10. Mécanisme d'enclanchement des freins de sûreté dans les crémaillères de la voie. — 11. Appareil à force centrifuge pour le fonctionnement du parachute. — 12. Levier à main permettant le fonctionnement du parachute à la volonté du conducteur. — 13. Griffes fixes d'accrochage du véhicule. — 14. Robinets de manœuvre de sauvetage du véhicule. — 15. Tuyauteries d'eau sous pression fixées à la Tour et actionnant les freins de sûreté pour la manœuvre de sauvetage du véhicule.

cune cinquante voyageurs; les parois et la toiture sont construites en tôle et profilés d'alliage d'aluminium, et les planchers, en acier et bois, sont articulés sur le châssis de manière à conserver très approximativement l'horizontalité sur toute la longueur du parcours, bien que l'inclinaison des rails varie de 24° du rez-de-chaussée au deuxième étage;

Un châssis en tôlerie d'acier embouti et ajourée (épaisseur des tôles 4 à 5 mm), formé de deux longerons entretoisés à leurs extrémités par des poutres à treillis, et au milieu par des tubes en acier servant d'axes d'articulation aux cabines;

Un mécanisme de redressement comprenant un secteur à vis sans fin, établi solidement au milieu de l'entretoise inférieure du châssis, et disposé pour transmettre aux deux cabines, au moyen de bielles, les mouvements qu'il reçoit d'un pignon denté monté sur le véhicule et engrenant avec la crémaillère de redressement fixée à la Tour parallèlement à la voie de roulement;

Un poste de manœuvre pour le conducteur, placé à la partie inférieure du véhicule et portant les mécanismes qui permettent de commander du véhicule même les mouvements de montée, descente ou arrêt aux vitesses nécessaires;

Un parachute comprenant quatre freins hydrauliques jumelés de 100 mm de diamètre et 2,500 m de course, analogues à ceux employés pour amortir le recul des canons; les cylindres de ces freins sont fixés aux longerons du châssis et leurs pistons plongeurs, montés à glissières sur les âmes des longerons, portent à leur extrémité inférieure deux griffes mobiles articulées de manière à pouvoir s'engager, lorsque le parachute fonctionne, dans la denture des crémaillères de sûreté établies sur les voies de roulement;

Un arbre d'accouplement de ces griffes mobiles assure la simultanéité de leur entrée en action.

Des organes de sécurité, établis dans l'intérieur des longerons et de l'entretoise inférieure du châssis, assurent le fonctionnement du parachute dans les trois conditions suivantes :

1° Automatiquement, au moyen de mécanismes à force centrifuge qui entrent en jeu dès que la vitesse atteint 3,60 m environ à la seconde, soit par suite de rupture ou de déréglage d'un organe quelconque, ou de fuites graves survenues aux appareils hydrauliques;

2° Automatiquement, dans le cas où l'un quelconque des six câbles de traction serait détendu ou rompu;

3° A la volonté du conducteur, en agissant sur un levier placé à sa portée.

Lorsque le parachute fonctionne, les pistons plongeurs pénètrent dans leurs cylindres avec une vitesse décroissante, en refoulant le liquide qui remplissait ces cylindres dans un réservoir placé à l'intérieur de l'entretoise supérieure du châssis.

Les freins hydrauliques sont également disposés pour être utilisés à mouvoir le véhicule et l'amener, après fonctionnement du parachute, à la station la plus voisine du point où il est resté accroché à la voie.

Dans ce cas, la force motrice est empruntée à des canalisations d'eau sous pression établies sur le parcours de l'ascenseur, et auxquelles le véhicule peut être raccordé au moyen de tuyaux souples (1).

Les longerons portent à leur partie inférieure des griffes fixes pouvant être engagées par le conducteur dans les crémaillères de sûreté de la voie; le véhicule reposant sur ces griffes, le conducteur peut, par une simple manœuvre de robinet, commander les quatre freins hydrauliques pour les faire sortir de leurs cylindres, les réarmer, et mouvoir ainsi le véhicule par courses successives de 2,50 m.

Au cours des essais pratiqués sur les ascenseurs, le parachute a plusieurs fois fonctionné automatiquement dès que la vitesse atteignait la limite prévue et, notamment, chacun des véhicules chargé de 7.000 kg de sable réparti dans les cabines s'est accroché automatiquement aux voies de roulement à environ 8 m au-dessous du deuxième étage, au niveau duquel on s'était placé pour le laisser descendre.

§ 5. — Appareils de distribution et de régulation.

Les manœuvres des appareils de distribution pour l'ascension, la descente et l'arrêt, précédé de ralentissement, sont effectuées du véhi-

---

(1) La pression nécessaire pour cette opération tout à fait exceptionnelle serait obtenue par un multiplicateur de pression placé au pied du pilier.

Cet appareil se compose d'un piston à garniture muni d'une grosse tige et pouvant se mouvoir dans un cylindre en fonte.

Si l'on introduit l'eau à la pression des accumulateurs, en haut et en bas du piston, le

cule même, par le conducteur placé au poste de manœuvres disposé à la partie inférieure du châssis du véhicule en dehors des cabines, d'où il peut suivre tous les déplacements du véhicule et se rendre compte à chaque instant de la situation qu'il occupe sur son chemin de roulement.

Cette commande des appareils de distribution est opérée par l'intermédiaire d'un câble souple en acier de 12 *mm* de diamètre, attelé d'une part aux mécanismes actionnant ces appareils au bas de la Tour, et suspendu d'autre part au deuxième étage sur des poulies de renvoi munies d'un tendeur à contrepoids constituant en quelque sorte l'attache fixe du câble.

Ce contrepoids donne au brin montant et au brin descendant une tension suffisante pour réduire, dans la mesure convenable, les flèches qu'ils prendraient sous l'action de leur propre poids entre les diverses poulies qui les guident sur leur parcours.

Les deux brins de ce câble passent sur un système de poulies à gorges porté par un bras en tôlerie solidaire du châssis du véhicule. C'est en agissant sur ce système de poulies au moyen d'une transmission appropriée que le conducteur imprime au câble un mouvement dans un sens ou dans l'autre et actionne, par l'intermédiaire de servo-moteurs hydrauliques, deux soupapes équilibrées en partie, dont l'une, celle de montée, admet l'eau des accumulateurs à haute pression dans les presses funiculaires motrices; l'autre, celle de descente, règle l'évacuation de ces mêmes presses dans l'accumulateur à basse pression dans lequel s'effectue, comme on sait, la récupération.

En outre de ces soupapes, la distribution comporte deux régulateurs de vitesse : un pour la montée, l'autre pour la descente, lesquels, en dehors de l'action du conducteur, assurent au véhicule une vitesse uniforme malgré les variations de résistance auxquelles il est soumis en cours de route, à cause des changements d'inclinaison que présente le chemin de roulement et, aussi, en raison des charges variables que le véhicule est appelé à monter ou à descendre.

Ces mêmes régulateurs, qui agissent automatiquement par obturations progressives des orifices d'admission ou d'évacuation, sont également

---

piston remonte en raison de la différence des surfaces, et la pression de l'eau de l'espace annulaire est multipliée dans le rapport de la section intérieure du cylindre à la surface de cet espace annulaire.   G. E.

ment utilisés pour opérer le ralentissement du véhicule un peu avant les
arrêts aux stations (1), bien que ces ralentissements soient produits en
même temps par le conducteur qui doit procéder aux manœuvres comme
si les appareils automatiques n'existaient pas ; l'approche des stations lui
est d'ailleurs indiquée par un petit appareil à cadran reproduisant, à
échelle réduite, le chemin parcouru par le véhicule.

Cette double action, automatique et par la main du conducteur, est
une des meilleures garanties du bon fonctionnement des appareils.

Enfin, il y a lieu d'ajouter, pour terminer cette description sommaire,
que le mécanicien placé en permanence au pied de la Tour a sous les
yeux un indicateur de la position du véhicule sur la voie, qu'il peut se
rendre compte de la vitesse de marche, et, en cas de danger, effectuer
directement la fermeture des soupapes de levée ou de descente et déterminer ainsi l'arrêt du véhicule en un point quelconque de sa course sans
l'intervention du conducteur.

Nous donnons dans l'annexe placée à la fin de cet ouvrage, chapitre I,
les données numériques et les calculs sommaires relatifs à cet ascenseur. La note que nous venons de reproduire donne seulement la description sommaire de ces appareils. La description détaillée figure dans
notre ouvrage : *La Tour de 300 mètres* et les planches de l'album repro-
duisent tous les organes. Nous ajouterons quelques mots sur le fonctionnement.

§ 6. — Fonctionnement de l'appareil.

Pour mettre en marche l'ascenseur, il est nécessaire de procéder
préalablement au remplissage de l'accumulateur à basse pression.

On a vu, en effet, que la pompe Worthington qui refoule l'eau dans
les accumulateurs à haute pression, est établie pour fonctionner sous
une charge égale à la différence de pression entre les accumulateurs
HP (haute pression) et l'accumulateur BP (basse pression). Il s'ensuit
donc que ce dernier doit être constamment en charge, pour permettre la
marche de la pompe.

Mais pour faire le remplissage initial, on ne peut se servir de cette

---

(1) La régularisation de la vitesse et le ralentissement automatique n'ont jamais fonctionné dans de bonnes conditions.   G. E.

pompe destinée à alimenter la haute pression et qui ne peut refouler dans l'accumulateur BP, en raison du clapet d'isolement qui empêche le retour de l'eau de la pompe vers ces accumulateurs.

Il est nécessaire de se servir d'une petite pompe spéciale installée auprès de la grande, et fonctionnant pour une pression de refoulement de 20 *kg* par centimètre carré, suffisante pour soulever l'accumulateur à basse pression.

Cette pompe, par une petite canalisation qui lui est propre, aspire l'eau dans le bac de décharge de l'ascenseur, et la refoule dans la conduite générale à haute pression. L'eau passe sous les accumulateurs HP, qu'elle ne peut soulever, et arrive dans l'accumulateur BP par une petite conduite, laquelle est adaptée à l'accumulateur HP n° 2, et porte la soupape d'emplissage de sûreté de ce dernier. Quand l'accumulateur BP est rempli, on cesse l'action de la petite pompe et on met la grande en marche. Dès que les accumulateurs HP sont en charge, l'appareil est prêt à fonctionner.

Nous dirons seulement, au point de vue du fonctionnement de la pompe, que celle-ci fonctionne d'une manière ininterrompue et permet de maintenir d'une façon à peu près constante les accumulateurs HP en haut de course, tandis que l'accumulateur BP est en bas de course. Du reste, des appareils de sécurité limitent les courses dans chacun de ces sens. Pour les accumulateurs à haute pression, ils provoquent à la limite haute de leur course, au moyen d'une soupape de sûreté de décharge, l'évacuation d'une certaine quantité d'eau qui est renvoyée dans la canalisation à basse pression. De même, si l'accumulateur BP se vide et descend à fond de course, la soupape d'emplissage de sûreté dont nous venons de parler s'ouvre et permet à l'eau de l'accumulateur HP n° 2 de venir soulever à nouveau l'accumulateur BP.

Toutes ces fonctions étant automatiques, il n'est plus nécessaire d'exercer une surveillance sur la marche des accumulateurs des deux piliers.

§ 7. — Rendement et marche de l'appareil.

La course du véhicule suivant le chemin est, comme on l'a vu, de 128,61 *m*, dont 68,41 *m* du sol au 1ᵉʳ étage et 60,20 *m* du 1ᵉʳ au 2ᵉ.

La course utile des plongeurs des presses motrices est le huitième de ce chiffre, soit 16,076 m.

Les deux plongeurs, qui ont 402 mm de diamètre, offrent une section totale de 0,2538 m².

La quantité d'eau dépensée pour une course est donc de 0,2538 × 16,076 = 4,080 m³.

Cette eau, pour que les appareils puissent fonctionner à une température inférieure à 0°, est fortement mélangée de glycérine; la proportion est de 25 p. 100 environ. C'est d'ailleurs toujours la même eau qui sert, sauf les pertes par les fuites de l'appareil; elle est approvisionnée dans le bac de décharge installé au pied de l'ascenseur. (On a renoncé depuis à cet emploi en raison des dépenses excessives qu'il entraînait, par suite de l'importance des fuites.)

L'eau en pression est fournie par les accumulateurs HP, dont la capacité doit être au moins égale à celle des deux presses.

Or, le diamètre des pistons des deux accumulateurs est de 700 mm, correspondant à une section de 0,7696 m². Leur course est de 5,50 m, la quantité d'eau qu'ils peuvent fournir ensemble, en descendant à fond, est donc :

$$0,7696 \times 5,5 = 4,233 \ m^3.$$

Cette quantité d'eau suffit pour l'alimentation des presses, pour une course.

En outre, il faut que l'accumulateur à basse pression, dans lequel aspire la pompe, ait lui-même une capacité égale à la précédente.

Le diamètre de son piston est de 1,100 m et sa surface de 0,9503 m². Le cube correspondant à la course de 5,50 m est de 5,227 m³.

Ce volume dépasse de 1 m³ environ celui des accumulateurs HP afin de compenser toutes les pertes qui se produisent forcément dans les divers appareils de la distribution.

Le rendement pratique de l'appareil est le suivant :

En admettant que l'eau dans les presses soit à une pression effective maxima de 52 kg par centimètre carré, le travail moteur dépensé dans une course est :

$$52 \times 2.538 \times 16,076 = 2.120.000 \ kgm.$$

Ce travail étant fourni en une minute, temps effectif du parcours sans arrêt, représente pour les presses une puissance de $\dfrac{2.120.000}{60 \times 75} = 470$ chevaux.

Le travail commercial utile se réduit à l'élévation de 100 voyageurs à 70 kg, soit 7.000 kg du niveau du sol ($+35,08$) au niveau de la 2ᵉ plate-forme ($+149,23$), soit sur une hauteur verticale de 114,15 m.

Ce travail a donc pour valeur :

$$7.000 \times 114,15 = 799.050 \; kgm$$

et correspond à une puissance de 177 chevaux.

Le rendement commercial de l'ascenseur à la montée est par suite

$$\frac{799.050}{2.120.000} = 0,39.$$

Il peut donc varier de 0 à 39 p. 100, suivant que les cabines sont vides ou pleines.

§ 6. — Résumé des poids et prix de l'appareil.

Nous donnons ci-dessous le résumé des poids pour un ascenseur.

Véhicule, câbles de manœuvre et de traction, poulies d'inflexion et de renvoi des câbles, voie et crémaillère de sûreté.	62.950 kg
2 presses hydrauliques complètes, avec leurs chevalets, poulies de mouflage	99.333
2 accumulateurs à haute pression (sans le lest).	140.352
1 accumulateur à basse pression —	70.124
Tuyauterie, soupapes de mise en marche, régulateurs de vitesse, coupleur, vannes et accessoires.	65.984
Total pour un ascenseur.	438.743 kg
Soit pour les deux ascenseurs.	877.486

Ces deux ascenseurs ont fait l'objet d'un contrat à forfait avec la Compagnie de Fives-Lille, pour un prix global de 630.500 fr s'appliquant aux matériaux en gare du Champ-de-Mars.

Le montage complet, la fourniture du lest, les travaux de terrassement et de maçonnerie, les charpentes et attaches sur la Tour des poulies de suspension et de renvoi, ainsi que les pompes d'alimentation, sont restés à la charge de la Société.

D'après la comptabilité, les dépenses d'établissement de ces ascenseurs ont été les suivantes :

Montant du marché à forfait	630.500,00	fr
Fournitures accessoires (vannes sur les pompes, tuyauterie, etc.)	33.508,00	
Charpentes métalliques des supports de poulies	23.870,06	
Main-d'œuvre de montage	52.460,25	
Lest des accumulateurs (fonte et sable)	43.451,60	
Plates-formes et escaliers d'accès	58.281,74	
2 pompes d'alimentation Worthington	52.500,00	
1 condenseur de ces pompes	10.200,00	
2 pompes d'emplissage des accumulateurs	1.880,00	
Tuyauterie spéciale	1.211,00	
Fourniture de glycérine	6.207,70	
Câbles de commande de rechange	1.227,80	
Peinture de la machinerie	2.500,00	
Divers	1.655,50	
Maçonneries du pilier Est 86.355,24		
— — Ouest 66.597,65	152.952,89	
Total	1.072.406,54	fr

Tel est le prix de revient de ces ascenseurs, non compris les dépenses faites dans la salle des machines pour l'installation des pompes, non plus qu'une part des dépenses communes s'appliquant à tous les ascenseurs dont nous indiquerons plus loin l'importance.

CHAPITRE IV

ASCENSEUR OTIS DU PILIER NORD

Nous avons vu précédemment (page 42) que, pour l'Exposition de 1900, l'ascenseur du pilier Sud a été supprimé, et remplacé par un grand escalier, tandis que l'ascenseur du pilier Nord a été modifié pour ne plus effectuer que l'ascension du sol au premier étage.

Nous donnons ci-dessous la description générale de cet ascenseur, après modification.

§ 1. — Description générale.

Le principe de l'appareil a été exposé au chapitre II de la première partie. On a vu que l'ascenseur Otis est un appareil hydraulique à système funiculaire, c'est-à-dire que la cabine est mue par un palan relié à un piston de presse hydraulique, lequel agit sur l'ensemble du moufle, tandis que le véhicule est relié au garant de ce même moufle. Par cette disposition, le nombre de brins du mouflage donne le rapport de la vitesse et de la course du véhicule à celles du piston hydraulique. ce qui permet, avec une faible vitesse et une petite course du moteur, de multiplier la vitesse et la course du véhicule, suivant ce rapport.

Par contre la puissance hydraulique nécessaire est augmentée d'autant.

9

La course du sol au premier étage, comptée sur le chemin de roulement, est de 68,46 m. La vitesse normale du véhicule a été admise égale à 1,25 m avec un mouflage à 7 brins. La course du piston moteur est donc de $\frac{68,46}{7} = 9,78$ m et la vitesse de $\frac{1,25}{7} = 0,18$ m.

D'autre part, le poids du véhicule vide, y compris cabine et châssis, est de 9.500 kg. Le poids en charge correspondant à un nombre de 80 voyageurs à 70 kg, soit 5.600 kg, est de 9.500 + 5.600 = 15.100 kg. Comme l'inclinaison du chemin de roulement sur l'horizontale est de 54°,35′ dont le sinus est 0,815, ce poids se réduit à 15.100×0,815 = 12.300 kg. L'effort hydraulique théorique pour soulever la cabine est donc, d'après ce que nous avons dit plus haut : 12.300×7 = 86.100 kg.

En pratique, cet effort a été diminué au moyen d'un contrepoids pesant 13.500 kg qui roule sur une voie spéciale. Ce contrepoids est relié à un moufle à trois brins dont le garant vient s'attacher au véhicule. L'effort du contrepoids est par suite de $\frac{13.500}{3} = 4.500$ kg, et comme sa voie est inclinée et parallèle à celle du véhicule, cet effort se réduit à 4.500×0,815 = 3.670 kg.

En outre, le poids propre des masses mobiles du moteur hydraulique vient encore en déduction de l'effort moteur. Ce poids, qui comprend celui du chariot mobile et du piston moteur avec ses tiges, se déplace sur un chemin dont l'inclinaison est de 61°,20′, laquelle a un sinus de 0,877. L'action de ce poids se réduit donc à 20.180×0,877 = 18.200 kg, abstraction faite des résistances passives.

L'effort moteur théorique, nécessaire pour l'ascension de la cabine est ainsi de 7×(12.300 − 3.670) − 18.200 = 42.210 kg.

Pour produire la descente, on utilise le poids du véhicule, qui doit vaincre d'une part l'action du contrepoids, et, d'autre part, celle des masses mobiles du moteur.

D'après ce qui précède, l'ascenseur comprend :

1° Le moteur hydraulique (voir fig. 11), composé d'un grand cylindre et d'un piston dont les tiges sont reliées à un fort palan mouflé à 7 brins. Le garant de ce moufle est renvoyé vers le véhicule par des poulies de renvoi et d'inflexion portées par des charpentes situées au premier étage.

A ce cylindre est adapté un distributeur commandé du véhicule par l'intermédiaire d'un servo-moteur.

2° Le contrepoids, roulant sur une voie spéciale, et faisant partie d'un moufle à trois brins, dont le garant va s'attacher à la cabine, après

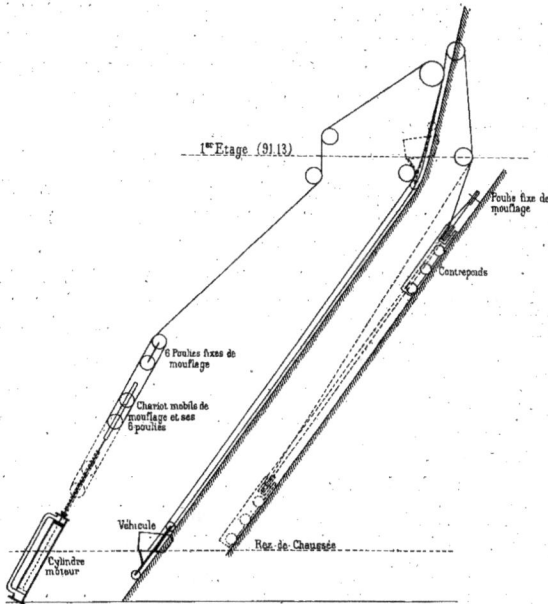

Fig. 11. — *Ensemble de l'ascenseur Otis transformé.*

avoir passé sur des poulies fixées sur les charpentes dont nous venons de parler.

3° Le véhicule, avec son châssis, sa cabine, ses appareils de manœuvre et de sûreté et sa voie de roulement. Leur ensemble constitue la partie essentielle de la modification qui a été faite en vue de l'Exposition de 1900.

§ 2. — Moteur hydraulique. Appareil funiculaire.

Le cylindre hydraulique en fonte, qui est le même que celui de l'ancien appareil (voir fig. 12), mesure 0,965 *m* de diamètre intérieur et 12,67 *m* de longueur totale. Il a 50 *mm* d'épaisseur, et est formé de cinq tronçons assemblés par brides et boulons. Le haut et le bas du cylindre communiquent par une tubulure, à la partie inférieure de laquelle se trouvent le distributeur et son servo-moteur.

L'ensemble du cylindre repose sur une forte charpente inclinée, de 61° sur l'horizontale, et qui a environ 40 *m* de longueur. Elle est ancrée sur le massif des fondations du pilier, et elle sert en même temps à supporter la voie de roulement du chariot de mouflage.

Le piston creux en fonte est à garniture de coton suiffé. Il est muni, sur ses deux bords et sur la périphérie, de deux obturateurs qui viennent aveugler partiellement aux extrémités de course les orifices d'admission et d'évacuation, afin d'amortir la vitesse.

Le piston porte deux fortes tiges en fer de 108 *mm* de diamètre, de 11 *m* environ de longueur, reliées à leur partie supérieure au chariot mobile du mouflage.

Nous avons fait observer déjà dans la description sommaire de l'appareil (page 27) que ces tiges ne travaillent jamais qu'à l'extension, mais pour éviter néanmoins qu'elles ne fléchissent sous l'action de leur poids propre, on a installé, pour les soutenir, un support mobile qui vient se placer sur la moitié de la longueur abandonnée. A cet effet, ce support est relié par une tige à un deuxième piston logé dans la moitié supérieure du cylindre et laissant passer librement les deux tiges du piston principal qui l'entraîne dans sa demi-course supérieure. Le piston support soutient les tiges à l'intérieur du cylindre, quand le piston principal est en bas. A la fin de la course, c'est le support mobile qui soutient les mêmes tiges à l'extérieur.

Nous avons vu dans cette même description que la pression hydraulique agit seulement à la partie supérieure, de sorte que le véhicule monte quand le piston descend et inversement. Ces mouvements sont obtenus à l'aide d'un distributeur placé à la partie inférieure du cylindre et intercalé sur la conduite de communication entre les deux extrémités de ce cylindre. La description et la manœuvre de cet organe

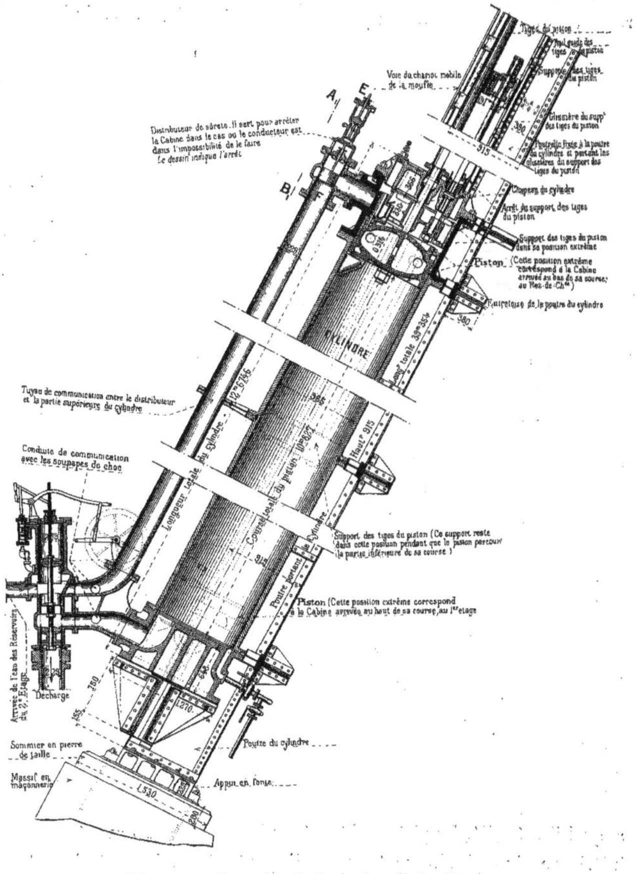

Fig. 12. — *Coupe longitudinale du cylindre Otis.*

sont données en détail dans l'annexe de cet ouvrage. Nous ne donnons ici que le principe de l'appareil.

Le distributeur (voir le schéma fig. 13) est formé par un corps cylindrique à l'intérieur duquel se meuvent deux pistons dont l'un P, à la partie inférieure, forme obturateur et dont l'autre P', à la partie supérieure, d'un diamètre un peu plus grand, sert à faire mouvoir le premier

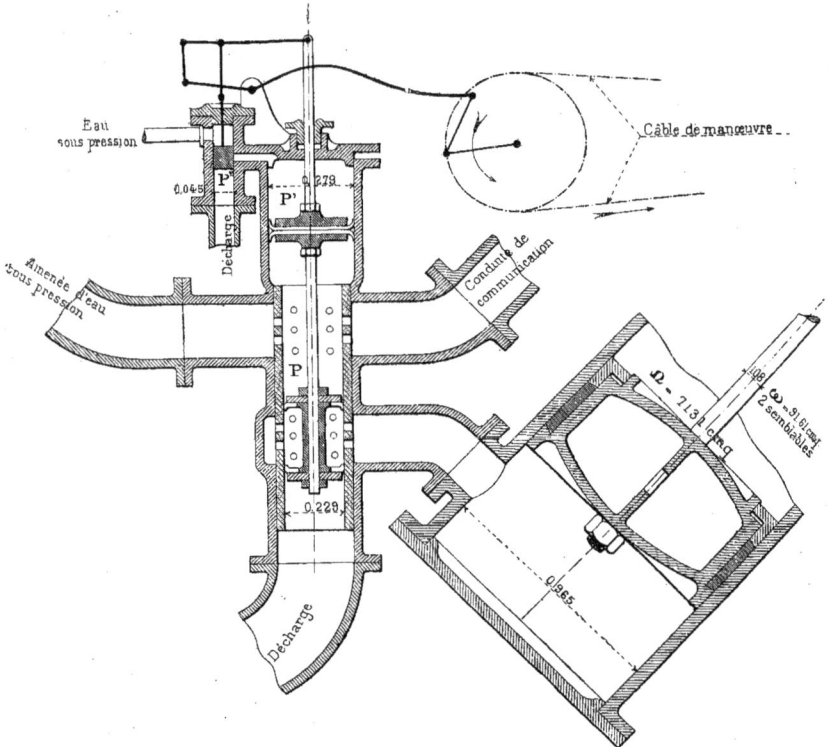

Fig. 13. — *Schéma du distributeur.*

auquel il est relié. Le piston obturateur P se déplace devant la tubulure inférieure du cylindre moteur, et il peut être mis soit devant cette tubulure, soit au-dessus, soit au-dessous. On lui fait occuper ces diverses positions à l'aide d'un servo-moteur commandé du véhicule même par un câble de manœuvre. Le servo-moteur permet de mettre la face supérieure du piston P' en communication soit avec la pression, soit avec la décharge, ou de l'isoler complètement.

Dans le premier cas, le piston obturateur descend et l'eau en dessus du cylindre moteur passe au-dessous, le piston moteur de ce même cylindre monte, entraîné par la cabine qui descend.

Si, au contraire, dans le deuxième cas, on fait remonter l'attelage des deux pistons du distributeur, en mettant à la décharge l'eau de la partie supérieure du piston P', on produit la descente du piston moteur; la partie inférieure se trouve mise ainsi à la décharge, tandis que la partie supérieure supporte la pression de l'eau.

Enfin, si le piston obturateur du distributeur se trouve placé juste en face de la tubulure inférieure du cylindre, comme la figure le représente, l'eau est emprisonnée, et aucun mouvement n'a lieu : c'est l'arrêt du véhicule.

La manœuvre du servo-moteur est faite du véhicule au moyen d'un petit câble sans fin, qui permet d'agir sur un système de levier placé sur le servo-moteur.

Le cylindre moteur est pourvu d'un organe de sûreté. C'est un distributeur placé à la partie supérieure du tuyau de communication avec le haut du cylindre. Il est destiné à arrêter le mouvement de la cabine, quand le conducteur se trouve dans l'impossibilité de le faire. Un surveillant, placé sur une petite plate-forme couverte, est à poste fixe pour faire, en cas de besoin, cette manœuvre. Elle était commandée primitivement d'une façon automatique par un servo-moteur spécial qui a été supprimé. La description de cet organe est également donnée en détail dans l'annexe de cet ouvrage (voir fig. 12).

L'appareil funiculaire placé au-dessus du cylindre est formé par un grand palan comprenant une partie mobile et une partie fixe.

La partie mobile est un chariot de 6,50 m de longueur, sur 2,45 m de largeur, roulant au moyen de 4 galets sur une voie spéciale portée par la charpente de support du cylindre (voir fig. 14). Le chariot porte 6 poulies de mouflage de 1,50 m de diamètre.

La partie inférieure est reliée aux deux tiges du piston moteur au moyen d'un fort palonnier triangulaire.

La partie fixe comprend 6 poulies attachées à la charpente et 2 poulies de renvoi des garants. L'ensemble des poulies mobiles et des poulies fixes,

sur lesquelles s'enroulent les câbles moteurs, constitue le mouflage à
7 brins du système.

Les câbles attachés au châssis du véhicule sont au nombre de 6,
divisés en deux groupes de 3, placés de chaque côté du châssis. Sur les
3 câbles d'un groupe, deux se rendent au moufle moteur, après renvoi
sur des poulies placées au premier étage sur une charpente spéciale. Le
troisième se rend au contrepoids. Il y a donc en tout 4 câbles moteurs et
2 câbles de contrepoids. Chacun des câbles moteurs a 23 mm de diamètre
et pèse 1,7 kg au mètre courant. Il est formé de 8 torons de 37 fils de
0,9 mm de diamètre. Les câbles de contrepoids ont 29 mm de diamètre,

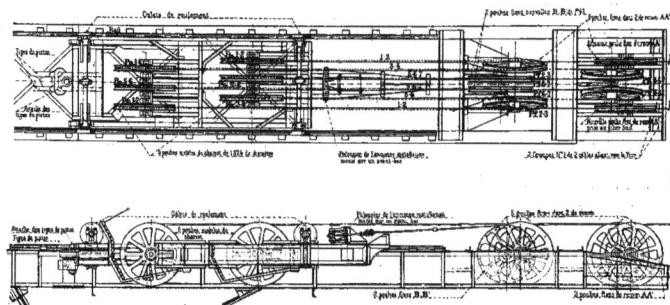

Fig. 14. — *Élévation et vue en plan du mouflage à 7 brins.*

pèsent 2,7 kg au mètre courant et sont formés de 8 torons de 37 fils de
1,1 mm de diamètre.

Les 2 paires de câbles moteurs arrivent de chaque côté du palan,
sur lequel ils s'enroulent 7 fois. Les dormants s'attachent tous les
quatre sur un palonnier d'équilibre porté par l'extrémité supérieure du
chariot.

Dans l'ancienne installation, le mouflage était à 12 brins, et l'attache
du dormant se faisait sur le même palonnier, qui était relié à la partie fixe
de la charpente.

Les poulies de renvoi du premier étage sont installées sur une charpente spéciale. Elles sont au nombre de 6; deux grandes poulies de 3 m de
diamètre, à 3 gorges indépendantes, recevant les deux groupes de 3 câbles
venant du véhicule, et quatre autres poulies de 1,30 m de diamètre pour le

rénvoi des deux câbles de contrepoids. Cette charpente (voir fig. 15) porte encore 4 autres petites poulies pour le renvoi du câble sans fin de manœuvre.

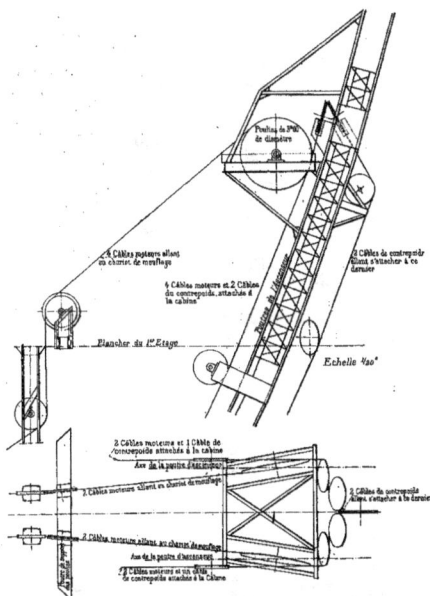

Fig. 15. — *Schéma de la charpente des poulies du 1er étage : Élévation et plan.*

Enfin les câbles, dans leur parcours, sont guidés par des poulies d'inflexion fixées à la Tour.

§ 3. — Contrepoids.

Ce contrepoids, nous l'avons vu, a pour but de diminuer l'effort hydraulique nécessaire en équilibrant une partie du poids mort de la cabine. La partie non équilibrée sert à produire la descente.

Le contrepoids est formé d'un truck chargé de gueuses en fonte, porté par 6 galets de 500 *mm* de diamètre, roulant sur une voie spéciale parallèle à celle du véhicule (voir fig. 16). Le chariot a 11,24 m de longueur et pèse 13.500 kg. Il porte à sa partie supérieure une poulie de mouflage de 1,83 m de diamètre, posée à plat sur le chariot. Les deux câbles de contrepoids venant de la cabine sont mouflés 3 fois sur ce contrepoids au moyen de cette poulie, et d'une autre poulie fixe placée sous le premier étage. La course du contrepoids est donc de $\frac{68,46}{3} = 22,82$ m. Le truck est muni d'appareils de sûreté, agissant dans le cas d'une vitesse exagérée, ou bien dans le cas de la rupture d'un câble.

L'arrêt est obtenu au moyen de coins s'enfonçant automatiquement au moment du fonctionnement de l'appareil, entre une partie fixe du chariot et le champignon du rail.

§ 4. — Véhicule et voie.

Le véhicule et sa voie de roulement ont été complètement changés pour l'Ex-

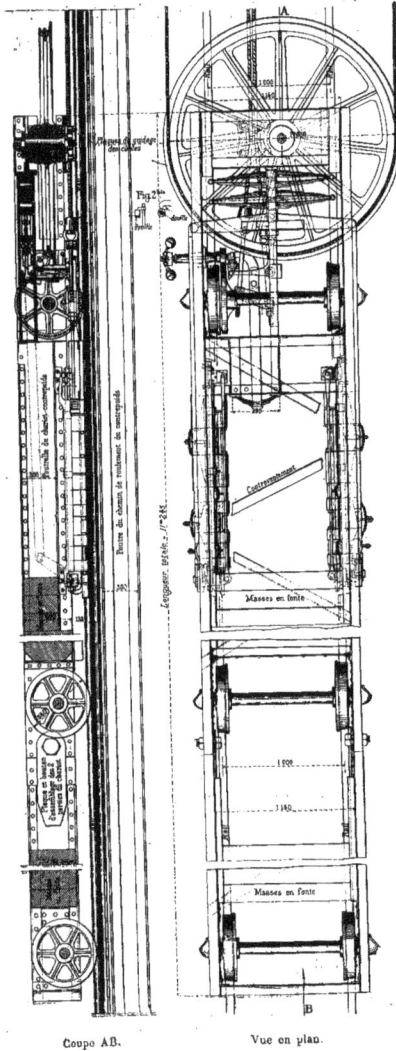

Coupe AB.   Vue en plan.

Fig. 16. — *Contrepoids.* (Échelle : 1/40.)

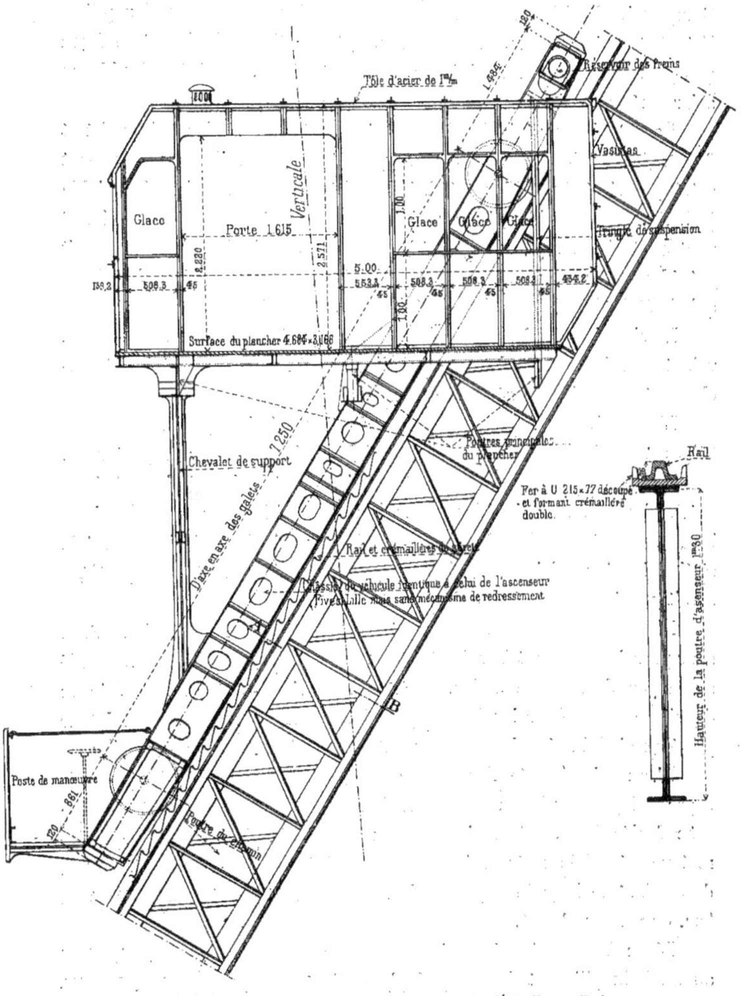

Fig. 17. — *Coupe par l'axe du véhicule.* (Échelle : 1/50.)

position de 1900. On a adopté pour ces derniers le système que la Compagnie de Fives-Lille a employé dans les ascenseurs des piliers Est et Ouest. La voie, entre autres, est constituée de la même façon que pour les ascenseurs ci-dessus, et porte une crémaillère double en acier fixée au rail.

Le châssis du véhicule diffère légèrement de ceux des piliers Est et Ouest. Quant à la cabine, elle est unique, et son appareil de redressement a été supprimé. La cabine est fixée au châssis d'une manière invariable (voir fig. 17). La cabine, à un seul étage, est construite en tôle d'acier et peut contenir 80 voyageurs, c'est-à-dire le double de ce qu'elle contenait précédemment; on utilise ainsi la réduction de la course à moitié de ce qu'elle était dans la première installation.

Le châssis porte à la partie inférieure le poste de manœuvre avec son volant de mise en marche et son levier à main commandant le déclanchement des freins de sûreté.

L'appareil de mise en marche, qui est celui de l'ancien ascenseur Otis, est décrit en détail dans l'annexe à laquelle nous nous reporterons.

Les parachutes sont ceux dont le principe et la description générale ont été donnés au chapitre des ascenseurs Fives-Lille. Comme ces derniers, ils peuvent être utilisés à faire mouvoir le véhicule et à l'amener à la station la plus voisine du point où, par suite d'un arrêt intempestif, il serait resté accroché à la voie.

Dans ce cas, la force motrice est empruntée à des canalisations d'eau sous pression longeant la voie et auxquelles le véhicule peut être raccordé au moyen de tuyaux souples. Cette eau provient, soit du réservoir du deuxième étage pour les basses pressions, soit d'un petit accumulateur placé au pied du chemin, pour les autres pressions.

L'eau qui alimente l'ascenseur provient d'un réservoir de 30 m^3 de capacité logé dans les caves du Pavillon central au deuxième étage. Elle est refoulée dans ce réservoir par deux pompes du pilier Sud. Le cylindre moteur est relié au réservoir par une conduite de 250 mm de diamètre, descendant le long de la poutre de l'ascenseur et munie, en haut et en bas, de vannes d'arrêt.

L'eau d'évacuation du cylindre est amenée dans un réservoir placé au fond du pilier, et dans lequel plonge le tuyau d'évacuation. La différence de niveau entre l'eau du réservoir d'alimentation et celle du réservoir de décharge est de 120 m. Ce chiffre est la mesure de la valeur de la pression par centimètre carré sur la surface supérieure du piston. Du réservoir de décharge, l'eau se rend par une conduite dans un bac placé sous le plancher de la salle des machines, d'où elle est reprise par les pompes, et refoulée au deuxième étage.

§ 5. — Fonctionnement et marche de l'appareil.

Le véhicule étant à l'arrêt en bas de sa course, le conducteur manœuvre le volant de mise en marche. Le câble sans fin de manœuvre agit sur le servo-moteur du distributeur dont le piston obturateur monte. L'eau de la partie inférieure du cylindre est mise à l'évacuation, tandis que la pression agit sur la face supérieure du piston qui fait descendre ce dernier, et la cabine s'élève pendant que le contrepoids descend. Pour produire l'arrêt, le conducteur ramène, au moyen du câble, le piston obturateur du distributeur, en regard de l'orifice inférieur du cylindre; l'eau cesse de circuler et il y a arrêt de l'appareil.

En faisant descendre en dessous de cet orifice le piston du distributeur, le conducteur produit la descente. L'excès de poids de la cabine fait remonter le chariot de mouflage et le contrepoids, l'eau en dessus du piston moteur passe au-dessous, et l'eau en pression, qui continue à affluer, fournit le volume correspondant à la section des deux tiges. La surface supérieure du piston, sur laquelle l'eau en pression agit, est :

Surface du piston, diamètre 965 mm	7.313,82 cm²
Moins surface des 2 tiges, diamètre 108 mm	183,22
Surface active	7.130,60 cm²

La course du piston est de 9,78 m.

Le volume d'eau dépensé pendant la course descendante du piston est donc de $9,78 \times 0,7130 = 6.973$ l.

La pression théorique par centimètre carré est de 12 kg, mais il faut tenir compte des pertes de charge, qui s'élèvent à 3 kg environ pour la vitesse de 1,50 m, ce qui réduit la pression effective à 9 kg. Le travail dépensé pendant la course est donc de

$$6.973 \times 9 \times 10 = 627.570 \ kgm.$$

Le travail commercial utile correspond à l'élévation de la charge de 80 voyageurs à 70 *kg*, soit 5.600 *kg*, depuis le sol (cote + 36,50) jusqu'au premier étage (cote + 91,13), c'est-à-dire sur une hauteur de 54,63 *m*.

Il est donc de 5.600 × 54,63 = 305.928 *kg* et le rendement commercial de :

$$\frac{305.928}{627.570} = 49 \text{ p. 100.}$$

Le rendement pour l'ancienne installation était de 44 p. 100, en comptant 50 voyageurs élevés au deuxième étage. On peut donc dire que les transformations de cet appareil ont amélioré son rendement.

La marche de l'ascenseur a été parfaite et durant toute la période de l'Exposition, il ne s'est pas produit un seul arrêt. Certains jours de fête, on a pu réaliser 15 voyages à l'heure avec 80 personnes, ce qui représente 1.200 voyageurs élevés dans ce laps de temps, à une vitesse de 1,25 *m* à 1,50 *m* environ.

Nous donnons dans l'annexe placée à la fin de cet ouvrage, chapitre II, les données numériques et les calculs relatifs à cet ascenseur.

§ 6. — Dépenses de la transformation.

Les dépenses occasionnées par ces transformations ont été les suivantes :

Montant du marché à forfait de Fives-Lille	46.200,00 *fr*
Fourniture supplémentaire des grandes poulies de renvoi	12.960,00
Pièces accessoires.	2.055,20
Charpentes en fer pour support des poulies	7.649,65
Accès à la cabine	3.591,90
Main-d'œuvre de montage	8.480,30
Réservoir du 2ᵉ étage	5.405,30
2 pompes d'alimentation Worthington	29.240,00
Poulies du mouflage.	1.392,20
Câbles.	2.775,50
Maçonnerie et dallage.	1.237,13
Divers	1.010,20
Total.	121.997,38 *fr*

Ces dépenses d'installation, de même que pour les ascenseurs Fives-Lille, ne comprennent pas les dépenses spéciales effectuées à la salle des machines non plus que celles communes à l'ensemble des ascenseurs.

CHAPITRE V

ASCENSEUR VERTICAL DU SOMMET

Le principe de cet ascenseur destiné à élever les voyageurs du deuxième étage au sommet a été exposé p. 29. L'appareil primitif, construit par M. Edoux, a subi pour l'Exposition de 1900 quelques modifications en vue de remédier à ses défauts et de le rendre capable de transporter un plus grand nombre de voyageurs, soit 80 au lieu de 65, et aussi d'augmenter la vitesse d'ascension, de manière à réaliser 10 voyages à l'heure au lieu de 7.

Les modifications ont porté surtout sur la canalisation générale, dont la section a été augmentée pour diminuer les pertes de charge, et sur les deux cabines, qui ont reçu chacune une impériale permettant de recevoir 30 personnes. En outre, le parachute a été amélioré, en raison des nouvelles conditions de charges imposées à l'appareil.

Nous donnons ci-dessous la description de l'appareil, tel qu'il fonctionne actuellement.

§ 1. — Description générale.

L'ascenseur comprend dans son ensemble : deux grands cylindres verticaux de 81,06 m de hauteur et de 0,36 m de diamètre intérieur (voir fig. 18), à l'intérieur desquels se meuvent deux plongeurs de même longueur, dont les extrémités supérieures sont reliées par articulation à un fort palonnier placé sous la cabine A. L'eau en pression, provenant d'un réservoir placé au troisième étage, peut être introduite, au moment de l'ascension, dans les cylindres par deux distributeurs, placés à l'étage intermédiaire; ils permettent également l'évacuation de l'eau, au moment de la descente, dans un deuxième réservoir placé à ce même étage.

La cabine A est reliée à une deuxième cabine B, par quatre câbles plats qui, partant de la cabine A, sont dirigés vers le haut de la Tour, où des poulies les renvoient vers la cabine B, laquelle fait équilibre à la première A.

Au moment où l'eau en pression est admise dans les cylindres, les plongeurs montent en soulevant la cabine A, depuis l'étage intermédiaire jusqu'au sommet, tandis que la cabine B descend de l'étage intermédiaire au deuxième. Au fur et à mesure que les plongeurs sortent de l'eau, l'action de leur poids augmente, mais cette augmentation de charge se trouve équilibrée par le développement des câbles passant du côté B, et dont le poids a été calculé pour que l'équilibre ait lieu en un point quelconque de la course.

Si au contraire, la cabine A étant au sommet, l'on fait évacuer l'eau des cylindres, les deux cabines parcourent des chemins inverses, et les plongeurs chassent l'eau par leur poids dans le réservoir d'évacuation.

En résumé, le voyage du deuxième étage au sommet se fait en deux parties : d'abord du deuxième à l'étage intermédiaire, dans la cabine B; à ce moment, les voyageurs passent dans la cabine A et effectuent ensuite la deuxième partie du parcours, de l'étage intermédiaire au sommet.

Les vitesses de marche diffèrent suivant les charges respectives des deux cabines. Mais quand ces dernières portent le même nombre de voyageurs, la vitesse moyenne de montée ou de descente des pistons moteurs est de 0,90 m environ.

§ 2. — Cylindres.

Chaque cylindre est constitué par 15 tronçons, en tôle d'acier de 10 mm d'épaisseur, cintrée et rivée; ils sont vissés les uns sur les autres.

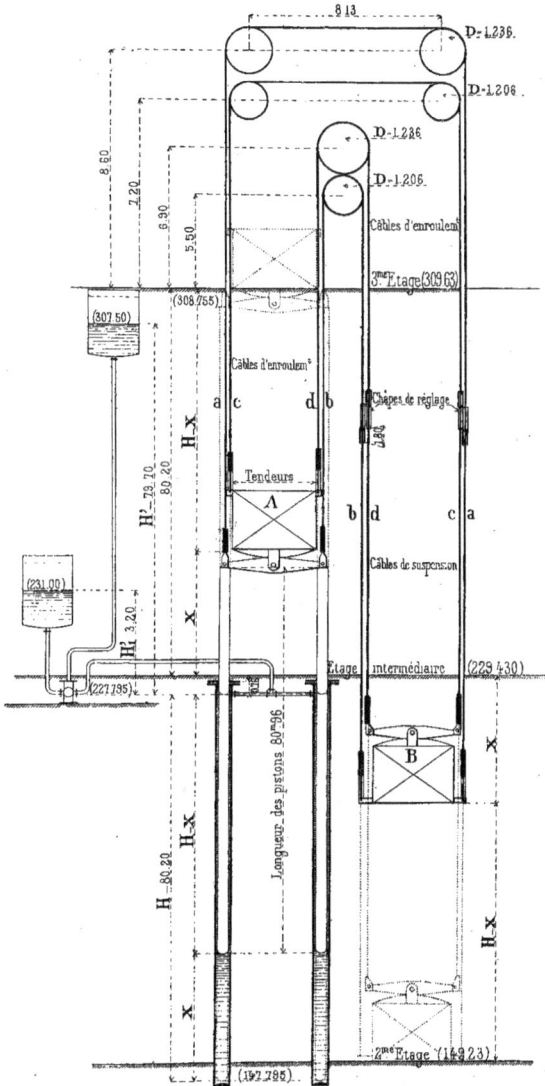

Fig. 18. — *Ensemble schématique de l'ascenseur Edoux.*

11

L'extrémité supérieure des cylindres est rivée à un robuste chapeau

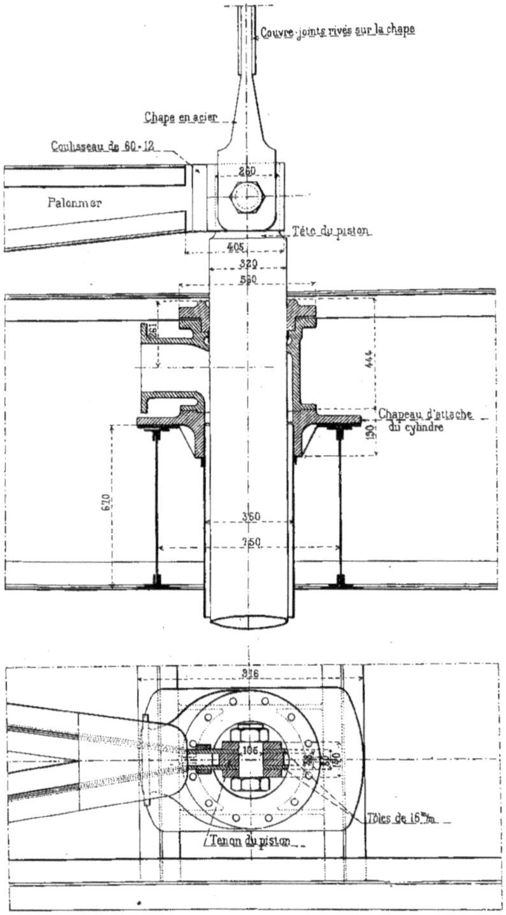

Fig. 19. — *Plan et coupe verticale de la tête d'un cylindre.*

en acier coulé qui s'appuie, par l'intermédiaire de poutres, sur l'ossature de la Tour (voir fig. 19). Les cylindres se trouvent ainsi suspendus. Le chapeau est surmonté d'une tête en fonte, qui porte la tubuture d'amenée de l'eau, et qui reçoit le cuir embouti qui forme joint. Les têtes primitives, qui donnaient lieu à une trop grande perte de charge, ont été remplacées en 1900 par deux autres ayant une section plus grande et une forme plus rationnelle, afin d'éviter que le liquide frappe normalement les parois du plongeur (voir fig. 20).

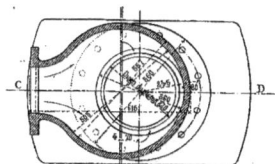

Fig. 20. — *Coupe horizontale de la tête du cylindre par l'axe de la tubulure.*

Les tubulures des deux têtes sont réunies par un tuyau en relation avec les distributeurs.

Les plongeurs ont un diamètre extérieur de 0,32 m. et une longueur de 0,81 m. Ils sont articulés à leur sommet, par une chape en acier, sur un palonnier en tôle et cornière, dont le milieu porte la cabine par

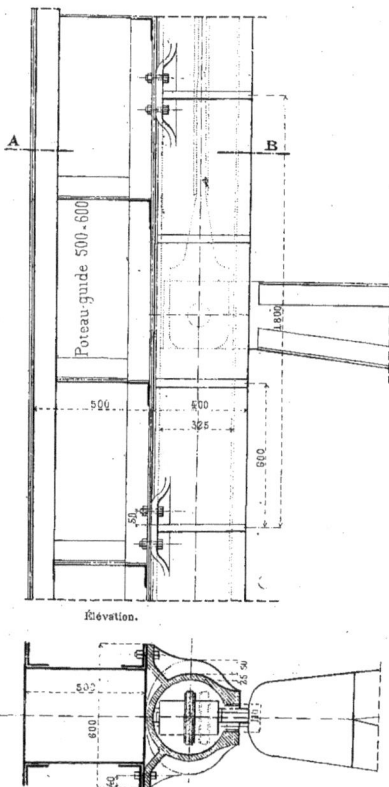

Fig. 21. — *Colonnes-guides des pistons.*

l'intermédiaire d'un axe en fer. Ce système d'articulation a pour effet de soustraire les voyageurs à l'influence des légères variations que peut provoquer dans la vitesse des deux pistons l'inégalité des frottements dans les garnitures. Chaque piston est constitué par treize tronçons d'acier, vissés bout à bout et formés d'une tôle de 8 *mm* d'épaisseur. A leur partie supérieure est adaptée une tête en acier, recevant l'axe qui relie le piston au palonnier.

La partie inférieure est formée par quatre tronçons en fonte, qui ont permis de donner aux pistons le poids nécessaire pour assurer la descente. Chaque piston pèse 8.750 *kg*.

Sur toute la hauteur de sa course, chaque plongeur a été mis à l'abri du vent, au moyen d'une colonne creuse en fonte, présentant une rainure

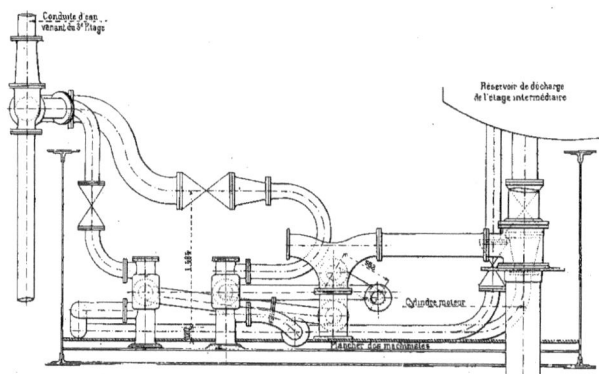

Fig. 22. — *Élévation de la tuyauterie de distribution à l'étage intermédiaire.*

pour le passage du palonnier. La partie intérieure de la colonne est munie, de distance en distance, de portées dressées, servant de guidage au plongeur (voir fig. 21).

§ 3. — Distribution.

Ainsi que nous l'avons vu, l'eau en pression, servant à actionner les plongeurs, provient d'un réservoir placé au sommet de la Tour.

Elle est refoulée dans ce réservoir par trois pompes du pilier Sud, qui aspirent dans le réservoir de décharge de l'ascenseur placé à l'étage intermédiaire. La distance verticale entre les deux réservoirs étant environ de 80 *m*, cette hauteur est celle à laquelle refoulent effectivement les pompes, abstraction faite des pertes de charge.

Le réservoir du sommet est relié, par une conduite de 250 *mm*, aux deux distributeurs placés à l'étage intermédiaire.

Cette conduite, posée en 1900, a remplacé l'ancienne conduite, qui

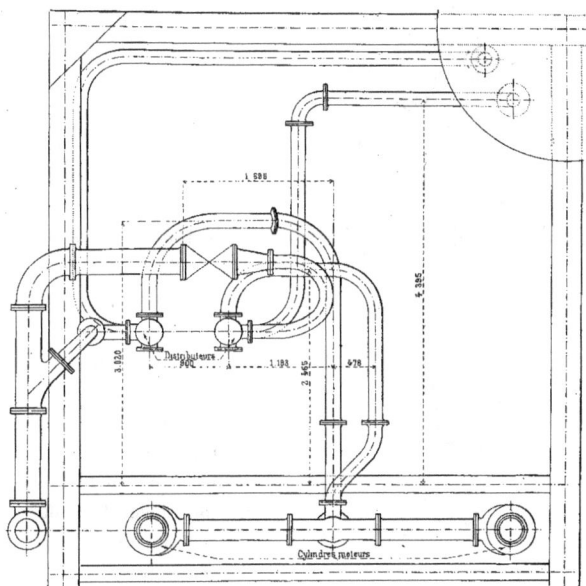

Fig. 23. — *Vue en plan de la tuyauterie de distribution à l'étage intermédiaire.*

n'avait que 200 *mm*, et qui donnait une perte de charge trop grande.

A l'étage intermédiaire, elle se divise en deux branchements, l'un qui descend au pied de la Tour, pour le refoulement des pompes, l'autre qui se dirige vers les deux distributeurs (voir fig. 22 et 23).

Enfin, du réservoir de décharge part la conduite d'aspiration de 150 *mm*, allant aux pompes du pilier Sud.

Chaque distributeur est formé par un corps cylindrique en fonte

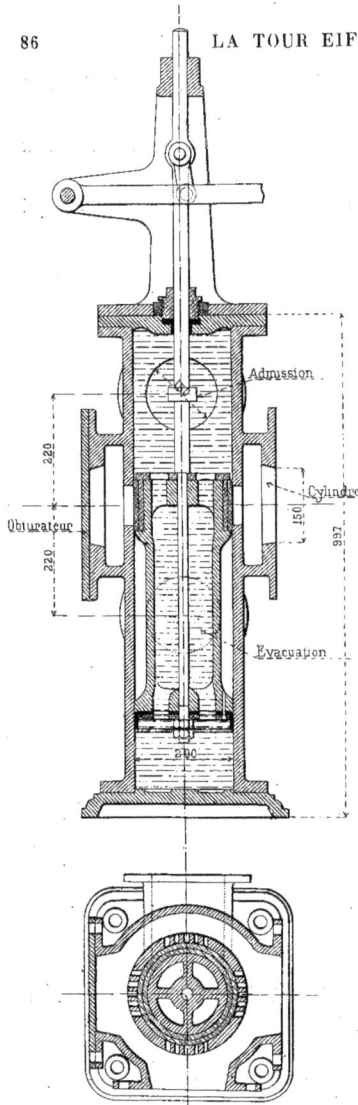

Fig. 24. — *Distributeur (coupes horizontale et verticale).*

dans lequel se déplace un double piston creux équilibré (voir fig. 24). Le cylindre porte trois tubulures : celle du haut correspond à l'admission de l'eau venant du réservoir supérieur, celle du bas à l'évacuation de l'eau se rendant au réservoir de décharge intermédiaire, et celle du milieu aux deux cylindres moteurs (voir schéma, fig. 25).

Pour obtenir la communication des cylindres moteurs soit avec l'admission quand on veut produire la montée des plongeurs, soit avec l'évacuation pour produire la descente, il suffit d'abaisser ou d'élever le piston double. Dans la position intermédiaire, la tubulure qui correspond aux cylindres moteurs est obturée, et il y a arrêt des cabines.

Le mouvement d'abaissement ou d'élévation du piston creux est obtenu au moyen d'un levier à secteur denté, mis en mouvement par un système d'engrenage (voir fig. 26). Un volant placé dans la machinerie des distributeurs et sur leur arbre de commande, permet cette manœuvre à la main. En outre, un câble sans fin à deux brins longe le chemin de la cabine A, et peut être saisi de l'intérieur de la cabine par le conducteur. En

tirant dans un sens ou dans l'autre, le conducteur met en mouvement
l'arbre actionnant le levier à secteur denté. Ce mouvement s'obtient par

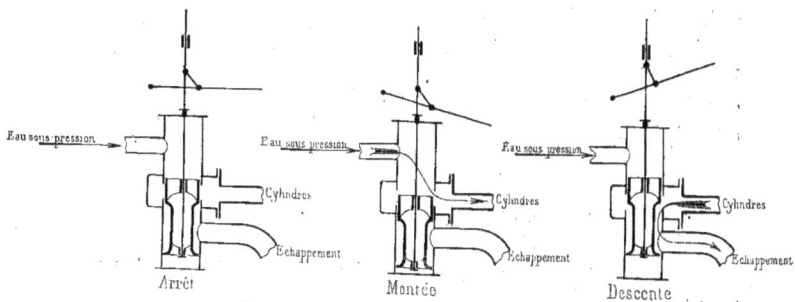

Fig. 25. — *Schémas des positions du distributeur.*

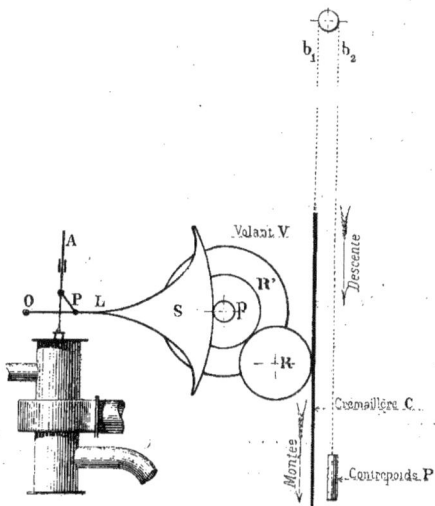

Fig. 26. — *Commande des distributeurs.*

l'intermédiaire d'une crémaillère fixée à l'extrémité de l'un des deux
brins du câble et qui engrène avec un pignon de l'arbre de manœuvre.
L'extrémité de l'autre brin porte un contrepoids d'équilibre.

La manœuvre des distributeurs est commencée par le conducteur de la cabine A, et elle est terminée par le surveillant de l'étage intermédiaire, qui agit sur le volant V.

Les distributeurs peuvent marcher indépendamment l'un de l'autre. Les jours de grande affluence, on met les deux distributeurs en marche, ce qui permet une plus grande vitesse, mais en semaine, où l'affluence est moindre, un seul distributeur assure le service.

§ 4. — Cabines et câbles.

Chaque véhicule comprend une cabine proprement dite et une impériale.

Les cabines métalliques et leurs impériales sont semblables pour les deux véhicules (voir fig. 27). Elles sont munies de fenêtres et de quatre portes de 1,10 m de largeur, qui permettent le passage facile de deux personnes de front, ce qui rend plus rapides les opérations d'embarquement et de débarquement, ainsi que l'échange des voyageurs à l'étage intermédiaire.

Les impériales ont été constituées d'une façon fort simple, par un robuste garde-corps monté sur le bord du plafond des cabines, qui a reçu un léger parquet en sapin. Des tentes mettent les voyageurs à l'abri du soleil.

Les deux cabines ont un poids légèrement différent, que nous résumons ci-dessous :

	CABINE A	CABINE B
Caisse et palonnier	6.000 *kg*	6.000 *kg*
Impériale.	1.500	1.600
Lest.	3.400	»
Parachute complet.	»	3.100
Total.	10.900 *kg*	10.700 *kg*

Les deux véhicules sont reliés l'un à l'autre par quatre câbles plats, passant sur huit poulies de renvoi au sommet de la Tour. Aux extrémités du palonnier de la cabine A sont attachés, par l'intermédiaire de chapes, deux câbles qui viennent aboutir sur le plancher bas de la cabine B au moyen de deux tendeurs. Les deux autres câbles sont fixés d'une part

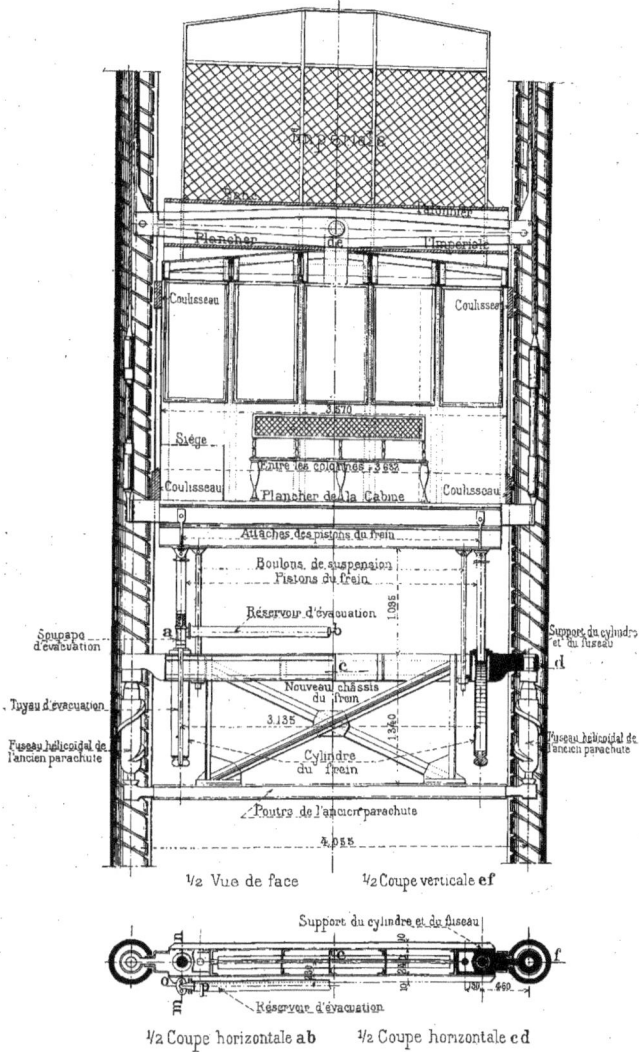

Fig. 27. — *Cabine contrepoids B, avec son parachute complet.*

sur les poutrelles du plafond de la cabine A au moyen de deux tendeurs, et d'autre part, au moyen de chapes, à un palonnier articulé sur le plafond de la cabine B et semblable à celui de la cabine A. Chacun des quatre câbles est formé de deux parties. La première comprend la longueur qui à chaque voyage passe sur les poulies de renvoi du haut : c'est le câble d'enroulement. La deuxième, située du côté de la cabine B, comprend la longueur qui ne s'enroule pas sur les poulies : elle constitue le câble de suspension.

Les câbles d'enroulement servent en même temps à équilibrer le déplacement d'eau des pistons. En effet, la pression hydraulique sur les pistons diminue au fur et à mesure de leur sortie des cylindres, et par suite la tension que le poids de ces pistons exerce sur les câbles s'accroît de celui de l'eau déplacé.

L'accroissement de poids par mètre est ainsi égal au poids d'eau occupé par un mètre de longueur des plongeurs. Comme chaque plongeur a 0,32 m de diamètre, ce poids est $2 \times \dfrac{\pi \times \overline{0,32}^2}{4} = 160,8$ kg. Or, comme les câbles d'enroulement situés au-dessus des pistons passent du côté opposé, ce qui double leur action, ces câbles, pour former un exact contrepoids, doivent peser dans leur ensemble $\dfrac{160,8}{2} = 80,4$ kg par mètre, soit 20,1 kg pour chacun.

Il n'en est pas tout à fait ainsi. Chaque câble pèse seulement 18,60 kg. Lors du remplacement des câbles primitifs, nous avons regretté de ne pouvoir augmenter leur section par suite du défaut d'espace dans les colonnes de guidage.

Après graissage on peut admettre un poids de 19 kg en service. Ce défaut d'équilibrage se traduit par des variations de vitesse dans la marche des plongeurs, variations auxquelles viennent se combiner celles dues aux pertes de charge.

Chaque câble d'enroulement a une largeur de 0,20 m et une épaisseur de 32 mm; il est formé de 8 grelins, de 4 aussières, de 4 torons de 19 fils en acier doux de 1 mm de diamètre avec couture double de 3 torons de 4 fils n° 14 recuits. Le nombre des fils est de 2.432, donnant une section de 1.909 mm^2 correspondant à une résistance de 220.000 kg environ.

Les câbles de suspension sont plus légers. Chacun pèse 11,281 *kg* au mètre et 12 *kg* après graissage. Il est formé de 12 aussières de 4 torons de 11 fils de 1,5 *mm* de diamètre, avec âme en chanvre, réunis

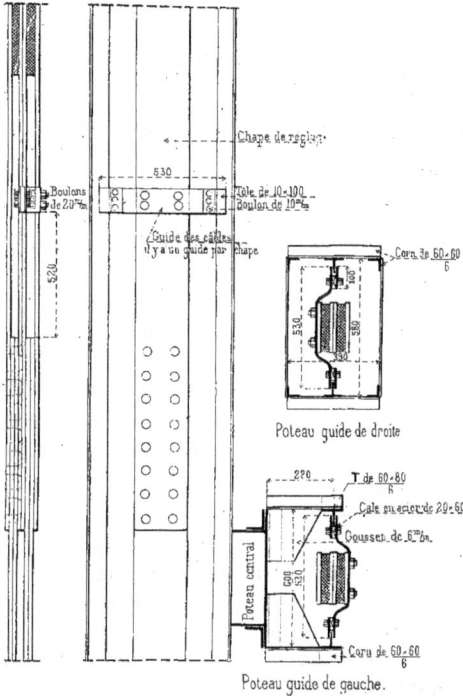

Fig. 28. — *Poteaux-guides des câbles du côté de la cabine B entre l'étage intermédiaire et le sommet.*

par une couture de 2 torons de 12 fils de 2 *mm* de diamètre. Le nombre des fils est de 528, donnant une section de 934 *mm²*.

Les câbles de suspension sont reliés aux câbles d'enroulement par quatre chapes de réglage, qui servent en même temps à les guider dans leur course. Les câbles du côté de la cabine B sont abrités, depuis l'étage intermédiaire jusqu'au sommet, dans des caissons métalliques à treillis, munis de deux glissières, dans lesquelles coulissent les chapes de réglage (voir fig. 28). De l'étage intermédiaire au deuxième, les câbles sont enfermés dans des colonne en fonte, qui servent en même temps au fonctionnement du parachute.

§ 5. — Parachute.

La cabine contrepoids B est munie d'un puissant parachute, qui a été amélioré en 1900, en raison des nouvelles conditions de charge imposée à l'appareil.

La cabine A n'a pas de parachute. On a estimé qu'en cas d'accident à la suspension, cette cabine, restant portée par les deux pistons hydrauliques, une chute grave n'était pas à craindre.

Le parachute de la cabine B, dont l'ensemble est représenté fig. 27, comprend deux parties : le frein Backmann, qui existait en 1889, et un amortisseur hydraulique qui a été ajouté en 1900.

A la partie inférieure, la cabine porte extérieurement un arbre vertical concentrique à la colonne de guidage correspondante. A cet arbre est adapté un fuseau tournant fou sur celui-ci, et muni sur son pourtour d'une spire de vis à filet carré; cette vis se déplace sur des spires de même pas portées par la colonne de guidage, laquelle forme écrou pour ce fuseau.

Quand la cabine descend à la vitesse normale, le fuseau est appliqué sur les spires de la colonne par son poids propre, et se déplace en tournant comme une vis dans son écrou.

Si, par suite d'une rupture des câbles d'attache, le mouvement de descente de la cabine s'accélère considérablement, un cône porté par celle-ci vient coiffer la partie supérieure du fuseau; ce dernier, en effet, ne peut prendre que la vitesse normale correspondant à l'inclinaison des spires, et se trouve de ce fait bientôt rejoint par la cabine portant le cône.

Il se produit alors entre les deux cônes un frottement énergique qui ne tarde pas à empêcher le fuseau de tourner, de sorte qu'en fin de compte la cabine reste suspendue sur les spires des colonnes de guidage.

Afin d'éviter que cet arrêt soit trop brusque. et que les spires elles-mêmes courent risque d'être brisées, on a interposé dans le corps du fuseau des rondelles Belleville formant ressort.

Le fuseau est séparé en deux parties : l'inférieure porte en saillie le filet hélicoïdal ; elle est clavetée sur un arbre dont la rotation s'effectue à la partie supérieure dans une douille, et à la partie inférieure dans une

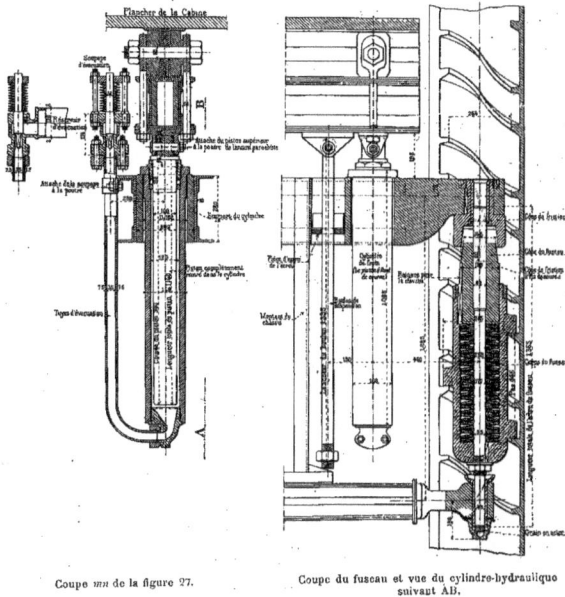

Coupe *mn* de la figure 27.   Coupe du fuseau et vue du cylindre-hydraulique
                                                suivant AB.

Fig. 29. — *Parachute de la cabine B.*

crapaudine munie d'un grain en acier ; la partie supérieure, qui s'emboîte dans la première et qui repose sur des rondelles Belleville, est tournée en tronc de cône à sa partie supérieure, et peut glisser le long d'un double clavetage porté par l'autre partie du fuseau, de manière à venir comprimer les rondelles Belleville.

L'emploi du frein Backmann présente une grande sécurité en cas d'une rupture de câble, surtout si l'on admet qu'après la mise en contact des cônes de friction, la rotation du fuseau continue à se produire pendant un temps même très court. Néanmoins, pour l'augmenter encore et permettre à la puissance vive due à la chute d'être absorbée dans un temps plus long et de causer aux différents organes une moindre fatigue, on a jugé utile d'ajouter à l'élasticité des rondelles Belleville, dont la course est de 80 *mm* seulement, celle d'un frein hydraulique d'une course de 900 *mm*. Cette augmentation importante de la course, qui au total est de 980 *mm*, diminue considérablement les efforts supportés par les organes d'attache du parachute au moment de son fonctionnement.

Le frein hydraulique est formé de deux presses placées symétriquement par rapport à l'axe du châssis portant le parachute (voir fig. d'ensemble 27).

Chacune des presses comprend un piston plongeur de 100 *mm* de diamètre qui, en pénétrant dans un cylindre alésé de 120 *mm* de diamètre, refoule le liquide dans un réservoir ouvert à l'air libre en le faisant passer par une soupape d'équilibre munie d'un ressort.

Le piston de chacune des presses est fixé par une articulation à la poutre inférieure de la cabine (voir fig. 29). Le cylindre repose par sa tête sur une pièce en acier, laquelle porte en même temps, au moyen d'un prolongement, le cône femelle du fuseau. Cette pièce est rivée entre les âmes d'une poutre en caisson entretoisée avec la poutre de support des crapaudines des fuseaux. L'ensemble forme un nouveau châssis parfaitement rigide.

Le châssis est suspendu au moyen de deux tringles de 50 *mm* de diamètre, fixées à une articulation par une chape portée par la poutre inférieure de la cabine. Ces tringles, lors de la rentrée du piston, peuvent glisser dans l'appui inférieur de manière à le suivre dans son mouvement.

Un tuyau en acier relie le bas de chaque cylindre hydraulique avec une soupape d'évacuation placée à l'extrémité du réservoir.

Le clapet de cette soupape a une forme particulière, de manière qu'à une levée déterminée correspondent une tension du ressort et un débit donnés.

Le fonctionnement du parachute est provoqué, comme avant sa transformation, par l'arrêt automatique des fuseaux à hélice dans les colonnes guides de l'ascenseur.

L'arrêt automatique se produit lorsque, l'accélération de la cabine devenant plus grande que celle du fuseau, les supports fixés à la cabine glissent dans les douilles en bronze inférieures et supérieures de ce fuseau ; le cône de friction vient alors coiffer le cône supérieur du fuseau et arrête la rotation de ce dernier. Le fuseau devenant fixe, toute la cabine continue à descendre, les pistons pénètrent dans les cylindres, en chassant dans le réservoir supérieur le liquide qui les remplissait et que l'on force à passer par les soupapes d'évacuation, en créant une résistance qui absorbe progressivement la force vive. Les rondelles Belleville des fuseaux y concourent également pour une certaine part.

Dans ce mouvement, les tringles de suspension descendent avec la cabine, à travers la poutre supérieure du châssis.

L'accélération due à la chute du fuseau glissant sur son hélice est de 2,80 m au lieu de 9,81 m qu'il aurait en chute libre ; l'effort sur les différents organes, correspondant à l'absorption de la puissance vive pour une vitesse de 5 m, ne dépasse pas 21.000 kg sur chacun des côtés de la cabine, effort pour lequel les divers organes ont été calculés.

§ 6. — Marche et rendement.

Les diverses modifications qui ont été faites à la distribution d'eau ont augmenté la vitesse moyenne des cabines, et l'ont portée à 0,90 m, au lieu de 0,77 m qui était celle de l'ancienne installation. En outre, les accès plus faciles des cabines ont permis d'accélérer les embarquements et débarquements de voyageurs. De cette façon, on est arrivé à faire effectuer à l'ascenseur 10 voyages à l'heure, avec 80 voyageurs, dont 50 dans la cabine et 30 sur l'impériale, ce qui représente 800 voyageurs montés dans l'heure.

La marche de l'appareil, ainsi modifié, a été excellente, et durant toute la période de l'Exposition, il ne s'est produit aucun arrêt.

Le travail utile pour monter 80 voyageurs pesant chacun 70 kg à la hauteur séparant le deuxième étage du troisième, est de 80 $\times$ 70 $\times$ 160,40 $=$ 898.240 kgm.

Le travail dépensé se calcule ainsi :

La différence exacte de niveau entre les réservoirs d'alimentation et de décharge est de 76,50 m. La section totale des deux plongeurs est de 0,1608 m^2 et leur course de 80,20 m. Le travail d'élévation des plongeurs est par suite :

$$\frac{1.608 \times 76,50 \times 80,20}{10} = 986.556 \ kgm$$

Le rendement commercial est donc :

$$\frac{898.240}{986.556} = 0,91$$

et il varie de 0 (cas où il n'y aurait pas de voyageurs transportés) à cette valeur de 0,91.

Pendant l'Exposition de 1889, ce rapport n'était que de 0,74. Les modifications que nous avons faites à l'appareil lui ont donné le remarquable rendement que nous venons de calculer.

Nous donnons dans l'annexe placée à la fin de cet ouvrage, chapitre III, les calculs relatifs à cet ascenseur et à son parachute.

§ 7. — Dépenses effectuées pour les modifications.

Les dépenses occasionnées pour les modifications de l'appareil ont été les suivantes :

Nouvelle tuyauterie et secteur de commande	8.499,20 fr
Modification des cabines	18.615,40
— du parachute	6.417,80
Main-d'œuvre	5.281,15
Câbles nouveaux	7.751,16
Une pompe de rechange Worthington	20.000,00
Divers	243,40
Total	66.808,11 fr

Ces dépenses d'installation, de même que pour les ascenseurs Fives-Lille et Otis, ne comprennent pas les dépenses spéciales effectuées à la salle des machines, non plus que celles communes à l'ensemble des ascenseurs.

CHAPITRE VI

ESCALIERS

---

§ 1. — Escaliers du rez-de-chaussée au premier étage des piliers Est et Ouest.

Dans les piles 2 et 4 (Est et Ouest) sont disposés des escaliers droits de 1,20 m entre garde-corps, suspendus aux points solides de la construction, qui se trouvent à la rencontre des barres de treillis et des arbalétriers. Les escaliers sont formés par 347 marches en chêne de 0,25 m de largeur avec contremarches de 0,16 m de hauteur. De nombreux paliers rendent la montée très facile.

La hauteur totale de l'escalier (56,05 m) est divisée en trois parties : 1° le départ du rez-de-chaussée compris entre le rez-de-chaussée et l'entretoise inférieure du montant, soit 4,82 m de hauteur; 2° la partie courante, comprise entre l'entretoise inférieure du montant et le bas du panneau 5, soit 44,00 m; 3° l'arrivée au premier étage comprise dans la hauteur du panneau 5, soit 7,23 m.

La hauteur totale de 44,00 m de la partie courante (pilier 2) a été subdivisée en quatre éléments identiques de 11,00 m de hauteur correspondant aux panneaux de la Tour, et séparés par des paliers au niveau des entretoises sur lesquelles se fait l'assemblage des éléments.

Chacun de ces éléments a été subdivisé lui-même en trois parties séparées également par des paliers. Les deux premières montées vont de

gauche à droite, tandis que la suivante revient de droite à gauche, de
manière à ménager le passage de la cabine.

Ces deux escaliers ont été modifiés à leur départ du sol, en raison de

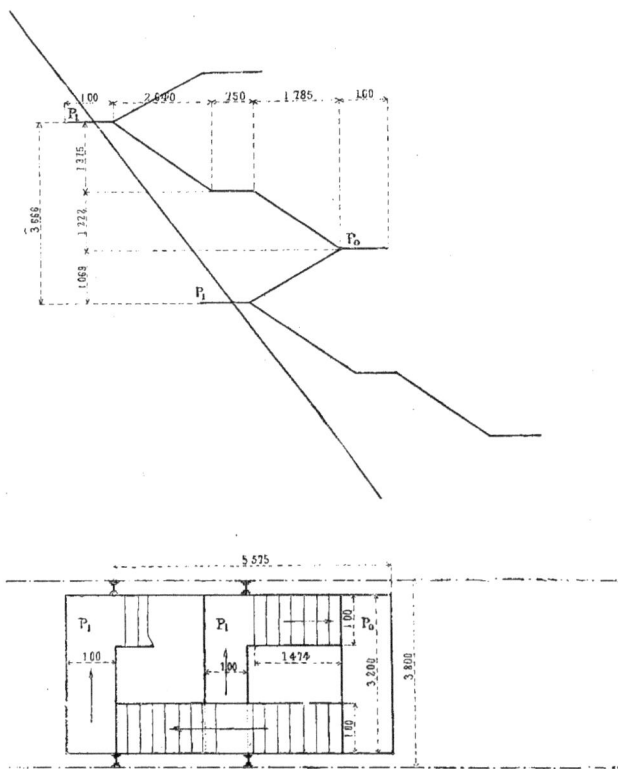

Fig. 3o. — *Schéma d'une révolution entre le sol et le 1ᵉʳ étage.* (Échelle : 1/100.)

l'existence des accumulateurs des nouveaux ascenseurs, lesquels, pendant
leur course de montée, viennent occuper l'emplacement des anciens
escaliers.

La volée de départ contourne l'emplacement des accumulateurs et à
une hauteur d'environ 6 *m* vient rejoindre l'ancien escalier.

§ 2. — Escalier du pilier Sud.

Cet escalier est destiné à la descente à pied des voyageurs du premier étage au sol et à la montée du premier au deuxième étage, la montée du sol au premier étage continuant à se faire par les deux escaliers des piles Est et Ouest.

Le nouvel escalier, dont la disposition générale est intéressante, est

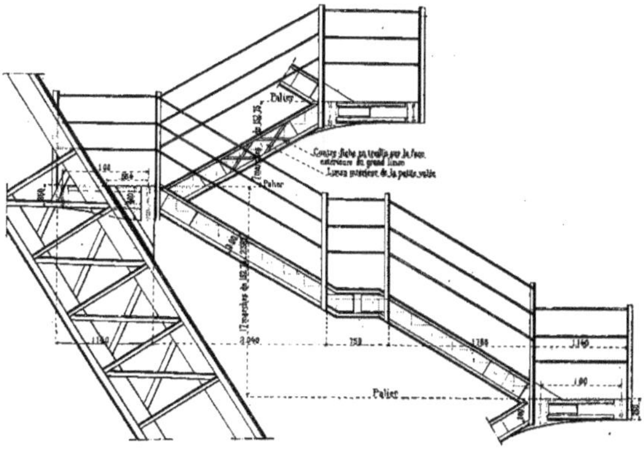

Fig. 31. — *Détail d'une travée de l'escalier du pilier Sud.*

établi entre les poutres de l'ancien ascenseur Otis, sur lesquelles il s'appuie en projetant à porte-à-faux les volées alternatives qui se contre-butent l'une par l'autre.

Il est composé d'une série de révolutions dont chacune comprend une grande et une petite volée. La figure 30 représente le schéma de l'une de ces révolutions.

Les paliers P_1 sont attachés aux poutres de l'ascenseur, dont l'écartement d'axe en axe est de 3,80 m. De ce palier part une petite volée aboutissant à un palier P_0, extérieur aux poutres, duquel part la grande volée qui rejoint le palier P_1 suivant, et ainsi de suite.

Pour la partie du sol au premier, l'escalier et les paliers ont 1,00 m de

largeur et la grande volée porte un palier intermédiaire avec des contremarches ayant une hauteur commune de 152,7 *mm*. Les marches sont en
chêne et garnies d'une bandelette de fer. Chacun des paliers en porte-à-
faux P, s'appuie sur le palier inférieur P₁, d'abord par la petite volée, puis
par une contre-fiche placée dans le plan du limon extérieur de la grande
volée. Quant aux paliers P₁, ils sont attachés directement sur les poutres
de l'ascenseur (voir fig. 31).

Du sol au premier étage, il existe 14 révolutions de 3,666 *m* de hauteur
comprenant 24 marches, plus une volée de départ au sol de 21 marches, et
une volée d'arrivée de 7 marches, soit en tout 364 marches.

Pour la partie du premier au deuxième étage, dont la largeur est
de 1,50 *m* et dont les grandes volées n'ont pas de paliers, les révolutions,
au nombre de 15, ont également 3,666 *m* de hauteur comprenant 24 marches
de 152,7 *mm*; mais la largeur de celles-ci diffère suivant la position de la
révolution sur le chemin. La volée de départ au premier étage comprend
14 marches et celle de l'arrivée au deuxième en comprend 7, ce qui donne
entre le premier et le deuxième 381 marches.

Le nombre total des marches entre le sol et le deuxième est donc
de 745.

Cet escalier nouveau remplace, en offrant beaucoup plus de commo-
dités, les anciens escaliers héliçoïdaux placés dans chacun des piliers,
lesquels ne sont plus accessibles au public.

CHAPITRE VII

INSTALLATIONS ÉLECTRIQUES

Ces installations sont décrites par M. Henri Besson, chargé spécialement de ce service, dans une note que nous reproduisons.

§ 1. — Généralités.

L'énergie électrique absorbée par l'éclairage de 1889 à 1900 était produite par deux dynamos Sautter-Lemonnier de 600 ampères à 70 volts, commandées par courroie et actionnées par deux moteurs à vapeur pilon compound, de 70 chevaux environ. En 1889, le phare et les projecteurs étaient seuls électriques. A partir de 1890, l'éclairage électrique comprenait les restaurants et la plate-forme du premier étage, les escaliers, deux projecteurs et un phare.

En 1889, l'illumination était produite par des rampes horizontales de gaz, placées aux trois étages, mais ne comprenait pas les arêtes.

Pour 1900, l'Administration de la Tour décida de compléter l'installation de la première plate-forme, d'éclairer le deuxième étage, les ascenseurs, leurs accès et les bureaux et d'adopter l'illumination électrique au moyen de lampes à incandescence munies de réflecteurs appropriés, garnissant toutes les arêtes de la Tour, du sol au sommet. Enfin, un projecteur très intense fut installé au troisième étage de la Tour en plus de ceux existant.

En outre, pendant l'Exposition, des essais d'embrasements électriques furent faits au moyen de lampes à arc à projection verticale de bas
en haut.

L'installation complète comprit alors :

<table>
<tr><td></td><td>PUISSANCE</td></tr>
<tr><td>4.200 lampes à incandescence de 10 bougies, pour l'illumination.</td><td>126.000 watts.</td></tr>
<tr><td>2.000 — — — pour l'éclairage or-
dinaire.............................</td><td>60.000</td></tr>
<tr><td>24 lampes à arc de 8 ampères par 2 en tension............</td><td>11.520</td></tr>
<tr><td>1 phare de 100 ampères.......................</td><td>12.000</td></tr>
<tr><td>2 projecteurs de 100 ampères ....</td><td>24.000</td></tr>
<tr><td>1 projecteur de 150   —   ....</td><td>18.000</td></tr>
<tr><td>Total..........</td><td>251.520 watts.</td></tr>
</table>

La tension adoptée aux lampes était de 120 volts avec une perte con-
sentie de 10 volts dans les câbles ; celle aux bornes des dynamos était
de 130 volts.

La puissance réelle aux bornes des dynamos était donc, pour
l'éclairage et l'illumination fonctionnant ensemble, de :

$$\frac{251.520 \times 130}{120} = 272.380 \text{ watts.}$$

Les expériences faites sur les dynamos de la Tour ayant démontré
qu'un cheval sur l'arbre produit 660 watts environ aux bornes, la
puissance mécanique absorbée par l'installation électrique à charge
normale était de :

$$\frac{272.380}{660} = 413 \text{ chevaux.}$$

En réalité, cette charge fut souvent dépassée, elle correspondait à :

$$\frac{272.380}{130} = 2.095 \text{ ampères.}$$

Or, souvent, les ampèremètres indiquèrent 2.200, 2.400 et même
2.800 ampères les jours de fête.

Ces augmentations de charge provenaient de ce que de notables
additions ont été faites à l'installation, en cours d'exploitation. Ainsi,
pendant les principales fêtes de l'Exposition, une partie des guirlandes
de lampes à incandescence placées dans les arbres du Champ-de-Mars

furent alimentées par du courant venant de la Tour. Puis, de grosses
lampes à arc, système Bremer, au nombre de 4, une par pilier, furent
installées à la première plate-forme de la Tour pendant le mois d'Octobre;
chacune de ces lampes absorbait 50 ampères sous 130 volts. Enfin, le
courant fut fourni aux grues électriques de Mocomble pour la charge de
leurs accumulateurs.

Deux installations électriques furent également faites à la Tour et
absorbèrent beaucoup d'énergie électrique, l'une surtout.

Pour remplacer les embrasements aux feux de Bengale, que le public
avait admirés en 1889, puis plus tard pendant les fêtes russes, l'Administration de la Tour décida l'installation de lampes à arc renversées éclairant
de bas en haut. A cet effet, 70 arcs de 35 ampères furent installés sur la
Tour; tout d'abord à partir du sol jusqu'à l'étage intermédiaire (entre le
deuxième et le troisième), puis à partir du premier étage seulement.
Ces lampes étaient munies de réflecteurs en plaqué argent donnant un
faisceau lumineux vertical légèrement divergent. Elles étaient placées à
l'extérieur de la Tour, de façon que le faisceau lumineux vînt lécher la
charpente. Ces appareils ne furent mis en service qu'un petit nombre de
fois.

Un cinématographe géant fut aussi installé sous la Tour, mais son
écran en toile de 800 m^2 de surface ne put jamais résister à l'effort du vent
et l'exploitation en fut abandonnée.

§ 2. — Groupes électrogènes.

Les calculs préliminaires avaient montré la nécessité d'installer des
machines de 420 chevaux au moins de puissance pour le service électrique.
Par prudence, afin de parer à toute éventualité, cette puissance fut
doublée; il fut décidé que l'on installerait une usine de 840 chevaux, de
façon à avoir toujours en réserve des machines de puissance égale à celles
en mouvement.

A cet effet, les deux moteurs à vapeur conduisant les anciennes
dynamos furent restaurés et leur régulateur remplacé par un autre
beaucoup plus sensible. Enfin, pour gagner de la puissance et de la place,
les courroies furent supprimées et ces moteurs accouplés directement avec

des dynamos de 50 kilowatts chacune, tournant à 300 tours par minute. Ces dynamos sont du type AB66 construit par MM. Sautter Harlé et C¹ᵉ; elles sont à quatre pôles, excitées en dérivation; leur induit en tambour à rainures est monté sur un croisillon en bronze claveté sur l'arbre. Les paliers de ces machines sont à rotule et à graissage automatique par bagues. Ces deux ensembles électrogènes sont destinés à rester à la Tour après l'Exposition, où ils feront le service de l'éclairage, les illuminations étant supprimées.

Sous la pression de vapeur de 9 kg, la puissance aux bornes des dynamos a été maintenue plusieurs heures à 52 kilowatts, ce qui correspond à 80 chevaux-vapeur par ensemble.

Pour la durée de l'Exposition seulement, il fut installé deux autres groupes électrogènes beaucoup plus puissants, soit de 340 chevaux chacun. (Voir fig. 32, donnant une vue d'ensemble des groupes électrogènes.)

Chacun de ces groupes comprend un moteur à vapeur système Carels à grande vitesse, du type pilon compound à simple effet. Le mouvement complètement enfermé baigne à sa partie inférieure dans de l'huile. Autour de ce bain d'huile, est une circulation d'eau froide. La machine comporte quatre cylindres à vapeur, dont deux à haute pression à la partie supérieure et deux à basse pression au-dessous. Enfin, au-dessous de ces derniers, se trouvent des cylindres de compression d'air comme dans la plupart des machines de ce genre. La distribution se fait par une lanterne rotative, montée sur un axe vertical situé entre les deux lignes de cylindres. Cet axe est commandé par un engrenage d'angle, dont la roue motrice est calée sur l'arbre de la machine, entre les deux manivelles. Ces dernières sont à 180° l'une de l'autre.

Avant d'entrer dans la machine, la vapeur est séchée dans une bouteille de grandes dimensions, munie d'un purgeur automatique.

Chaque moteur à vapeur conduit, par l'intermédiaire d'un accouplement élastique système Zodel à bande de chanvre, une dynamo Sautter Harlé et C¹ᵉ, type M 200 de 250 kilowatts, soit 1.770 ampères sous 130 volts. Cette dynamo est du type multipolaire à 6 pôles, excités en dérivation, plus 6 pôles redresseurs de champ magnétique excités en série.

L'efficacité de ces redresseurs de champ est telle que le calage des balais reste fixe, quelle que soit la charge de la dynamo.

Groupe Sautter-Harlé.

Fig. 32. — *Vue des groupes électrogènes.*

Groupe Carels-Sautter-Harlé.

14

Malgré la présence d'électros supplémentaires en série, la dynamo se comporte comme une machine ordinaire excitée en dérivation au point de vue du couplage en parallèle avec d'autres machines sur le tableau de distribution.

Les détails de construction mécanique des dynamos de 230 kilowatts sont les mêmes que ceux des dynamos de 52 kilowatts précédemment décrites. L'ensemble tourne à 325 tours par minute.

En outre des 4 groupes électrogènes principaux, il a été également installé un petit ensemble de 12 chevaux, soit 8 kilowatts, alimentant le circuit d'éclairage de jour, c'est-à-dire les lampes placées dans les cuisines, offices et caves des restaurants, dans les sous-sols aux pieds des piliers, ainsi que les ventilateurs électriques et, en général, tous les appareils utilisant le courant dans la journée.

Cet ensemble est formé d'un moteur à vapeur Sautter-Harlé, type pilon monocylindrique, actionnant, par l'intermédiaire d'un accouplement à bandes de cuir, une ·dynamo multipolaire tournant à 450 tours par minute.

En résumé, la puissance des groupes électrogènes de la Tour Eiffel était la suivante :

			PUISSANCE MÉCANIQUE	PUISSANCE ÉLECTRIQUE
2 ensembles Carels-Sautter-Harlé de.	340 chev.	= 680 chev.	ou	460.000 watts.
2 — Sautter-Harlé	80 —	= 160 —	—	104.000
1 — —	12 —	= 12 —	—	8.000
Totaux.		852 chev.	ou	572.000 watts.

La marche des groupes électrogènes fut irréprochable. Il n'y eut, pendant toute la durée de l'Exposition, ni un entraînement d'eau dans les machines à vapeur, ni un échauffement de l'une quelconque des parties frottantes des ensembles, ni usure des collecteurs de dynamos, ni même *un seul court circuit* dans l'ensemble d'une installation à laquelle sa durée éphémère ne pouvait donner qu'un caractère provisoire.

Pendant ce laps de temps de 7 mois, soit du 14 avril au 12 novembre, l'énergie totale produite par les ensembles électrogènes fut de plus de 105.000 kilowatts-heure.

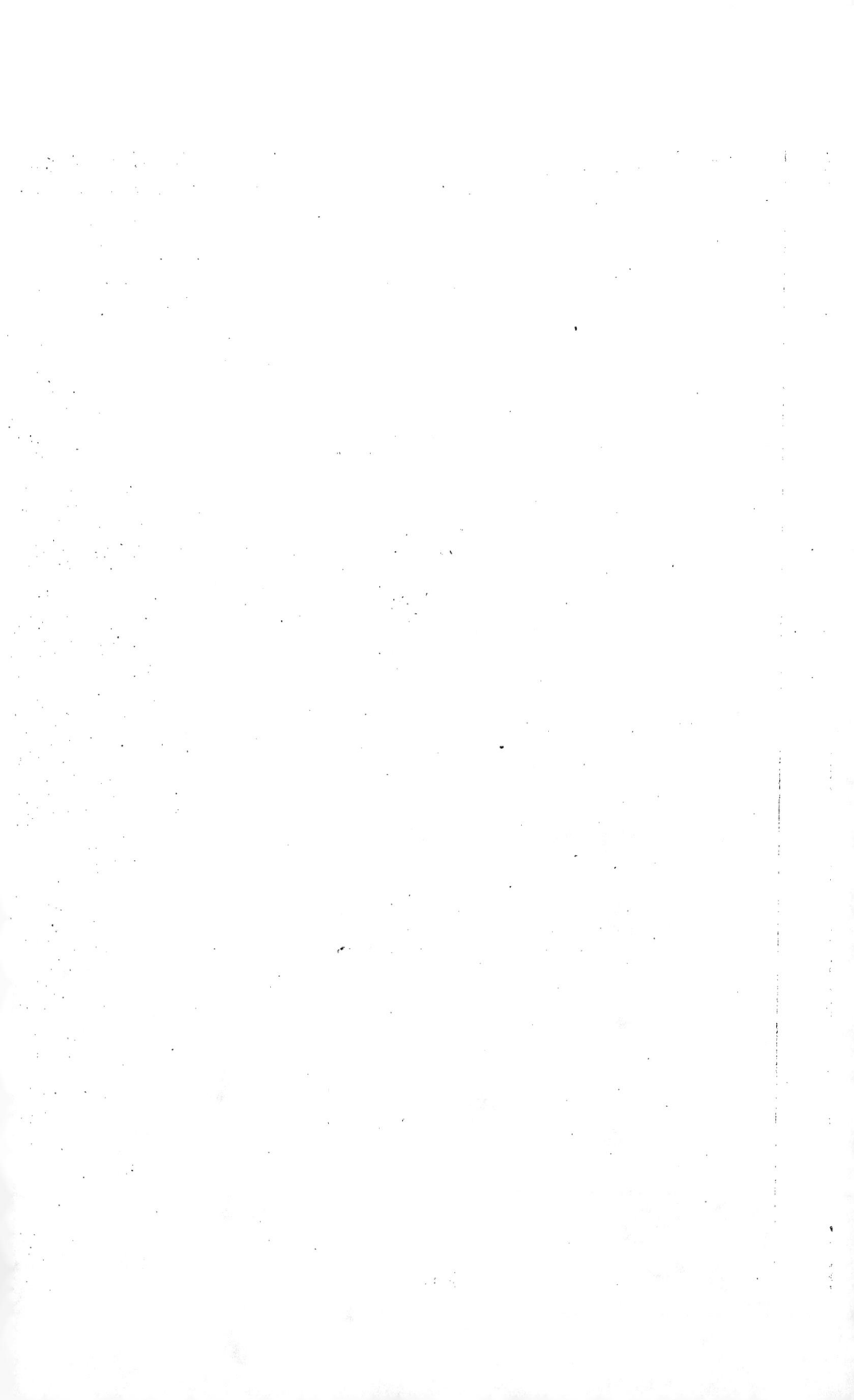

SCHÉMA GÉNÉRAL DE LA DISTRIBUTION ÉLECTRIQUE

§ 3. — Tableau de distribution.

Le tableau de distribution et de couplage des dynamos a été construit par MM. Mornat et Langlois sous la direction du service électrique de la Tour. Ce tableau a une longueur de 5,50 m sur une hauteur de 2,70 m; il se compose de trois panneaux en marbre blanc encadrés dans une moulure en chêne et reposant sur une petite muraille avec interposition d'une bande de caoutchouc.

Le panneau central porte les appareils de couplage et de réglage, composés, pour chaque ensemble électrogène de 230 kilowatts, d'un ampèremètre de 2.000 ampères apériodique, d'un disjoncteur à minima de 2.000 ampères réglé pour rupture à 50 ampères, et d'un cadran de rhéostat à 20 touches pour le réglage de l'excitation.

Les appareils de réglage et de couplage des deux groupes de 52 kilowatts sont les mêmes, mais plus petits, les ampèremètres sont de 500 ampères ainsi que les disjoncteurs.

Enfin, sur le même panneau, sont disposés deux voltmètres apériodiques, l'un branché de façon fixe aux barres du tableau, l'autre pouvant être retiré à l'une quelconque des dynamos par l'intermédiaire d'un commutateur bipolaire à quatre directions.

Les deux panneaux latéraux servent à la distribution de l'électricité dans les 29 circuits de la Tour. Ils sont reliés au panneau central par deux barres en cuivre rouge feuilletées afin d'augmenter leur surface de refroidissement. Ces barres sont de 1.500 mm² de section chacune, de façon que l'intensité du courant par millimètre carré ne dépasse pas un ampère, comme dans toutes les connexions du tableau.

Ces barres sont apparentes, tandis que les connexions d'appareil à appareil et les départs de câbles sont placés derrière le tableau.

Le panneau de droite comprend les treize circuits d'illumination, absorbant en moyenne 85 ampères, le circuit du projecteur n° 3, absorbant 150 ampères, et le circuit du cinématographe, disposé pour 150 ampères, mais affecté à des usages divers, tels que l'illumination des jardins depuis la suppression de cet appareil (en tout 15 circuits).

Le panneau de gauche comprend les deux circuits des restaurants du premier étage, un circuit pour les rampes lumineuses des restaurants, les circuits des projecteurs n⁰ˢ 1 et 2 et du phare, chacun de 100 à 110 ampères, les quatre circuits des lampes Bremer, chacun de 50 ampères, un circuit alimentant certains appareils automatiques à musique placés aux premier et deuxième étages, le circuit des platesformes comprenant tout l'éclairage des première et deuxième platesformes en dehors des circuits précédents, le circuit des arcs placés au sol, premier étage et deuxième étage, enfin le circuit de jour.

Ce dernier circuit est commandé par un interrupteur bipolaire à deux directions pouvant le mettre en relation pendant le jour avec la dynamo spéciale de jour (groupe de 8 kilowatts) et pendant la soirée avec les barres du tableau.

Les 28 autres circuits sont commandés chacun par un interrupteur bipolaire de 150-200 ampères à coupe-circuit. Chaque circuit comporte, en outre, un ampèremètre gradué jusqu'à 150 ampères, sauf pour le projecteur n° 3 où la graduation va à 300 ampères. Ces ampèremètres sont du type ordinaire de demi-précision.

Le tableau est placé à une distance de 80 cm du mur voisin. Derrière lui, sont les résistances d'excitation et celle du phare, ainsi qu'un petit tableau spécial au circuit de jour et une batterie d'accumulateurs desservant les appareils enregistreurs de niveau d'eau pour les ascenseurs.

Le tableau est relié aux dynamos par des câbles nus en cuivre, portés sur des isolateurs en porcelaine à double cloche armés d'une tête en fonte sur laquelle les câbles sont serrés par des boulons.

L'ampérage des différents circuits à pleine charge est le suivant :

13 circuits d'illumination, ensemble.	1.100 amp.
1 projecteur n° 3	150
2 projecteurs et 1 phare, chacun 110 ampères, ensemble.	330
Circuit de jour	80
2 circuits de restaurants, ensemble	140
Plates-formes	150
Rampes extérieures des restaurants	150
4 circuits de lampes Bremer, ensemble	200
Arcs	100
Appareils automatiques (intensité négligeable)	...
Cinématographe (ne fonctionne pas)	...
Total	2.400 amp.

Fig. 33. — *Vue générale du tableau de distribution électrique.*

Report. . . . .   2.400 amp.

En ajoutant les circuits d'illumination des jardins fonctionnant rarement   400

Total maximum . . . .   2.800 amp.

L'intensité maxima de 2.800 ampères correspondait à une puissance de :

$$\frac{2.800 \times 130}{1.000} = 364 \text{ kilowatts}$$

soit :

$$\frac{364}{0,660} = 512 \text{ chevaux-vapeur.}$$

Il avait été prévu primitivement que le service devait être fait par un
groupe de 340 chevaux et un groupe de 80 chevaux donnant au total
420 chevaux, mais cette puissance étant devenue insuffisante par suite
de l'extension des installations, le service fut organisé comme suit :

de 11 heures du matin à 4 heures du soir en moyenne, marche du
groupe de jour de 8 kilowatts ;

de 4 heures à 5 h. 1/2, marche d'un groupe de 52 kilowatts ;

Les jours d'illumination, soit en moyenne trois fois par semaine,
mise en marche d'un deuxième groupe de 230 kilowatts, couplé au
premier pendant la durée de l'illumination. La figure 33 donne une vue
photographique du tableau de distribution et la planche 3, le schéma de
ce même tableau.

§ 4. — Circuits.

Les canalisations électriques sont en cuivre. Les câbles partant du
tableau sont isolés légèrement par un guipage correspondant aux prescriptions de la circulaire ministérielle (isolément FDM 40 de la Société
des Téléphones). Ces câbles sont fixés à des isolateurs en porcelaine à
double ou triple cloche montés sur des chevrons et madriers boulonnés
sur la charpente de la Tour. Les fils de dérivations sont à fort isolement
au caoutchouc (série CVR 11 des Téléphones) ; ils sont placés en général

sur taquets ou poulies en porcelaine, sauf dans l'intérieur des restaurants, kiosques et bureaux, où ils sont sous moulures.

Tous les coupe-circuit sont bipolaires, ainsi que les principaux interrupteurs.

Les 13 *circuits d'illuminations*, installés par la maison Beau, vont du tableau à différents points de la charpente extérieure de la Tour, où ils se divisent en dérivations portant une vingtaine de lampes chacune, chaque dérivation étant munie d'un coupe-circuit bipolaire. Les lampes d'illumination sont montées sur des planchettes de bois supportant aussi les isolateurs recevant le fil conducteur. Ces planchettes sont fixées à des cordages métalliques tendus sur les arêtes de la Tour et venant s'attacher à des colliers embrassant les arbalétriers et poutres métalliques.

Chaque lampe est munie d'un réflecteur en fer-blanc ondulé. Comme nous

Fig. 34. — *Vue de la Tour un soir d'illumination.*

l'avons dit plus haut, ces lampes sont de 10 bougies chacune et au nombre de 4.200.

Les *circuits du phare et des 3 projecteurs* montent directement du tableau au troisième étage de la Tour, à l'intérieur du pilier Sud. Dans la longueur de ces circuits, sont insérées des résistances en câbles de maillechort constituant une partie de la canalisation elle-même, afin d'éviter l'encombrement et de faciliter leur refroidissement. Des résistances additionnelles

et réglables sont installées, pour le phare, derrière le tableau de distribution dans la salle des machines, et pour les projecteurs, près de ces
derniers, au troisième étage de la Tour.

Les trois projecteurs sont installés sur le toit du pavillon surmontant
la troisième plate-forme, c'est-à-dire à 315 m au-dessus du niveau de la
mer, soit 280 m environ au-dessus du sol du Champ-de-Mars.

Le phare couronne tout l'édifice; son axe est environ à 332 m au-
dessus du niveau de la mer, soit 298 m au-dessus du sol du Champ-de-
Mars.

Le phare et les deux petits projecteurs ont été installés en 1889; ces
deux derniers appareils ont un miroir sphérique Mangin de 90 cm de
diamètre; ils sont pourvus de lampes à réglage automatique, mais leur
déplacement s'effectue à la main. L'un d'eux a été constamment braqué
sur l'étoile couronnant le Palais de l'Électricité pendant la durée de
l'Exposition de 1900; l'autre, placé dans le sens opposé, envoyait son
faisceau sur le Trocadéro, sur Passy, le Bois de Boulogne, le Mont-
Valérien, l'arc de l'Étoile, etc.

Le plus gros des projecteurs a été installé en 1900 et seulement pour
la durée de l'Exposition; il a été placé sur la face Nord-Est, regardant
Paris. La manœuvre de cet appareil est obtenue électriquement par des
électromoteurs commandés à distance et enfermés dans son socle. Le diamètre de son miroir est de 1,50 m.

Les trois projecteurs sont du système Mangin; ils ont été, ainsi que
le phare, construits par MM. Sautter, Harlé et Cⁱᵉ.

Le *circuit de jour*, à sa sortie du tableau, se rend à un petit tableau
accessoire placé derrière le tableau principal, où il se dérive en 4 branchements. L'un de ces branchements alimente la salle des machines, le
deuxième charge la batterie d'accumulateurs actionnant les enregistreurs,
le troisième alimente les ventilateurs électriques de la salle des machines
et de la chaufferie, et le quatrième monte au premier étage, où il se
divise encore en plusieurs dérivations dont l'une alimente les lampes de
jour du deuxième étage, l'autre une ceinture passant sous le premier
étage et desservant les lampes de jour des restaurants; enfin les autres
dérivations redescendent le long des trois piliers Ouest, Nord et Est, pour
alimenter les kiosques à tickets, une partie du bureau du pilier Nord et
les sous-sols où sont placés les mécanismes des ascenseurs.

Les lampes de jour sont ainsi distribuées dans tous les points essentiels de la Tour, de façon à constituer un *éclairage de secours*. En effet, si un accident quelconque s'était produit au tableau de distribution principal, il aurait suffi de mettre ce circuit en communication, par son interrupteur spécial, avec la machine de jour toujours prête à marcher pour avoir de la lumière dans toute la Tour. Ce cas ne s'est jamais présenté.

Les *circuits des restaurants* sont au nombre de deux; chacun d'eux alimente deux des restaurants du premier étage. L'arrivée de chaque circuit dans les restaurants est faite sur un tableau de distribution particulier, d'où partent toutes les dérivations alimentant le restaurant. Chaque dérivation est munie d'un interrupteur bipolaire à coupe-circuit. Chaque lustre a sa dérivation spéciale ainsi que les appliques extérieures et intérieures. Tout a été prévu pour que la fusion d'un plomb ne plonge dans l'obscurité aucune partie du restaurant.

Le *circuit des plates-formes* aboutit au premier étage : de là il se divise en trois branchements dont l'un alimente les boules de la galerie du premier; l'autre une ceinture placée sous le premier étage sur laquelle sont branchées les lampes des boutiques, kiosques, bars, ascenseurs, etc.; le dernier branchement alimente toutes les lampes à incandescence du deuxième étage, autres que celles de jour.

Les *rampes extérieures des restaurants* du premier étage sont indépendantes de l'éclairage des restaurants eux-mêmes et du circuit des plates-formes. Elles sont constituées par des groupes et rampes de lampes à incandescence placées à l'extérieur des restaurants, mais à l'intérieur de la Tour. Chacune des faces intérieures des quatre restaurants comporte un interrupteur bipolaire à coupe-circuit placé à l'intérieur du restaurant, mais alimenté par un circuit spécial qui les réunit tous les quatre et part du tableau de distribution principal des machines. Ce circuit très important absorbe 150 ampères et comporte environ 600 lampes de 10 bougies, soit 150 par restaurant.

Les quatre *lampes Bremer* sont de grosses lampes à arc formées chacune de quatre arcs élémentaires enfermés dans la même enveloppe et montés par deux en tension; ces lampes sont de construction spéciale, rappelant le principe de la lampe Soleil; la lumière orangée est produite par des charbons spéciaux, dans la composition desquels il entre des matières minérales, telles que la magnésie, la chaux, etc. Chaque lampe, absorbant 50 ampères, est alimentée par un circuit spécial partant du tableau principal et montant au premier étage, où sont disposées les résistances. Ces lampes sont suspendues à 20 *m* au-dessus de la première plate-forme, à l'intérieur et à chaque angle de celle-ci. Un câble d'acier, passant sur des poulies et venant s'enrouler sur un treuil manœuvré au premier étage, permet de faire varier leur position, Elles peuvent être placées soit à 20 *m* au-dessus de la plate-forme, soit à 15 *m* au-dessous, et occuper toutes les positions intermédiaires.

Le *circuit des arcs* alimente 24 lampes à arc placées comme suit : 4 au sol, soit 2 au pilier Ouest et 2 à l'Est; 12 au premier étage, soit 2 au pilier Nord, 2 au Sud, 4 à l'Ouest et 4 à l'Est; 8 au deuxième étage, disposées aux quatre faces et aux quatre pans coupés du restaurant, sous la plate-forme supérieure de l'étage.

Le circuit monte de la salle des machines au premier étage, d'où il se divise en branchements redescendant dans les piliers Est et Ouest pour les arcs du sol, montant au deuxième et enfin desservant les arcs du premier.

Le *circuit des appareils automatiques* va des machines au deuxième étage avec embranchement au premier; il alimente deux appareils placés un à chaque étage et ayant la forme de distributeurs automatiques. Lorsqu'on glisse une pièce de 0,10 *fr* dans l'appareil, le poids de la pièce agit sur un mécanisme qui met en mouvement un moteur électrique actionnant lui-même une guitare automatique. Ce circuit est relié sur le tableau principal au circuit de jour.

Le *cinématographe* était alimenté par un circuit partant d'un tableau spécial installé dans la salle des machines, relié lui-même au tableau principal. Ce circuit correspondait d'une part à un câble armé souterrain allant jusqu'auprès du pont d'Iéna, où étaient installés les appareils de projection, et d'autre part à un électromoteur placé sur le soubassement du pilier Sud et destiné à soulever l'écran.

Ainsi que nous l'avons dit plus haut, ce circuit n'a été utilisé qu'à des essais.

§ 5. — Circuits modifiés, appareils spéciaux.

Pour l'installation des lampes Bremer, de l'éclairage extérieur des restaurants et des appareils automatiques, on a utilisé les six circuits ayant primitivement servi aux embrasements électriques supprimés à la fin de juillet. Ces circuits allaient aux quatre piliers de la Tour, desservant le premier étage et le sol, un autre circuit allait au deuxième étage et le dernier à l'étage intermédiaire, entre le deuxième et le troisième étage.

Il y a lieu de remarquer qu'aucun circuit d'incandescence ne dépasse le deuxième étage. Cependant, lorsque la nuit arrive avant que le troisième étage soit évacué par le public, il est nécessaire d'avoir de la lumière au troisième étage et à l'intermédiaire.

A cet effet, des dérivations ont été prises en ces deux points sur la ligne alimentant le projecteur n° 3.

Les cabines de l'ascenseur Edoux allant du deuxième au troisième ne sont pas éclairées électriquement, cet appareil ne devant servir qu'exceptionnellement le soir. En revanche, la cabine de l'ascenseur Nord, allant du sol au premier, et les deux cabines de chaque ascenseur Est et Ouest, allant du sol au deuxième, sont éclairées à l'électricité au moyen d'un trolley roulant sur des fils en bronze siliceux tendus le long du chemin de roulement des ascenseurs. Ces trolleys sont alimentés par le circuit des plates-formes.

§ 6. — Études, installations, personnel.

Les études de cette installation électrique ont été faites sous la direction de M. Milon, directeur du service technique de la Tour. Pour l'exécution du travail, M. Milon a été assisté d'un ingénieur de MM. Sautter, Harlé et Cⁱᵉ, M. Besson, détaché à la Tour pour la durée de l'Exposition. Le montage des machines, canalisations et lampes, a duré environ trois mois, et a employé au maximum 34 personnes, dont 12 pour les illuminations et 22 pour l'usine électrique et le reste de l'installation. L'exploitation proprement dite, une fois l'installation finie, n'utilisait que 11 personnes, savoir : 1 ingénieur chef du service électrique, 1 chef électricien, 1 électricien et 1 aide conduisant le phare et les projecteurs, 1 électricien conduisant le tableau de distribution, 2 électriciens et 2 aides pour l'entretien général et le remplacement des charbons d'arcs, 2 électriciens pour l'entretien des illuminations.

Cette dernière installation, fort périlleuse, a été exécutée sans aucun accident, comme d'ailleurs tout le reste de l'installation électrique.

CHAPITRE VIII

MACHINES ET CHAUDIÈRES

Les machines et chaudières logées dans le sous-sol de la pile Sud peuvent être classées en quatre catégories :

Pompes Worthington pour l'alimentation des ascenseurs et le service des restaurants ;

Groupes électrogènes pour l'éclairage et l'illumination ;

Condenseurs de ces diverses machines ;

Chaudières ;

L'ensemble de l'installation est représenté dans la figure 35.

§ 1. — Pompes Worthington.

Ascenseurs Fives-Lille. — L'alimentation des deux ascenseurs Fives-Lille est faite par deux pompes Worthington pouvant fournir séparément une puissance de 150 chevaux (nos 14 et 15 de la fig. 35).

Chaque pompe comprend deux moteurs à vapeur compound à triple expansion en tandem et deux pompes à double effet, attelées directement aux moteurs.

La pompe, par une canalisation en acier, aspire dans l'accumulateur à basse pression de l'ascenseur correspondant et refoule dans les accumulateurs à haute pression, soit sous une charge effective de 54 — 18 = 36 *kg.*

En réalité, et pour tenir compte des pertes de charge, les pompes ont été calculées en supposant 10 kg par centimètre carré à l'aspiration et 55 kg au refoulement, soit une différence de 45 kg.

Avec cette différence de pression et un débit de 1.500 l à la minute, ce qui correspond à dix voyages à l'heure pour l'ascenseur, on arrive à une puissance de 150 chevaux pour la pompe,

En pratique, ce chiffre n'a pas été atteint parce que les pertes de charges sont moins importantes que celles qui ont été prévues et qu'en second lieu le débit a été moindre, par suite de l'impossibilité de faire effectuer en exploitation dix voyages à l'heure à l'ascenseur.

Le remplissage initial des accumulateurs à basse pression est fait au moment de la mise en marche, par deux petites pompes, dont l'une de rechange (n°ˢ 16 et 17 de la fig. 35). Chacune d'elles a une puissance de 2 chevaux, et débite 60 l à la minute. Elle peut aspirer soit dans le bac de l'ascenseur, soit directement sur la canalisation d'eau de source, ceci au moyen d'un jeu de robinets.

Ascenseur Edoux. — L'ascenseur Edoux pouvant faire actuellement un nombre de voyages plus grand qu'en 1889, soit dix au lieu de sept, on a dû augmenter la puissance de ses pompes. Comme nous l'avons vu au chapitre II de la première partie de cet ouvrage, le groupe des deux anciennes pompes (n°ˢ 10 et 12) débitait 2.200 l à la minute, débit suffisant pour dix voyages à l'heure, mais comme il était indispensable d'avoir une machine de secours, le groupe a été complété par une nouvelle pompe portant le n° 11 sur la figure 35.

Cette pompe, qui est du même type que celle des ascenseurs Fives-Lille, débite 1.300 l sous 40 coups et refoule à une hauteur effective de 148 m. Dans ces conditions, sa puissance est de 43 chevaux en eau montée.

Ascenseur Otis. — L'ascenseur Otis est desservi par un réservoir d'une capacité d'environ 32 m^3, placé dans les caves du pavillon central de la deuxième plate-forme.

Ce réservoir est alimenté par deux nouvelles pompes Worthington du type de celles décrites précédemment. Elles aspirent l'eau dans un réservoir placé dans l'épaisseur du plancher, sous les groupes électrogènes. Cette eau provient de l'évacuation du cylindre Otis, et les pertes y sont réparées au moyen d'eau de Seine prise à deux compteurs de 60 *mm*. Les deux pompes diffèrent par leurs dimensions et leur puissance.

L'une a une puissance de 41 chevaux environ, et avec un nombre de

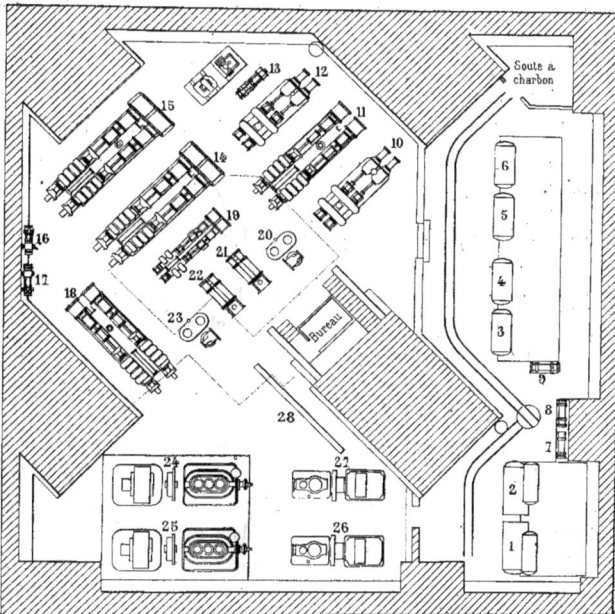

Fig. 35. — *Plan général de la salle des machines.*

coups égal à 45 elle débite 1.400 *l* d'eau à la minute refoulés à une hauteur effective de 133 *m*.

L'autre a seulement une puissance de 22 chevaux et un débit de 750 *l* avec la même charge que la précédente.

Le débit total des deux machines est donc, par heure, de $60 \times (1.400 + 750) = 129.000$ *l*, et comme la dépense pour un voyage est de 6.974 l, on pourrait effectuer avec cette quantité d'eau $\dfrac{129.000}{6.974} = 18,5$ voyages, si la vitesse propre de l'ascenseur le permettait.

Pendant l'Exposition de 1900, il n'y a jamais eu lieu de réaliser ce nombre de voyages, et sauf pour de rares exceptions la grosse pompe a toujours suffi à assurer le service.

Ces deux pompes portent respectivement, sur la figure 35, les nᵒˢ 18 et 19.

Les pompes des ascenseurs Edoux et Otis ne marchent pas d'une façon continue durant le temps de l'exploitation. Des enregistreurs automatiques et électriques de niveau d'eau, installés dans la salle des machines, indiquent à chaque instant la quantité d'eau contenue dans les réservoirs.

Alimentation des restaurants et des bars. — Pour ce service on a utilisé la pompe qui existait en 1889 (n° 13).

Elle puise l'eau dans un réservoir de la salle des machines, alimenté par l'eau de source prise à un compteur, et la refoule aux différents étages.

Au premier étage se trouvent quatre réservoirs, un par pilier, communiquant entre eux. L'eau arrive dans le réservoir du pilier Sud, et se déverse dans les trois autres. Quand ces réservoirs sont pleins, un flotteur-obturateur ferme automatiquement l'arrivée de l'eau, qui continue son ascension vers le 2ᵉ étage, où elle se rend dans un réservoir placé au-dessus du pavillon central. Lorsque ce réservoir est plein et de la même manière que pour le 1ᵉʳ étage, l'eau se rend dans le réservoir de l'étage intermédiaire, puis dans celui du sommet, placé au-dessus des poutres en croix.

A ces deux derniers étages l'eau est employée, en dehors des usages comestibles, au service des water-closets.

§ 2. — Groupes électrogènes.

La description de ces groupes électrogènes a été donnée dans le chapitre précédent. Nous rappelons seulement ici la puissance de ces différents groupes.

2 groupes Carels-Sautter-Harlé. . .   340 chev. = 680 chev. ou 460.000 watts
2   —   Sautter-Harlé   80   —   = 160   —   104.000
1   —   —   12   —   = 12   —   8.000
                                   ─────────────────────────────
          Totaux. . . . .   852 chev. ou 572.000 watts

§ 3. — Condenseurs.

La vapeur d'échappement de tous les moteurs est canalisée vers un collecteur de condensation correspondant à deux groupes de condenseurs à mélange.

Le premier groupe comprend deux condenseurs verticaux composés chacun de deux corps de pompe, attelés à deux cylindres-pilons compound.

Chaque machine peut condenser 6.000 *kg* de vapeur à l'heure, en donnant une puissance de 7 chevaux.

Ces deux condenseurs portent sur la figure 35 les n°⁵ 23 et 20.

Ils aspirent l'eau, qui doit condenser la vapeur, dans un bac creusé dans le sol du plancher, entre les massifs des pompes Worthington. Ce bac est alimenté par de l'eau de l'Ourcq, prise à deux compteurs de 80, et au besoin par de l'eau de Seine prise aux deux compteurs de 60, qui ordinairement alimentent le bac d'aspiration des pompes Otis situé sous les groupes électrogènes. Enfin une turbine de 150, faisant partie de l'ancienne installation, peut également, en cas de secours, alimenter ce bac.

L'eau qui a ainsi condensé la vapeur, et qui sort des condenseurs à une température d'environ 50°, est renvoyée à l'égout par la machine n° 23, et dans un bac en tôle par la machine n° 20. Ce bac, dont le trop-plein va à l'égout, sert à l'alimentation des trois petits chevaux des générateurs.

Le deuxième groupe comprend les deux condenseurs horizontaux déjà existants, et dont chacun est capable de condenser 1.200 *kg* de vapeur. Ils aspirent l'eau dans le même bac que les précédents, pour la refouler aussi dans le réservoir d'alimentation des petits chevaux.

Ces condenseurs, qui ont une puissance de 2 chevaux, portent sur la figure 35 les n°⁵ 21 et 22.

16

§ 4. — Générateurs.

Aux quatre générateurs Collet et Niclausse de 1889 (n°s 3, 4, 5, 6), produisant chacun 1.500 kg de vapeur à l'heure, on a ajouté, pour la durée de l'Exposition, deux chaudières Babcok et Wilcox, vaporisant chacune 2.000 kg d'eau à la pression de 12 kg (n°s 1 et 2). La puissance totale d'évaporation était donc de 10.000 kg à l'heure, ce qui correspondait, pour une dépense de 12,5 kg de vapeur sèche par cheval-heure, à environ 800 chevaux utiles, sur les arbres des machines, défalcation faite de la vapeur perdue par les purges des enveloppes de cylindre et par celles de la conduite générale de vapeur.

Toutes ces chaudières étaient chauffées au coke, afin d'éviter complètement la fumée. Les gaz de la combustion sortent par un caniveau horizontal d'environ 100 m de longueur, qui vient déboucher dans une cheminée en briques placée près du pilier Ouest.

En cours d'exploitation, deux des chaudières Collet ont été munies d'appareils d'insufflation d'air système Meldrum, pour augmenter le tirage insuffisant de la cheminée.

Ces appareils ont permis d'augmenter considérablement la puissance de vaporisation des chaudières.

Devant les générateurs est installée une voie de roulement pour les wagonnets qui prennent le coke dans une soute ménagée dans l'un des angles de la pile.

La vapeur de tous les générateurs est recueillie par un collecteur formant un circuit complet autour de la salle des machines. Sur son trajet se trouvent trois bouteilles de purge et les tubulures d'amenée aux machines.

Les générateurs sont alimentés par les deux petits chevaux de l'ancienne installation (n°s 7 et 8) et en outre par un troisième du type Worthington (n° 9), installé en 1900.

Pendant la majeure partie de l'Exposition, lorsque le service a été définitivement réglé, on faisait marcher simultanément quatre chaudières le jour et la soirée, pour les lundi, mardi, mercredi, jeudi et samedi. Le vendredi et le dimanche, il y avait illumination ; quatre chaudières marchaient le jour, et les six chaudières étaient en plein utilisées pendant les soirées.

On avait compté sur une consommation de 7 *kg* de coke par kilogramme de vapeur, sur 12,50 *kg* de vapeur par cheval-heure, et enfin sur une consommation d'eau de condensation de $20 \times 12,50 = 250\,kg$ d'eau par cheval-heure.

En réalité ces consommations ont été plus élevées, et sont résumées comme quantités et prix dans le tableau suivant, pendant une durée de 212 jours.

	QUANTITÉS ET SOMMES totales	QUANTITÉS ET SOMMES journalières totales
Coke	1.907.000 *kg* à 37,50 *fr* la tonne = 71.512,00 *fr*	8.995 *kg* = 337,31 *fr*
Eau de condensation	177.319 *m³* à 0,125 *fr* le *m³* = 22.164,87 *fr*	836 *m³* = 104,50 *fr*

§ 5. — Résumé de la puissance totale de l'installation mécanique.

La salle des machines, telle que nous venons de la décrire, comporte avec ses rechanges un ensemble capable de développer une puissance de 1.354 chevaux, suivant détail ci-dessous :

1° *Pompes Worthington.*

	DÉBIT	PUISSANCE	PUISSANCE totale
	Litres	Chevaux	Chevaux
Deux pour l'ascenseur Fives-Lille	1.500	150	300
Deux de remplissage —	60	2	4
Une nouvelle pour l'ascenseur Edoux	1.300	42,75	43
Deux anciennes —	1.100	36	72
Une pour l'ascenseur Otis	1.400	41	41
— —	750	22	22
Une pompe à eau de source	»	2	2
Total pour les pompes.			484

2° *Groupes électrogènes.*

Deux moteurs Carels à 340 chevaux.	680
Deux moteurs Sautter à 80 chevaux	160
Un moteur pour éclairage de jour de 12 chevaux.	12
Total pour les groupes électrogènes . .	852

3° *Condenseurs.*

Deux condenseurs Worthington de 6.000 *kg* à 7 chevaux   14

—   —   de 1.200 *kg* à 2 chevaux   4

Total pour les condenseurs   18

Total général . . . .   **1.354** chev.

Après l'Exposition, on a démonté les chaudières Babcok et Wilcox, qui avaient été prises en location pour la somme de 15.000 *fr*. On a également enlevé les moteurs Carels et les dynamos Sautter-Harlé qu'ils commandaient. Ces appareils avaient été, comme les chaudières, pris en location, aux prix de 9.900 *fr* pour les deux moteurs Carels, et de 6.200 *fr* pour les dynamos Sautter-Harlé. Les autres appareils ont été conservés.

CHAPITRE IX

PRODUITS DE L'EXPLOITATION ET DÉPENSES POUR TRAVAUX EN VUE DE L'EXPOSITION DE 1900

I. — RECETTES DE L'EXPLOITATION

§ 1. — Dates de mise en marche des ascenseurs.

L'Exposition universelle de 1900 s'ouvrit officiellement le 15 avril, mais les trois étages de la Tour ne furent définitivement accessibles au public que le 13 mai, date de la mise en marche de l'ascenseur Edoux.

Les différents ascenseurs commencèrent à fonctionner aux dates suivantes :

Ascenseur Fives-Lille du pilier Est. . . . . le 15 avril.
      —   —   — Ouest . . . . le 15 mai
    —   Edoux . . . . le 13 mai
    —   Otis du pilier Nord . . . . le 3 juin.

§ 2. — Tarifs.

Les prix d'entrée étaient les suivants :

	EN SEMAINE	LE DIMANCHE	SOIRS D'ILLUMINATIONS
1er étage.	1,00 *fr*	0,50 *fr*	2,00 *fr*
2e — en plus	2,00	0,50	1,00
3e — —	2,00	1,00	
Total	5,00 *fr*	2,00 *fr*	3,00 *fr*

On avait essayé à l'ouverture de l'Exposition d'appliquer le tarif du dimanche, qui avait été pratiqué pendant l'Exposition de 1889 et qui était de :

1ᵉʳ étage	1,00 fr
2ᵉ — en plus.	1,00
3ᵉ — —	2,00
Total jusqu'au sommet	4,00 fr

Mais en raison de l'insuffisance du nombre des visiteurs on dut renoncer à ce tarif et pratiquer celui indiqué plus haut et qui correspondait au cahier des charges.

La Compagnie des chemins de fer du Nord, à la suite d'un arrangement passé avec la Société de la Tour, délivrait aux voyageurs des trains de plaisir des billets d'ascension pour le deuxième étage au prix de 0,75 fr, valables le dimanche de 9 heures du matin à 1 heure de l'après-midi.

Enfin la Société de la Tour a vendu aux agences de voyages un certain nombre de billets d'ascension pour les différents étages de la Tour, valables pendant la journée entière.

§ 3. — Produit des ascensions.

Le nombre des visiteurs payants se répartit ainsi, pendant la durée de l'Exposition :

Visiteurs ayant fait l'ascension du 1ᵉʳ étage.	985.832
— — — 2ᵉ —	439.452
— — — 3ᵉ —	245.612

Ces nombres peuvent se décomposer autrement :

Visiteurs s'arrêtant au 1ᵉʳ étage	546.380
— — 2ᵉ —	193.840
— — 3ᵉ —	245.612
Total.	985.832

A quoi il faut ajouter :

Report. 985.832
Voyageurs par trains de plaisir 21.592
—   provenant des agences. 9.857
(Ces deux catégories de voyageurs ne peuvent être décom-
posées par étage en raison de la nature spéciale de ces
billets.)

Le nombre total des visiteurs payants s'élève donc ainsi à 1.017.281

Le nombre correspondant de l'Exposition de 1889 était de 1.968.287, c'est-à-dire que le nombre n'est que 51 p. 100 du chiffre ancien.

Les deux journées où le nombre des visiteurs a été le plus élevé sont :

Le 23 septembre . . . .   17.202 visiteurs
Le 7 octobre . . . .   16.008   —

La semaine où l'affluence a été la plus grande est celle du 16 au 22 septembre, qui a donné 55.912 visiteurs, soit une moyenne de 7.987 visiteurs par jour.

Le chiffre correspondant de l'Exposition de 1889 est de 110.905.

Le tableau ci-dessous résume le nombre total par mois des entrées comptées aux guichets :

Du 15 avril au 15 mai 1900 . . . .   26.904
Du 15 au 31 mai. 37.583
Du 1er au 30 juin 152.700
Du 1er au 31 juillet 164.549
Du 1er au 31 août 172.583
Du 1er au 30 septembre 230.780
Du 1er au 31 octobre. 140.373
Du 1er au 12 novembre 60.360

Total. 985.832

Le mois le plus productif a été celui de septembre, pour lequel le nombre des visiteurs a atteint 230.780, donnant une moyenne de 7.693 visiteurs par jour.

Le nombre correspondant de l'Exposition de 1889 est de 409.793.

Le produit des entrées aux guichets, tant par les escaliers que par les ascenseurs, s'est élevé à la somme brute de 1.878.381,50 *fr*, dont il y a lieu de déduire la somme retenue par l'Administration de l'Exposition pour les dimanches et fêtes du 15 avril au 20 mai, et qui s'élève à 2.218 *fr*, ce qui réduit le produit des entrées à 1.876.163,50 *fr*, qui se décomposent ainsi :

Recettes de la semaine . . . .   1.265.747,00 *fr*
Recettes des dimanches et jours de fêtes. 357.997,00
Recettes des fêtes extraordinaires (tarif exceptionnel). 213.286,00
Produit de billets à moitié prix 41.351,50

                              Total . . . .   1.878.381,50 *fr*
A déduire part de l'Exposition 2.218,00

                              Reste . . . .   1.876.163,50 *fr*

auquel il faut ajouter :

Recettes des trains de plaisir . . . .   15.375,75 *fr*
Recettes des agences de voyage. 11.209,00

                              Total 1.902.748,25

Le chiffre correspondant de l'Exposition de 1889 est de 5.919.884,00 *fr*, c'est-à-dire que le chiffre de 1900 n'est que les 32 p. 100 de celui de 1889.

Le produit des entrées au guichet se décompose également comme suit d'après les tableaux détaillés des recettes :

	NOMBRE de visiteurs	PRODUIT en *fr*	RAPPORT p. 100
Pour le 1ᵉʳ étage	546.380	541.413,50	28
— 2ᵉ —	193.840	416.093,00	22
— 3ᵉ —	245.612	920.875,00	50
	985.832	1.878.381,50	100

Le produit moyen d'un visiteur est de 1.902.748,25 : 1.017.281 = 1,87 *fr*.

Le chiffre correspondant de l'Exposition de 1889 était de 3 *fr*.

Le chiffre nouveau n'est donc que les 62 p. 100 de l'ancien.

Un service direct était organisé pour monter sans arrêt du sol à la deuxième plate-forme.

Le nombre de voyageurs qui en ont profité a été de 256.140 sur 439.452 accédant à cet étage, soit environ 58 p. 100.

Nous donnons ci-contre le tableau qui fournit le relevé des recettes pour chaque semaine.

SEMAINES	DATES	NOMBRE TOTAL DES ASCENSIONS			PRODUIT DES ENTRÉES		
		1ᵉʳ ÉTAGE	2ᵉ ÉTAGE	3ᵉ ÉTAGE	PRODUIT BRUT	A DÉDUIRE part revenant à l'Exposition sur la recette du dimanche	PRODUIT NET
					fr	fr	fr
1ʳᵉ	15-21 Avril	7.300	»	»	8.964,00	»	8.964,00
2ᵉ	22-28 —	5.145	»	»	5.145,00	»	5.145,00
3ᵉ	28 Avril-5 Mai	5.602	2.531	»	9.897,00	190,00	9.707,00
4ᵉ	6-12 Mai	6.325	2.643	»	10.953,00	154,75	10.798,25
5ᵉ	13-19 —	9.337	4.722	2.736	23.186,00	609,25	22.576,75
6ᵉ	20-26 —	14.655	7.169	3.932	34.263,00	782,25	33.480,75
7ᵉ	27 Mai-2 Juin.	19.396	9.710	5.131	34.786,00	481,75	34.304,25
8ᵉ	3-9 Juin	51.282	23.068	13.198	87.857,50	»	87.857,50
9ᵉ	10-16 Juin	32.721	14.625	8.374	69.539,50	»	69.539,50
10ᵉ	17-23 —	32.412	15.590	8.933	66.259,00	»	66.259,00
11ᵉ	24-30 —	33.012	14.948	8.223	69.233,00	»	69.233,00
12ᵉ	1ᵉʳ-7 Juillet	31.481	13.944	7.997	67.871,50	»	67.871,50
13ᵉ	8-14 —	49.920	24.236	14.000	98.596,00	»	98.596,00
14ᵉ	15-21 —	40.479	19.389	11.954	85.753,00	»	85.753,00
15ᵉ	22-28 —	28.742	14.888	9.379	64.244,50	»	64.244,50
16ᵉ	29 Juillet-4 Août . . .	25.128	12.562	8.056	55.220,50	»	55.220,50
17ᵉ	5-11 Août	36.488	16.623	10.056	76.407,00	»	76.407,00
18ᵉ	12-18 —	54.371	25.385	14.831	101.640,00	»	101.640,00
19ᵉ	19-25 —	37.414	17.088	10.305	75.158,50	»	75.158,50
20ᵉ	26 Août-1ᵉʳ Septembre.	37.170	16.830	10.150	75.263,00	»	75.263,00
21ᵉ	2-8 Septembre	49.344	21.146	12.516	103.861,50	»	103.861,50
22ᵉ	9-15 —	55.544	24.866	13.801	107.578,00	»	107.578,00
23ᵉ	16-22 —	55.912	24.555	13.277	108.484,00	»	108.484,00
24ᵉ	23-29 —	51.174	23.028	12.564	94.996,00	»	94.996,00
25ᵉ	30 Septemb.-6 Octobre	37.469	16.641	9.161	66.597,00	»	66.597,00
26ᵉ	7-13 Octobre	39.331	17.917	9.517	69.667,50	»	69.667,50
27ᵉ	14-20 —	31.238	12.501	6.715	57.917,00	»	57.917,00
28ᵉ	21-27 —	26.794	12.453	6.628	48.489,00	»	48.489,00
29ᵉ	28 Octob.-3 Novembre.	34.062	15.202	7.798	47.110,50	»	47.110,50
30ᵉ	4-10 Novembre	31.551	11.074	4.896	40.056,00	»	40.056,00
31ᵉ	11-12 —	15.033	4.118	1.484	13.388,00	»	13.388,00
	Totaux	985.832	439.452	245.612	1.878.381,50	2.218,00	1.876.163,50
	Trains de plaisir	21.592	»	»	15.375,75	»	15.375,75
	Agences de voyages	9.857	»	»	11.209,00	»	11.209,00
	Totaux	1.017.281	439.452	245.612	1.904.966,25	2.218,00	1.902.748,25

Les deux plus fortes recettes journalières sont celles du vendredi 21 septembre pour 22.680,50 fr et du lundi 4 juin pour 20.555 fr.

Les recettes hebdomadaires qui ont été les plus élevées sont celles de la 23ᵉ semaine (16 au 22 septembre) pour 108.494 fr, soit une moyenne de 15.497,70 fr par jour, et celle de la 22ᵉ semaine (9 au 15 septembre) pour 107.578 fr, soit une moyenne de 15.368,25 fr par jour.

La moyenne générale par semaine, du 15 avril au 12 novembre, a été de 1.902.748,25 : 30 = 63.425 et la moyenne par jour a été de 1.902.748,25 : 212 = 8.975 fr.

Les deux chiffres correspondants pour l'Exposition de 1889 étaient de 233.812,74 fr par semaine, et de 33.400 fr par jour.

Cette différence considérable a tenu non seulement à ce que le nombre des visiteurs avait diminué de 51 p. 100, mais aussi à ce que le produit moyen de chacun d'eux était tombé de 3 fr à 1,87 fr, c'est-à-dire de 62 p. 100. Le produit nouveau ne devait donc plus être que de 0,51 × 0,62 = 32 p. 100 de l'ancien.

La Tour a donc eu beaucoup moins de visiteurs que pendant l'Exposition de 1889.

Nous avons dit plus haut que la raison pouvait en être attribuée d'abord à l'éloignement du Champ-de-Mars par rapport au centre de l'Exposition, à sa fréquentation seulement pendant l'après-midi et par des visiteurs déjà fatigués d'une longue marche, puis au nombre vraiment excessif des attractions privées.

Malgré tout, la Tour a été encore la plus favorisée parmi toutes ces attractions, et, d'un avis unanime, elle est restée l'un des principaux attraits de l'Exposition de 1900, surtout par son illumination du soir, qui constituait un spectacle d'une grandeur nouvelle et saisissante.

§ 4. — Recettes supplémentaires.

Concessions. — Ce produit comprend les redevances des restaurants et bars et des boutiques de souvenirs. Ces redevances avaient pour base un prélèvement de 0,25 fr par visiteur payant, pour les restaurants et bars, et de 0,164 fr pour les boutiques de vente. Ces redevances n'ont porté que sur 992.909 visiteurs au lieu de 1.017.281, par suite d'un remboursement consenti aux concessionnaires par la Société de la Tour et correspondant à la période de mise en exploitation du 15 avril au 11 mai.

Le produit de ces concessions s'est élevé à la somme de 411.064,30 *fr* ainsi répartie :

Restaurants et Bars (concession Chevallier : 992.909 entrées à
0,25 *fr*) . . . . 248.227,25 *fr*
Boutiques de Souvenirs (concession Neurdein : 992.909 entrées
à 0,164 *fr*). 162.837,05

Total . . . . 411.064,30 *fr*

Le chiffre correspondant de l'Exposition de 1889 était assez peu différent et s'élevait à 457.686,90 *fr*. Ces recettes se décomposent par mois d'après le tableau suivant :

MOIS	NOMBRE D'ENTRÉES DANS LA TOUR	DÉCOMPTE
Avril	14.653	6.066,34 *fr*
Mai	49.849	20.637,48
Juin	156.400	64.749,60
Juillet	171.682	71.076,34
Août	178.643	73.958,20
Septembre	237.826	98.459,96
Octobre	146.169	60.513,96
Novembre	62.059	25.692,42
TOTAL	1.017.281	421.154,33 *fr*
Remboursement sur	24.372	10.090,00
RESTE	992.909	411.064,33 *fr*

On voit que ce sont les mois d'août et de septembre qui ont donné lieu aux plus fortes recettes.

Produit des W.-C. — Il faut ajouter à ces recettes celles produites par les W.-C. et s'élevant à 600 *fr*.

Intérêts de fonds placés. — Le chiffre s'en est élevé à 12,304,57 *fr*.

Recettes accidentelles. — Elles ont été de 1.066,74 *fr*

§ 5. — Résumé

En résumé, les recettes générales de l'exploitation se sont élevées à :

Recettes nettes aux guichets. .   1.878.381,50 — 2.218,00 *fr* =   1.876.163,50 *fr*
Trains de plaisir. 15.375,75
Agences de voyages. 11.209,00
Produit des concessions 411.064,30
　　　　—　　— water-closets.   600,00
Intérêts de fonds placés. 12.304.57
Recettes accidentelles 1.066,74

Total des recettes. . . . .   2.327.783,86 *fr*

Le chiffre correspondant de l'Exposition de 1889 est de 6.523.847,40 *fr*.

Et le rapport des recettes nouvelles aux anciennes est seulement de 36 p. 100.

Au chiffre de. . . . .   2.327.783.86 *fr*
　　représentant les recettes réalisées pendant la durée de
　　l'Exposition, du 15 avril au 12 novembre, il convient
　　d'ajouter les recettes du service d'hiver (1ᵉʳ jauvier au
　　22 mars et 13 novembre au 31 décembre 1901) qui se sont
　　élevées à. 7.210,50
　　Ainsi que la redevance des concessionnaires (Cheval-
　　lier et Neurdein). 1.855,69

Le total général des recettes pour l'année 1900 s'élève donc à (1)   2.336.850,05 *fr*

(1) Le Rapport du Conseil d'administration porte le total des recettes à 2.338.001,31 *fr*, soit une différence de 1.151.26 *fr*, représentée par la somme de 2.218 *fr* versée à l'Exposition, moins celle de 1.666,74 *fr* s'appliquant aux recettes accidentelles.

II. — DÉPENSES DE L'EXPLOITATION

Ces dépenses ont été les suivantes :

Personnel.	360.481,90 *fr*
Chauffage et entretien des machines	82.559,17
Consommation d'eau.	24.359,25
Balayage	11.820,45
Éclairage	26.145,93
Habillement des agents	11.917,00
Assurances.	11.697,76
Illuminations et embrasements	89.281,80
Frais de publicité	19.894,55
Honoraires des architectes et conseils de la Société	26.200,00
Indemnités pour accidents de travail	13.619,30
Intérêts et droits sur actions (1899 et 1900).	62.856,07
Conseil d'administration et commissaire des comptes	16.000,00
Amortissements	102.508,69
Dépenses complémentaires pour impôts, fournitures de bureau, frais de voitures, téléphone, entretien des bâtiments et du matériel	57.245,20
Total général des dépenses d'exploitation	916.587,07 *fr*

III. — RÉSULTATS DE L'EXPLOITATION ET DÉPENSES POUR TRAVAUX NEUFS

En résumé, les recettes de toute nature résultant de l'exploitation de la Tour se sont élevées à la somme totale de . . . . 2.336.850,05 *fr*

Les dépenses ont été de. 916.587,07

La différence s'élève donc à . . . . 1.420.262,98 *fr*

Ce bénéfice a été appliqué en entier à l'amortissement du Compte des Travaux exécutés en vue de l'Exposition de 1900.

Les dépenses pour ces travaux, telles qu'elles résultent des comptes arrêtés à la fin de 1900, ont été les suivantes :

CHAPITRE I. — *Modifications de la 2ᵉ plate-forme, charpente de la base des piliers et nouvel escalier :*

Élargissement de la galerie du 2ᵉ étage	43.850,22 *fr*
Plate-forme supérieure du 2ᵉ étage	96.480,88
Démolition du hourdis Perrière	3.605,30
Dallage en ciment de la 2ᵉ plate-forme.	27.170,43
Escalier du sol au 2ᵉ étage	68.989,88
Planchers des piliers et raccords des escaliers Est et Ouest	40.665,05
Total du chapitre I.	280.761,76 *fr*

CHAPITRE II. — *Ascenseurs et machines :*

Ascenseurs Fives-Lille (voir détail, p. 63)	1.072.406,54 *fr*
Modifications de l'ascenseur Otis (voir détail, p. 78).	121.997,38
— — Edoux (voir détail. p. 96).	66.808,11
Salle des machines et dépenses communes, déduction faite de la vente des vieux matériaux, et du petit matériel repris par l'Exploitation . . .	58.619,46
Total du chapitre II.	1.319.831,49 *fr*

CHAPITRE III. — *Travaux des bâtiments :*

Restaurants du 1ᵉʳ étage, et dallage	157.141,20 *fr*
— 2ᵉ —	102.823,50
Travaux du 3ᵉ étage	33.464,36
Belvédère	12.192,73
Dépenses communes	14.186,51
Réparation des soubassements des piliers.	5.648,25
Total du chapitre III.	325.456,55 *fr*

CHAPITRE IV. — *Peinture générale :*

Contrat Hartog	80.000,00 *fr*
Surveillance, essais, et dépenses diverses	1.829,40
Total du chapitre IV.	81.829,40 *fr*

CHAPITRE V. — *Éclairage, illuminations et téléphones* . . .   38.339,65 *fr*

CHAPITRE VI. — *Divers :*

Frais de personnel et gratifications	26.111,65
Frais d'ensemble pour achat de matériel, démolition et construction d'ateliers, bardage, etc.	25.409,43
Dépenses complémentaires diverses	6.189,59
Total du chapitre VI.	57.710,67 *fr*

Total du compte des travaux neufs. . . . .   2.103.929,52 *fr*

Le compte des travaux neufs s'élève donc ainsi à. .   2.103.929,52 *fr*

Il faut en déduire les fonds de prévoyance et les

    bénéfices de 1897 à 1899, s'élevant à . . . . . .   363.583,10 *fr*

Enfin le solde du compte de l'exploitation de 1900 .   1.420.262,98

           Total . . . .   1.783.846,08 *fr*

        Reste. . . . .   320.083,44 *fr*

qui représente le solde des travaux à amortir pendant la durée de la concession.

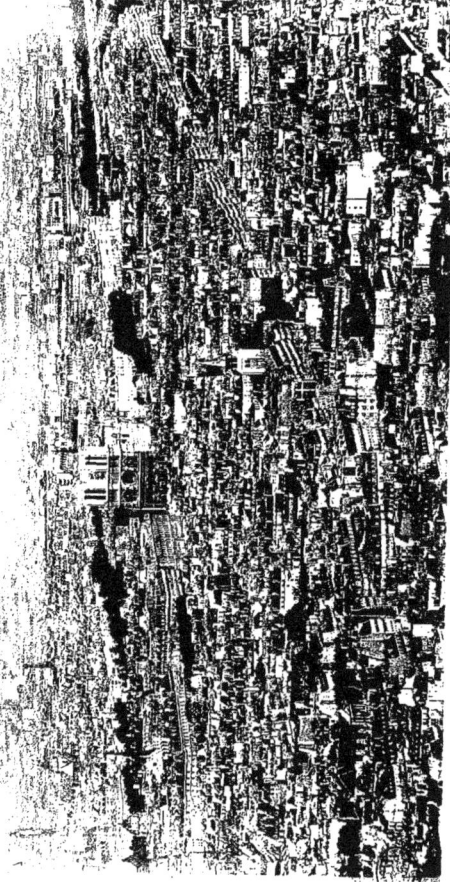

Notre Dame

Vue prise de la 2me plateforme de la Tour
avec un objectif de 1 pied foyer
Instantanée au 1/10 de seconde

Photographie à grande distance

Le Panthéon

Cliches du Capitaine Boutrieaux

Vue prise de la 4 me plateforme de la Tour
avec un objectif de 1 m de foyer
Plaques orthochromatiques et écran jaune
Pose : 10 secondes

CHAPITRE X

Depuis l'érection de la Tour, on y a exécuté de nombreux travaux scientifiques qui ont été examinés en détail, dans un ouvrage spécial que j'ai publié en 1900. Je ne ferai donc que les rappeler sommairement :

§ 1. — Visibilité.

Du sommet de la Tour se découvre un magnifique panorama, qui sur de nombreux points de l'horizon s'étend à une distance d'environ 85 km.

La vue est limitée par :

Au N.-O. la forêt de Lyons, à l'extrémité de la chaîne de montagnes du Coudray (85 km).

Au N. les environs de Clermont (60 km).

Au N.-E. la forêt de Compiègne (80 km).

A l'E. les environs de Château-Thierry (70 km).

Au S.-E. les plateaux de la Brie, vers Provins (80 km).

Au S. les plateaux de la forêt de Fontainebleau et ceux voisins d'Étampes (55 km).

A l'O. les coteaux de Saint-Cloud et les environs de Vernon (65 km).

18

Une carte spéciale au $\dfrac{1}{400.000}$ a été établie par MM. d'Esclaibes d'Hust et Fortier sur laquelle figurent tous les points visibles de la troisième plate-forme.

§ 2. — Téléphotographie.

Des expériences de téléphotographie ont été faites en 1893, de cette même terrasse, par M. le capitaine du génie M. W. Bouttieaux, qui a reproduit à grande échelle une série de monuments situés à 5 km environ de la Tour.

§ 3. — Télégraphie optique.

Ce que nous avons dit précédemment sur la visibilité montre, sans qu'il soit besoin d'insister, l'importance que prend la Tour au point de vue de la défense nationale, comme observatoire de télégraphie optique, soit diurne, soit nocturne, à l'aide des projecteurs Mangin. Aussi, le service compétent du Ministère de la Guerre a-t-il dû, en prévision de cet emploi, déterminer expérimentalement un certain nombre de points situés sur la périphérie extrême, avec lesquels il y avait possibilité d'échanger des signaux. Bien entendu, ces points parfaitement précisés sont connus de ce service seul. Si ces communications avec des points éloignés avaient existé pendant l'investissement de Paris en 1870, on se rend parfaitement compte des incalculables services qu'elles auraient rendus à la défense.

Sans entrer dans aucun détail à ce sujet, nous pouvons cependant donner quelques indications au point de vue de la défense du camp retranché de Paris, d'après une note que nous a remise le lieutenant-colonel d'artillerie en retraite M. d'Esclaibes, auteur de la carte de visibilité que nous avons reproduite.

« Au point de vue des relations avec la province en cas d'investissement, on peut communiquer, soit directement, soit par un seul relais judicieusement choisi à l'avance, avec Beauvais, Soissons, Provins, Fontainebleau, Chartres et même Rouen.

« Comme communication des nouveaux forts entre eux et avec

Paris, en supposant coupées les lignes télégraphiques ou téléphoniques qui les réunissent, la Tour peut servir de relais commun, sauf à établir au centre de quelques-uns d'entre eux une légère tourelle de hauteur très restreinte. La Tour peut donc rendre au point de vue de la télégraphie optique militaire d'inap-
préciables services et con-
tribuer pour une grande
part à assurer la défense
du camp retranché de Pa-
ris. »

C'est en vue de cette
éventualité qu'il a été sti-
pulé, à la convention originelle avec l'État, qu'en
cas de guerre, le Minis-
tère de la Guerre prenait
immédiatement posses-
sion de la Tour et de tous
ses organes mécaniques,
ainsi que de tous les ap-
pareils d'éclairage élec-
trique qui en dépendent.

§ 4. — Météorologie.

La Tour est un ob-
servatoire météorologique
incomparable, dont le ca-
ractère ne tient pas à son
altitude absolue, laquelle

Fig. 36.

est seulement de 334 m ; ce caractère dépend essentiellement de la hau-
teur au-dessus du sol lui-même de la couche d'air considérée, dont la situation écarte les perturbations dues au voisinage immédiat du sol.

Déjà, à cette faible hauteur de 300 m, les phénomènes de vent et de température sont absolument différents de ceux qui se passent au

niveau du sol, dont la température propre et le relief communiquent aux couches voisines des variations tout à fait spéciales.

A cette hauteur, l'amplitude des variations de température ou d'état hygrométrique est bien moindre que près du sol ; les vents sont plus réguliers et plus forts, et en somme ce n'est que dans les stations de montagnes élevées que l'on retrouve des résultats analogues à ceux que fournit la Tour.

Fig. 37. — *Appareils enregistrant à la surface du sol, rue de l'Université (Bureau central météorologique), les indications données par les instruments placés au sommet de la Tour Eiffel.*

Aussi, dès l'origine de la construction, en 1889, il a été installé, par les soins et sous la direction de M. E. Mascart, Membre de l'Institut et Directeur du Bureau central météorologique de France, un service de météorologie extrêmement important.

Les instruments de mesure sont disposés sur la petite plate-forme de 1,60 m de diamètre qui termine la Tour à 300 m du sol ; à l'aide d'un câble, ils transmettent électriquement leurs indications à des appareils enregistreurs situés au rez-de-chaussée du Bureau central, qui est voisin.

Toutes les observations sont relevées heure par heure : pour le vent en vitesse et en direction, pour la température, pour la pression atmosphérique, pour l'état hygrométrique, etc. ; elles sont inscrites sur les registres du Bureau et leur résumé figure dans le Bulletin publié quotidiennement.

Ces observations sont centralisées par M. Alfred Angot, docteur ès sciences, météorologiste titulaire du Bureau central, qui en a analysé les résultats comparativement aux observations faites dans le local du Bureau central ; ils font l'objet de savants Mémoires insérés dans les *Annales* du Bureau. Tous ceux que ces questions intéressent devront les consulter ; ils renferment tous les documents détaillés et leur discussion scientifique. Un premier Mémoire concerne les résultats de 1889 ; cinq autres, ceux des années 1890, 1891, 1892, 1893 et 1894. Enfin, un Mémoire général récapitule les observations de ces cinq années, sauf celles relatives au vent, qui font l'objet d'un Mémoire spécial allant jusqu'en 1895.

Un deuxième Mémoire récapitulatif allant jusqu'en 1899 est en préparation et sera prochainement publié.

Cet ensemble forme un véritable monument scientifique qui fait le plus grand honneur à son auteur.

M. Angot a résumé, dans un article paru dans *la Nature* du 25 janvier 1890, l'ensemble de ses observations de 1889. Nous le reproduisons ci-dessous :

« Ce qui frappe tout d'abord dans l'observation du vent, c'est la force tout à fait imprévue qu'il possède déjà à 300 *m* de hauteur. Les cent et une premières journées d'observation qu'on a recueillies entre le milieu de juin et le 1ᵉʳ octobre, dans la belle saison, ont donné une vitesse moyenne de 7,05 *m* par seconde, ou plus de 25 *km* à l'heure. Pendant la même période, un instrument identique à celui de la Tour Eiffel, placé sur la tourelle du Bureau central météorologique, à 21 *m* au-dessus du sol et à une distance horizontale d'environ 500 *m* de la Tour, indiquait seulement une vitesse moyenne de 2,24 *m*, c'est-à-dire un peu moins du tiers de ce qu'on observait au sommet de la Tour. On savait bien que la vitesse du vent augmente avec la hauteur ; car, près du sol, les mouvements de l'air sont gênés et retardés par le frottement contre toutes les aspérités, collines, maisons, arbres, etc. ; mais on n'admettait pas jusqu'ici une loi de variation aussi rapide. Ce fait a une très grande importance pour les études relatives à la navigation aérienne; il importe, en effet, de savoir pendant combien de temps en moyenne la vitesse du vent reste au-dessous de telle ou telle valeur, contre laquelle peut lutter avantageusement la machine du ballon dirigeable. Or, pendant la période que nous avons étudiée, la vitesse du vent à 300 *m* a été pendant 59 p. 100 du temps supérieure à 8 *m* par seconde, et pendant 21 p. 100 supérieure à 10 *m*.

« Les observations anémométriques de la Tour Eiffel ont mis en évidence un autre fait encore plus imprévu que la grandeur même de la vitesse du vent : c'est la manière dont cette vitesse varie régulièrement dans le cours de la journée.

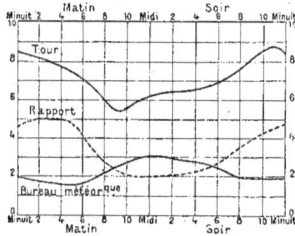

Fig. 38. — *Variation diurne de la vitesse du vent sur la Tour Eiffel et au Bureau météorologique.*

« Les deux courbes en traits pleins de la figure 13 donnent respectivement pour la Tour Eiffel et le Bureau météorologique la loi de variation diurne de la vitesse du vent. Au Bureau météorologique, comme du reste dans toute les stations basses, la vitesse est la plus faible vers le lever du Soleil (1,6 *m* à 5 heures du matin) et la plus forte au milieu du jour (4,1 *m* à 1 heure du soir). A la Tour Eiffel, au contraire, la plus petite vitesse (5,4 *m*) s'observe entre 9 et 10 heures du matin, et la plus grande se produit au milieu de la nuit (8,8 *m* à 11 heures du soir). C'est presque exactement ce qui se passe au sommet des montagnes, comme au Puy de Dôme et au Pic du Midi, où la vitesse du vent est maxima pendant la nuit et minima au milieu du jour, suivant ainsi une marche inverse de celle des régions basses.

« Cette inversion est encore mise plus nettement en évidence par la courbe pointillée de la figure 38, qui donne pour chaque instant le rapport des vitesses du vent à la Tour Eiffel et au Bureau météorologique. Ce rapport est le plus grand et égal à 5 entre 2 et 4 heures du matin; le plus petit est égal à 2 entre 10 heures du matin et 3 heures du soir; sa variation diurne présente exactement la forme caractéristique de celle de la vitesse du vent sur les montagnes. C'est certainement la

première fois que l'on signale une variation semblable à une hauteur
aussi faible dans l'atmosphère.

« Au point de vue de la vitesse du vent, considérée soit dans sa
grandeur absolue, soit dans sa variation diurne, la Tour Eiffel se rapproche donc beaucoup plus des stations de montagnes que des stations
ordinaires. Il en est de même pour la température. En admettant, comme
d'ordinaire, une décroissance de 1° pour 180 m d'altitude, le thermomètre
devrait être constamment plus bas au sommet de la Tour de 1,°6 qu'au
niveau du sol, dans la campagne des environs de Paris, à l'Observatoire
du Parc Saint-Maur, par exemple. Nous avons pris cette station comme
terme de comparaison au lieu d'un point
situé dans Paris même, plus près de la
Tour, parce que la température de Paris
n'existe pas, à proprement parler; elle
est absolument artificielle et peut varier
de plusieurs degrés suivant l'emplacement des instruments, l'état du ciel, la
direction du vent, etc.

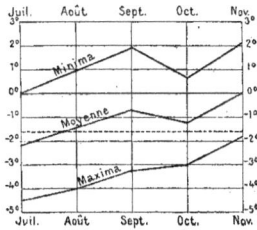

Fig. 39. — *Différence de températures
entre la Tour Eiffel et Paris.*

« La figure 39 donne, pour chaque
mois, la différence moyenne entre la
Tour Eiffel et le Parc Saint-Maur, non
seulement pour la température moyenne
(ligne du milieu), mais pour la température minima de chaque jour
(ligne supérieure) et pour la température maxima (ligne inférieure).

« Dans tous les mois sans exception, au moment du maximum diurne,
la température, au sommet de la Tour, est plus basse qu'au pied; la différence est même beaucoup plus grande que la valeur théorique 1°,6 que
nous avons indiquée et qui est représentée sur le diagramme par une
ligne ponctuée; les journées sont donc relativement froides au sommet.
Par contre, les nuits (minima, ligne supérieure) sont très chaudes : non
seulement la différence entre le sommet et la base n'atteint pas 1°6, mais
c'est le sommet qui est le plus chaud en valeur absolue. Au sommet de la
Tour, les journées sont donc relativement fraîches, et les nuits chaudes;
l'amplitude de la variation diurne de la température est beaucoup moindre
que près du sol.

« La cause principale de ces différences est la faiblesse des pouvoirs absorbant et émissif de l'air qui s'échauffe très peu directement pendant le jour et se refroidit aussi très peu pendant la nuit : la variation diurne de la température, à une certaine hauteur dans l'air libre, doit donc être petite; elle devient plus grande dans les couches inférieures de l'atmosphère, auxquelles se communiquent par contact les variations de température considérables que subit le sol. Dans les 200 ou 300 premiers mètres d'air à partir du sol, la décroissance de la température est ainsi très rapide le jour et très lente la nuit, où même il fait normalement plus chaud à une certaine hauteur que près du sol, quand le temps est calme et beau. Ces considérations sont vérifiées de la manière la plus complète par les observations de la Tour; dans les nuits calmes et claires, en particulier, la température y est fréquemment de 5° à 6° plus haute au sommet qu'à la base.

« Des différences analogues ont été observées fréquemment dans les observatoires de montagnes; mais elles y sont beaucoup moins marquées. C'est que, dans ces stations, la masse de la montagne exerce encore une influence considérable, tandis qu'à la Tour Eiffel on est réellement dans l'air libre. C'est ainsi que l'amplitude de la variation diurne de la température à la Tour Eiffel, à 336 m au-dessus du niveau de la mer, est presque égale et même plutôt inférieure à celle que l'on observe au sommet du Puy de Dôme, à 1.470 m.

« La marche annuelle de la température au sommet de la Tour (ligne du milieu, fig. 39) paraît, autant qu'on peut en juger d'après cinq mois seulement d'observation, suivre les mêmes lois que la variation diurne; la température moyenne semble plus basse que la normale pendant la saison chaude, et plus élevée, au contraire, pendant la saison froide.

« En dehors de ces causes régulières, des causes accidentelles peuvent produire des différences de température encore plus remarquables entre le haut et le bas de la Tour Eiffel. Au moment des changements de temps, la modification se manifeste parfois complètement à 300 m de hauteur plusieurs heures et même plusieurs jours avant de se produire près du sol. Le mois de novembre dernier en a fourni un exemple frappant.

« Du 10 au 24 novembre a régné, sur nos régions, une période de hautes pressions, avec calme ou vents très faibles venant généralement

de l'Est, et température basse, surtout dans les derniers jours; c'est seulement dans la journée du 24, que le vent passe Sud-Sud-Ouest et devient
fort; la température remonte, le ciel se couvre et le mauvais temps commence. Or, à la Tour, la température était encore basse le 21 avec vent
faible du Sud-Est, lorsque, vers 6 heures du soir, le vent prend brusquement de la force et tourne au Sud, puis se fixe au Sud-Sud-Ouest; en
même temps, la température, au lieu de baisser, comme elle aurait dû le
faire normalement, remonte de plus de 8° jusque vers 2 heures du matin
le 22, comme on le voit sur la figure 40, qui reproduit les courbes des
thermomètres enregistreurs installés au sommet de la Tour et à la base

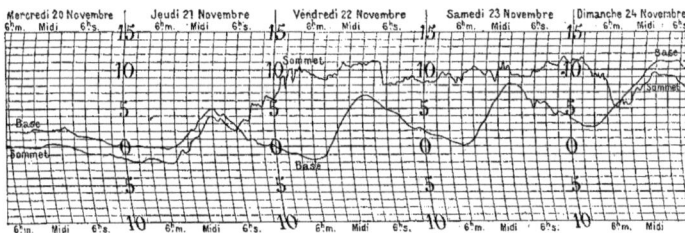

Fig. 40. — *Marche de la température au sommet et à la base de la Tour Eiffel
du 20 au 24 novembre 1889.*

(pilier Est). Depuis ce moment, la température est restée plus haute au
sommet, de sorte que, dans tout l'intervalle compris entre le soir du 21
et le matin du 24, il a fait constamment beaucoup plus chaud en haut de
la Tour qu'au niveau du sol. Le changement de régime s'est donc manifesté à 300 m de hauteur plus de deux jours avant de se faire sentir dans
les régions inférieures. Ce qu'il y a de plus remarquable, c'est que rien
absolument en bas ne pouvait indiquer ce changement; depuis le soir
du 21 jusqu'au matin du 24, le ciel a été constamment d'une pureté
parfaite, sans aucun nuage, et un calme complet régnait en bas, alors
qu'en haut de la Tour soufflait un vent chaud du Sud-Sud-Ouest, animé
d'une vitesse de 6 à 8 m par seconde.

« Les observations de température, aussi bien que celles de la
vitesse du vent, montrent ainsi, d'une manière tout à fait imprévue, à
quel point les conditions météorologiques à 300 m seulement de hauteur

19

peuvent différer de celles que l'on observe près du sol. Malgré son altitude relativement faible, la station météorologique de la Tour Eiffel est
donc des plus intéressantes; c'est la première qui nous donne réellement
des observations faites dans l'air libre, en dehors de l'influence du sol,
et il est probable qu'elle réserve encore aux météorologistes plus d'une
surprise et plus d'un enseignement. »

Ces premiers résultats ont été confirmés par les observations qui ont
été faites jusqu'à ce jour et qui sont analysées dans de nombreux Mémoires
dont nous avons fait le résumé dans notre ouvrage des « Travaux scientifiques ». On y trouvera des renseignements très intéressants sur les
phénomènes très fréquents des inversions de température du sommet par
rapport au sol et sur le régime des vents.

§ 5. — Électricité atmosphérique.

Nous rappellerons d'abord qu'au moment de la construction, une
Commission spéciale, composée de M. Becquerel, Membre de l'Institut,
de M. Mascart, Membre de l'Institut et Directeur du Bureau central
météorologique, et de M. Georges Berger, Président honoraire de la
Société internationale des électriciens, avait indiqué les mesures spéciales à prendre pour protéger la Tour contre l'action de la foudre.

Nous extrayons du rapport de cette Commission les passages suivants :

« La Tour de 300 m pourra jouer le rôle d'un immense paratonnerre
protégeant un très large espace autour d'elle, à condition que sa masse
métallique soit en communication parfaite avec la couche aquifère du
sous-sol par le moyen de bons conducteurs.

« Grâce à ces précautions, l'intérieur de l'édifice, avec les personnes
qui s'y trouveront abritées, sera absolument assuré contre tout accident
pouvant provenir des coups de foudre fréquents qui frapperont infaillible-
ment les parois de la Tour à différentes hauteurs.

« Pour réaliser la non-isolation de la Tour dans les meilleures conditions, on noiera dans la couche aquifère des conducteurs métalliques à
grande section, émergeant du sol et mis en communication avec les
parties métalliques basses de la Tour, au moyen de câbles, de barres ou
de lames de cuivre à grandes sections. »

Il a été obéi à ces prescriptions; mais il était essentiel de s'assurer que les prises de terre répondaient bien au but que l'on s'était proposé.

A cet effet, en août 1889, M. A. Terquem, chef d'escadron d'artillerie, a fait des expériences très précises sur la conductibilité électrique de la Tour et de ses prises de terre; elles sont relatées dans une Note présentée à l'Académie des Sciences le 2 décembre 1889 et qui conclut ainsi :

« En résumé, nous pensons que l'ensemble des paratonnerres de la Tour Eiffel, établi suivant les savantes indications de MM. Becquerel, Berger et Mascart, peut être considéré comme très parfait et qu'il est de nature à exercer sa protection dans un rayon considérable. »

§ 6. — Coups de foudre.

La foudre a frappé un grand nombre de fois le paratonnerre supérieur; nous avons même une photographie représentant d'une manière très nette ce phénomène.

Nous rappellerons seulement une observation faite le 19 août 1889, par M. Foussat, chef du service électrique de la Tour.

« Vers 9 heures et demie du soir, un vent très violent soufflait du Nord-Ouest, accompagné d'une pluie fine. Rien ne faisait soupçonner la présence d'un orage, quand tout à coup un éclair immense a sillonné les nues et frappé avec un bruit épouvantable le paratonnerre, qui se trouve au sommet de la Tour, au-dessus du phare; la Tour métallique a résonné sous ce coup comme un diapason, et la vibration a duré plusieurs secondes. Au moment de la décharge, quelques gouttelettes de fer en fusion sont tombées, provenant probablement de la fusion de la tige du paratonnerre, qui momentanément était dépourvue de sa pointe. Le bruit de cette décharge disruptive a imité celle de deux petites pièces d'artillerie tirées à intervalle inappréciable, mais cependant distinct à l'oreille. Le gardien du phare n'a ressenti aucune commotion, pas plus que les trois personnes qui se trouvaient sur la plate-forme des projecteurs. Depuis quelques jours, il avait été installé huit paratonnerres autour de la plate-forme des projecteurs; l'extrémité de ces paratonnerres est constituée par un faisceau de tiges minces en cuivre, surmonté d'une tige qui s'avance de quelques centimètres en avant du faisceau. Ces paratonnerres ont parfaitement rempli leur rôle; les nuages, en passant, se déchargeaient, produisant des décharges dites silencieuses, mais qui, en réalité, sont crépitantes et rappellent l'effet produit par un court circuit rapide, effet bien connu des électriciens. »

§ 7. — Variation diurne de l'électricité atmosphérique.

M. A.-B. Chauveau a fait sur cette variation d'importants travaux, qui sont reproduits dans un Mémoire présenté au Congrès météorologique de Chicago (août 1893) et dans deux communications à l'Académie des Sciences (26 décembre 1893 et 25 septembre 1899); nous reproduisons celle-ci :

« Une série d'observations sur l'électricité atmosphérique au sommet de la Tour Eiffel a été organisée par le Bureau central météorologique, avec le concours du Conseil municipal de Paris.

« Ces observations, poursuivies pendant huit ans, forment aujourd'hui une série assez étendue pour que les données qui s'en déduisent présentent un caractère suffisant d'exactitude. J'indique les résultats de ces recherches relatifs à la variation diurne du potentiel en un point déterminé de l'atmosphère.

« I. Il existe, dans nos régions tempérées, deux types très différents de variation diurne *au voisinage du sol*; l'un correspond à la saison chaude, l'autre à la saison froide.

« Pendant l'été, un minimum très accusé se produit aux heures chaudes du jour et constitue le minimum principal toutes les fois que le point exploré n'est pas suffisamment dégagé de l'influence du sol, des arbres ou des bâtiments voisins. L'oscillation diurne est double; c'est la loi généralement admise pour cette variation.

« Pendant l'hiver, le minimum de l'après-midi s'atténue ou disparaît, tandis que le minimum de nuit s'accentue davantage. Considérée dans son ensemble, l'oscillation paraît simple, avec un maximum de jour et un minimum vers 4 heures du matin. Ce caractère est d'autant plus net que le lieu d'observation est plus dégagé.

« II. Cette distinction des deux régimes d'hiver et d'été, au voisinage du sol, est confirmée par l'examen des résultats obtenus, d'une part à

Sodankyla (Finlande) par la mission dirigée par M. Lemstrom (1883-1884), de l'autre à l'observatoire de Batavia (1887-1895). Chacune de ces stations donne, pour ainsi dire, le type exagéré de la variation constatée dans nos climats, soit pendant la saison froide, soit pendant la saison chaude.

« III. *La variation diurne au sommet de la Tour Eiffel*, PENDANT L'ÉTÉ, *entièrement différente de la variation correspondante au Bureau central, offre la plus frappante analogie avec la variation d'hiver.*

« Ce même type d'hiver se retrouve, moins accentué, mais parfaitement net, dans la moyenne fournie par trois mois d'observations, *pendant l'été* de 1898, sur le pylône de l'observatoire de Trappes (altitude 20 *m*). Il apparaît donc comme caractérisant la forme constante de la variation diurne en dehors de toute influence du sol.

« IV. Au contraire, dans les stations où le collecteur est dominé par des constructions ou des arbres voisins, le type correspondant au régime d'été s'exagère ; le minimum de l'après-midi se creuse au détriment du minimum de nuit, qui parfois disparaît. L'oscillation peut être simple, mais en sens inverse de l'oscillation d'hiver, c'est-à-dire avec un minimum de jour et un maximum de nuit. Cette forme anormale de la variation diurne, constatée autrefois par M. Mascart, résulte en effet des observations du Collège de France, mais pour la saison d'été seulement. On la retrouve encore, presque identique, à Greenwich, où le collecteur est placé dans des conditions aussi défavorables.

« On peut conclure de ce qui précède :

« 1° Qu'une influence du sol, maxima pendant l'été, et dont le facteur principal, suivant les idées de Peltier, est peut-être la vapeur d'eau, intervient comme cause perturbatrice dans l'allure de la variation diurne.

« 2° Que la loi véritable de cette variation, celle dont toute théorie, pour être acceptable, doit rendre compte, se traduit par une oscillation simple, avec un maximum de jour et un minimum (d'ailleurs remarquablement constant) entre 4 heures et 5 heures du matin. »

§ 8. — **Recherches expérimentales sur la chute des corps
et sur la résistance de l'air à leur mouvement.**

MM. Louis Cailletet, Membre de l'Institut, et E. Colardeau ont fait
en 1892 les plus intéressantes recherches sur ce sujet, dans un laboratoire
(voir fig. 41) que j'avais fait installer à la deuxième plate-forme de la

Fig. 41. — *Laboratoire de la deuxième plate-forme.*

Tour, à 120 *m* d'altitude au-dessus du sol. Ces recherches ont été
publiées dans les *Comptes rendus de l'Académie des Sciences* (1892), dans *la
Nature* (9 juillet 1892) et dans les *Comptes rendus de la Société de physique*
(4 novembre 1892).

MM. L. Cailletet et E. Colardeau résument ainsi leur travail :

« Un très petit nombre d'expériences ont été faites jusqu'ici sur la
chute des corps en tenant compte de la résistance que l'air oppose à leur
mouvement. Cependant, en dehors de l'intérêt scientifique qu'elle présente,
l'étude de cette question permettrait de résoudre un grand nombre de

difficultés qui se rencontrent à chaque instant dans diverses applications pratiques, résistance de l'air aux trains de chemins de fer et aux navires en marche, direction des ballons, questions relatives à l'aviation, influence du vent sur les constructions, emploi du vent comme moteur, etc.

« Jusqu'ici, les expériences faites sur ce sujet ont été exécutées surtout en imprimant aux corps un mouvement de rotation obtenu à l'aide d'une sorte de manège.

« D'après les auteurs eux-mêmes, les méthodes employées ne donnent que des résultats incomplets, à cause de l'entraînement de l'air, de la force centrifuge, etc. ; de plus, la vitesse qu'on peut atteindre est ainsi fort limitée.

« Nous avons pensé que la Tour Eiffel offrait des conditions particulièrement avantageuses pour étudier plus complètement cette intéressante question, et pour aborder directement l'étude du mouvement rectiligne.

« *Principe de la méthode.* — Quand un corps se déplace dans l'air, il éprouve de la part de celui-ci une résistance qui s'accroît en même temps que la vitesse du mouvement. Supposons que ce corps soit sollicité par une force constante, comme il l'est, par exemple, par son propre poids, quand on l'abandonne en chute libre. Si, au lieu d'être plongé dans l'air, il était dans le vide, sa vitesse, nulle au départ, irait constamment en croissant et son mouvement s'accélérerait indéfiniment. S'il est plongé dans l'air, il n'en sera pas de même. A mesure que la vitesse du mobile croîtra, il éprouvera une résistance elle-même croissante, de sorte que son mouvement cessera de s'accélérer et deviendra uniforme précisément quand la résistance de l'air équilibrera exactement l'effet de la pesanteur sur le corps.

« Si l'on mesure, d'une part, la vitesse V du corps au moment où son mouvement devient uniforme, et d'autre part son poids P, on saura que l'effort exercé par l'air sur le corps animé de la vitesse V est précisément P.

Fig. 42.

« En augmentant le poids du corps, sans modifier sa surface, par l'addition d'un lest convenable, on augmentera en même temps la vitesse V du mouvement uniforme limite, de sorte que la comparaison des diverses valeurs de P avec les valeurs correspondantes de V permettra de découvrir la loi de variation de la résistance en fonction de la vitesse.

« Pour mettre cette méthode en pratique, l'appareil employé repose sur le principe suivant :

« Imaginons un fil fin de grande longueur subdivisé en sections égales, de 20 *m* par exemple. Attachons légèrement à des points de suspension les subdivisions des sections consécutives, en laissant pendre entre ces points les différents tronçons successifs de 20 *m*. Supposons qu'aux points de suspension se trouvent des contacts électriques susceptibles de fonctionner sous l'influence d'une très légère traction du fil, et réunis à un stylet enregistreur adapté à un cylindre tournant suivant la disposition bien connue. Laissons tomber le corps pesant situé à l'extrémité libre du fil.

« L'instant du départ sera enregistré sur le cylindre par le premier contact. Dès que le corps, en tombant, aura parcouru 20 *m*, il aura entraîné avec lui le premier tronçon de fil qui sera développé verticalement en suivant le corps ; le deuxième contact fonctionnera à son tour, et ainsi de suite. Si l'on annexe au cylindre un diapason enregistreur faisant, par exemple, 100 vibrations par seconde, le graphique tracé sur le cylindre indiquera, en centièmes de seconde, au bout de quels intervalles de temps le corps a parcouru 20, 40, 60 *m*. Aussitôt que le mouvement sera devenu uniforme, on s'en apercevra sur le graphique par ce fait que les contacts successifs fonctionneront à des intervalles de temps équidistants. Ces intervalles étant mesurés, en centièmes de seconde, par les sinuosités de la courbe du diapason, on aura immédiatement la vitesse uniforme du mobile.

« *Disposition pratique de l'appareil.* — En pratique, il serait impossible de laisser flottants dans l'espace les tronçons successifs du fil, qui, par l'effet des courants d'air, s'enchevêtreraient les uns dans les autres. On a évité cet inconvénient par l'artifice suivant :

« Chaque section du fil est enroulée sur un cône de bois C_1 C_2 C_3 (voir fig. 43) fixé verticalement, la pointe tournée en bas. On conçoit que le fil entraîné par la chute du mobile le suit avec la plus grande facilité ;

à cause de leur forme conique, ces bobines, bien qu'immobiles, permettent à ce fil de se dérouler, pour ainsi dire, sans frottement. On a du reste évalué par une mesure directe, comme on le verra plus loin, le retard qui peut provenir d'une résistance au déroulement du fil.

« Les contacts électriques destinés à enregistrer chaque parcours de 20 m sont formés de deux lames métalliques LL' isolées en I par un morceau d'ébonite et dont les extrémités se touchent par l'intermédiaire de contacts en platine. Cette sorte de pince est traversée par un courant électrique qui va animer la plume de l'enregistreur, et qui est

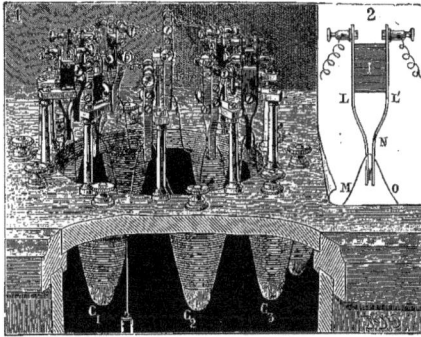

, Fig. 43.

interrompu lorsque les deux branches s'écartent. En passant d'un cône C_i au suivant C_2, le fil est engagé dans l'intervalle libre que laissent entre elles les deux branches de chaque pince, immédiatement au-dessus du contact en platine. Quand le cône C_i est déroulé, le fil fixé au mobile écarte un instant les branches de la pince, et ouvre le courant, qui se rétablit aussitôt. C'est alors que la plume de l'enregistreur laisse une trace sur le cylindre tournant. Puis le cône C_2 se déroule à son tour ; la seconde pince s'ouvre après un nouveau parcours de 20 m, et ainsi de suite.

« L'appareil a permis de vérifier que la résistance opposée par l'air à des plans d'égale surface, se mouvant dans une direction normale à ces plans, est indépendante de leur forme. Pour des surfaces circulaires,

20

carrées, triangulaires, on a trouvé des durées de chute égales, comme on peut le vérifier sur la figure 44, tracés 3 et 4. Cette figure est la réduction au quart des graphiques réels. La courbe du diapason est tracée en supposant qu'il exécute 25 vibrations par seconde.

Les tracés du diagramme sont les suivants :

N° 1, tracé théorique de la chute d'un corps tombant librement dans le vide.

N° 2, tracé expérimental de la chute d'une longue flèche en bois lestée par une masse métallique pointue.

N° 3, chute d'un plan carré de 0,0125 m^2, lesté par une masse de 800 gr.

N° 4, chute d'un plan triangulaire de même surface également lesté.

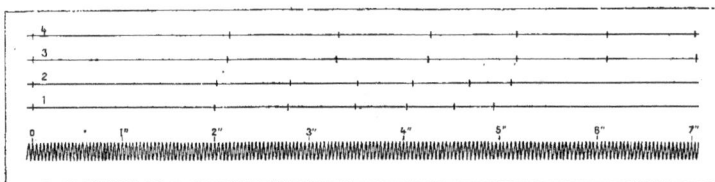

Fig. 44.

« On a vérifié également que la résistance éprouvée par un plan en marche dans l'air est proportionnelle à sa surface. Deux plans carrés dont les surfaces étaient entre elles comme 1 et 2, ont été lestés par des poids qui étaient dans le même rapport. Les durées de chute ont été respectivement 6″,92 et 6″,96, nombres à peu près identiques et d'après lesquels il y a lieu d'admettre la proportionnalité.

« Les plus nombreuses expériences ont porté sur l'évaluation en kilogrammes, par mètre carré, de la résistance opposée par l'air à une surface plane en mouvement, et sur la recherche de la loi de variation de cette résistance en fonction de vitesse. On a vu plus haut comment on peut obtenir cette loi par l'évaluation du poids du mobile et par la mesure de sa vitesse, quand son mouvement de chute est devenu uniforme. Dans toutes les expériences dont il s'agit le lest des surfaces employées a été réglé de manière à obtenir l'uniformité du mouvement après un parcours compris entre 60 et 100 m.

« On sait qu'on admet généralement que la résistance de l'air est proportionnelle à la surface et au carré de la vitesse du corps en mouvement, du moins pour des vitesses modérées comme celle dont il est question ici. La formule exprimant cette loi est :

$$P = RSV^2$$

P étant la pression de l'air sur le corps, S sa surface, et V sa vitesse. Les ingénieurs adoptent généralement pour la constante R la valeur 0,12248, P étant exprimé en kilogrammes par mètre carré, S en mètres carrés et V en mètres par seconde.

« Si cette formule est exacte, la valeur de R calculée d'après elle, à l'aide d'une série de valeurs correspondantes de P et V, pour des plans de même surface S, doit toujours être la même pour des vitesses différentes. Les expériences faites à la Tour Eiffel ont donné, pour les valeurs de R ainsi calculées, des nombres assez voisins les uns des autres pour qu'il y ait lieu d'admettre l'exactitude de la formule au point de vue pratique pour des vitesses allant jusqu'à 25 *m* par seconde.

« Mais la valeur numérique de R ainsi obtenue est très différente de celle adoptée jusqu'ici. Les diverses valeurs trouvées pour R oscillent entre 0,069 et 0,071. La valeur moyenne à admettre est donc 0,070. »

La détermination de ce coefficient, dont la valeur 0,07 est très différente du nombre 0,125 admis par les formules courantes et qui réduit la pression du vent à 57 p. 100 de celle qu'on adoptait généralement, a fait aussi l'objet des recherches de M. Langley (*Experiments in aerodynamics*) et que relatent les *Comptes rendus de la Société de physique* (mars 1902), qui a trouvé pour le coefficient R la valeur de 0,08, très peu différente de la première.

§ 9. — Blocs de renversement.

D'après l'opinion de nombreux météorologistes, il n'existe pas encore de bons appareils pour la mesure directe de la pression, parce qu'ils sont très difficiles à orienter dès qu'ils ont un peu de masse, et qu'ils n'obéissent pas assez vite aux variations; les frottements sont importants et ne restent pas constants. En second lieu, on arrive à des résultats très différents, suivant les dimensions de la plaque essayée et surtout suivant son épaisseur, en raison des remous importants qui se forment en arrière de celle-ci. Aussi préfère-t-on généralement mesurer la vitesse et en déduire la pression par mètre carré, par la formule connue $P = 0,125\ V^2$.

Mais, d'autre part, les ingénieurs qui ont étudié la stabilité des constructions sous l'effet du vent ont souvent reconnu que si les chiffres donnés pour la pression du vent avaient été atteints, un grand nombre d'édifices, et notamment certaines hautes cheminées, auraient été renversés. Il y a donc une certaine présomption que la formule ci-dessus donne des résultats exagérés.

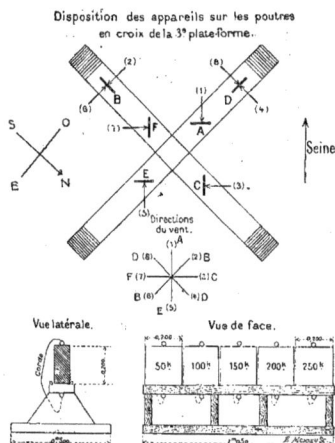

Disposition des appareils sur les poutres
en croix de la 3ᵉ plate-forme.

Vue latérale.   Vue de face.

Fig. 45.

Pour s'en assurer et déterminer au moins un maximum, la Société de la Tour, sur la proposition de M. Kœchlin, son ingénieur, fit installer des appareils imaginés par lui sur les extrémités des grandes poutres en croix du sommet.

Ces appareils, au nombre de 6 (voir fig. 45), sont disposés de manière à se présenter normalement au vent pour huit directions différentes, c'est-à-dire qu'un appareil fait avec le suivant un angle de 45°. Chaque appareil se compose de 5 parallélipipèdes en fonte dont les dimensions et la stabilité sont calculées de manière qu'ils soient renversés par un vent d'une intensité déterminée. Ces blocs, faits avec grand soin comme exactitude des dimensions et netteté des arêtes, sont placés l'un à côté de l'autre ; ils sont établis pour être renversés, l'un sous un effort de 50 *kg* par mètre carré, les autres sous des efforts croissants de 100, 150, 200 et 250 *kg*. A cet effet, leurs dimensions sont de $0,20 \times 0,20$ en surface et les épaisseurs sont de 37,4, 52,8, 64,7, 75 et 83,5 *mm*. Ils sont disposés sur un châssis léger formant une tablette surélevée de 0,25 *m* portée par des pieds entre lesquels le vent passe librement. Les résultats obtenus par ces appareils, qui donnent à 50 *kg* près l'effort maximum cherché, fournissent des indications exactes au moins en ce qui concerne l'effort qui a produit le renversement, puisque l'on met en jeu un moment de stabilité connu qui ne peut être détruit que par un effort déterminé. Une chaînette en fer empêche que les blocs ne soient projetés au loin.

Or, sous la grande tempête de 1894, les anémomètres ont enregistré une vitesse de 45 *m* par seconde qui représente par mètre carré un effort de 253 *kg*, si on adopte le coefficient $K = 0,125$. Si ce coefficient était exact, tous les blocs eussent dû être culbutés. Au contraire, avec le coefficient de 0,07 déterminé par les expériences de MM. Cailletet et Colardeau, l'effort maximum ne correspond qu'à 141,75 *kg* par mètre carré, de sorte que deux blocs seulement devaient être renversés. C'est précisément ce dernier cas qui s'est présenté : les blocs de 50 et de 100 *kg* ont seuls été renversés et les autres sont restés debout. La pression du vent est donc restée inférieure à 150 *kg* au lieu des 253 *kg* que l'on pouvait prévoir.

Ces conclusions sont, au point de vue pratique, très satisfaisantes et donnent toute tranquillité au sujet des pressions adoptées dans les calculs de constructions métalliques en général et de la Tour en particulier ; elles montrent que ces pressions sont exagérées par rapport à la réalité.

§ 10. — Déplacements du sommet mesurés par visées directes.

Pour mesurer ces déplacements, on a installé en saillie, sur la terrasse de la troisième plate-forme et sur l'angle côté Est, une mire en tôle vernie dont la face inférieure, regardant le pilier Est, portait des anneaux concentriques de 20 *mm* de largeur, alternativement rouges et blancs. Le nombre de ces anneaux était de 10 et leur diamètre extrême de 0,40 *m*. Ces anneaux étaient numérotés et étaient divisés en secteurs par les huit divisions du cercle.

Cette mire convenablement orientée était observée à l'aide d'un théodolite fixé sur un solide massif de maçonnerie établi à la base du pilier Est. Il avait été réglé une fois pour toutes par un temps calme, sans soleil et à une température d'environ 10°, de telle sorte que le croisement des fils du réticule coïncidât avec le centre de la mire. Quand un déplacement se produisait, le centre des réticules venait se projeter sur l'un des cercles ou entre deux cercles concentriques; on en lisait le numéro et on notait la position sur le secteur correspondant, laquelle était immédiatement rapportée, aussi approximativement que possible, sur un diagramme en papier représentant la mire à l'échelle réduite.

De 1893 à 1895, pour noter les déplacements dus à la température, on a fait d'une manière à peu près régulière trois observations par jour : à 7 heures du matin, à midi et à 7 heures du soir. On a fait en outre, accidentellement, quelques observations supplémentaires, quand il se présentait de fortes températures. Pendant cette même période, et toutes les fois que des coups de vent se produisaient, on observait les déplacements avec une grande lunette de 2,50 m de distance focale, et on reproduisait sur le papier, aussi exactement que possible, les dimensions et la position de la courbe en forme d'ellipse, parcourue sur la mire par le croisement des fils du réticule.

Cette série d'observations a donné lieu à un grand nombre de diagrammes dont nous nous bornerons à examiner quelques-uns.

Action du vent. — Les diagrammes qui les indiquent sont de beaucoup les moins nombreux, d'abord parce que les coups de vent, qui seuls agissent sur la Tour d'une façon sensible, sont assez rares, puis parce qu'ils se produisent souvent pendant les heures de nuit auxquelles aucune observation n'a été faite. Même pendant le jour, la mire est souvent masquée par la pluie qui accompagne, assez habituellement, les grands vents.

On a pu cependant, à plusieurs reprises, constater que sous l'effet du vent le sommet décrit à peu près une ellipse dont le centre varie avec la position du sommet à ce moment (position due aux circonstances de température, ainsi qu'il sera indiqué plus loin) et dont le grand axe est en rapport avec la vitesse du vent.

Ainsi le 20 décembre 1893 (voir fig. 46), entre 11 heures et midi, l'un des jours pendant lesquels le déplacement a été maximum, le grand axe de cette ellipse était de 0,10 m et son petit axe de 0,06 m. La direction du vent était Sud et le maximum de sa vitesse moyenne a été de 31,8 m; mais la vitesse réelle donnée par l'appareil à indications instantanées a été beaucoup plus grande et a atteint 44 m. Il est remarquable qu'à cette vitesse maxima, qui a eu lieu à 11ʰ25′, l'ellipse correspondante indiquée en pointillé avait un grand axe de 0,06 m seulement. Les énormes à-coups qui se produisaient à ce moment avaient ainsi un moindre effet de déplacement que ceux dus à un vent plus continu.

Dans le grand coup de vent du 12 novembre 1894, l'observation a été faite de 3 à 4 heures. La vitesse moyenne a varié à ce moment de

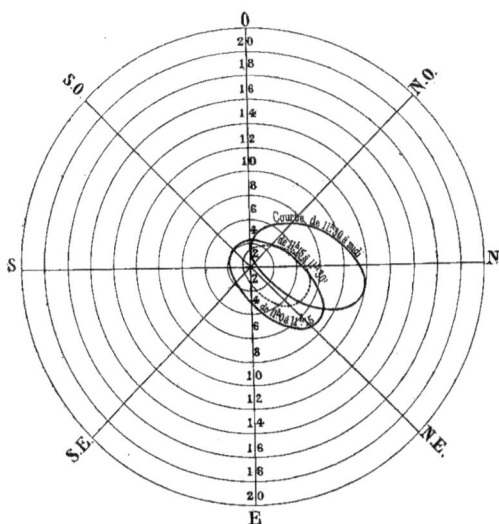

Fig. 46. – Courbes des déplacements du sommet par les coups de vent du 20 Décembre 1893.

27,6 m à 30 m avec une vitesse maxima absolue de 42,50 m (voir fig. 47). Le grand axe de l'ellipse a été de 0,07 m, le petit axe de 0,05 m. On a aussi constaté comme précédemment que c'était sous les grands à-coups que le déplacement était le moindre; il n'atteignait que 0,05 m. Le fort de la tempête a eu lieu à 6ʰ12′ (vitesse moyenne maxima 42 m): mais à ce moment le déplacement n'a pas été mesuré, non plus que la vitesse absolue, qui est peut-être allée jusqu'à 50 m.

Le déplacement de 0,10 m est le maximum qui ait été observé. Sous les vents violents ordinaires, le déplacement n'est guère que de 0,06 à 0,07 m.

Il est très inférieur à celui que le calcul faisait prévoir. Il y a donc presque certitude que les prévisions introduites dans les calculs pour l'action du vent sont très supérieures à la réalité. Nous l'avons déjà constaté pour l'évaluation de la pression par mètre carré. Il est probable qu'il en est de même pour l'évaluation des surfaces exposées au vent.

Action de la température. — Nous avons dit que la position originelle

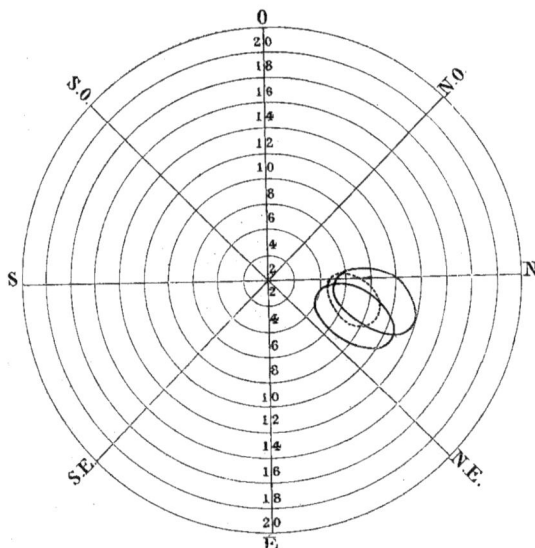

Fig. 47. — *Courbes des déplacements du sommet par les coups de vent du 12 Novembre 1894.*

du théodolite avait été fixée en choisissant une journée sans vent, un temps couvert et une température uniforme de 10°, puis en faisant coïncider le zéro de la mire avec le centre du réticule.

Les mêmes circonstances se sont reproduites le 26 décembre 1893 et pendant toute la journée la Tour est demeurée stationnaire, le centre du réticule correspondant au zéro de la mire.

Par d'autres temps couverts, mais avec une température plus élevée (15° à 18°), les observations combinées des 6 et 7 juin 1893 ont donné des déplacements très faibles; la mire s'est déplacée le matin par rapport au centre du réticule de 0,04 *m* dans la direction O. et est revenue le soir dans la même position, en se déplaçant extrêmement peu à midi.

Mais quand la chaleur solaire agit sur la Tour, par les jours de beau temps, les déplacements prennent une grande amplitude. Nous prendrons comme exemple les observations combinées des 15 et 16 août 1894, que nous représenterons par le graphique ci-contre (fig. 48), dans lequel le

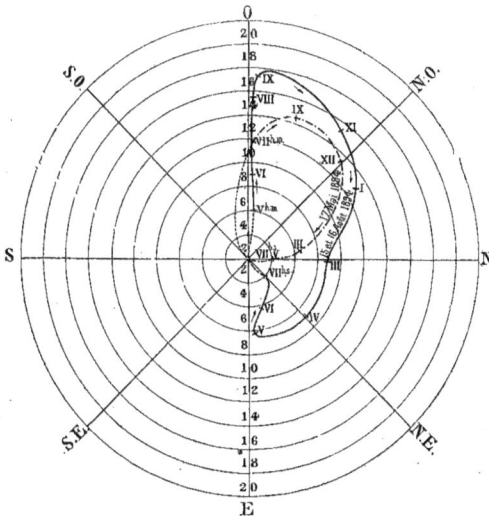

Fig. 48. — *Courbes des déplacements du sommet par la température.*

déplacement de la mire par rapport au réticule fixe est représenté à l'échelle du quart. A 5 heures du matin, le centre de la mire est placé sur la ligne O. à 4 *cm* du centre; il reste sur cette ligne jusqu'à 8 heures en atteignant 13 *cm*. Il s'en éloigne du côté N. en atteignant 15 *cm*. Il se rapproche alors du centre, dans le secteur N.-O., au fur et à mesure de la marche du soleil, qu'il semble fuir. A 3 heures, il est dans la ligne N. à une distance de 7 *cm*. Le mouvement de rapprochement continue dans le quadrant N.-E.; à partir de 5 heures et à une distance de 6 *cm*, le réticule revient franchement au centre qu'il doit occuper vers 8 heures

du soir ; la course totale est d'environ 24 *cm* parallèlement à l'axe E.-O.
et de 10 *cm* par rapport à l'axe N.-S. La Tour semble donc en quelque
sorte fuir devant le soleil et s'incliner dans le quadrant N.-O., ce qui est
naturel, puisque les arêtes regardant le soleil sont les plus échauffées, et,
en se dilatant davantage, portent le sommet de la Tour du côté opposé.

Les courbes sont assez souvent plus simples ; telle est celle du
17 mai 1894, qui est comprise tout entière dans le quadrant N.-O. (voir
fig. 48) et dont l'amplitude est de 12 *cm*. On peut la considérer comme
une courbe moyenne par beau temps.

Quand, par une belle journée, le soleil se voile avec des alternatives,
ces courbes deviennent bien moins régulières ; les mouvements d'allon-
gement et de torsion de la Tour suivent ces alternatives d'une façon très
sensible et les rapprochements ou les éloignements du centre coïncident
avec les refroidissements ou les échauffements dus à l'action solaire.

En résumé, on peut dire que le sommet marqué par la tige du paratonnerre est à peu près constamment en mouvement ; ce mouvement est
surtout accentué pendant le milieu de la journée, et ce n'est que vers les
heures du lever et du coucher du soleil qu'il possède une fixité relative ;
au milieu de la nuit seulement, il doit être tout à fait immobile.

Ce déplacement du sommet rend extrêmement difficile de s'assurer
de la parfaite verticalité de la Tour. Cependant, en mai 1893, M. Muret,
géomètre de la Ville de Paris, a procédé avec le plus grand soin à cette
opération. Il n'a trouvé qu'un écart tout à fait insignifiant qu'il attribue
lui-même à un effet de température.

§ 11. — Repérage du sommet par les méthodes géodésiques.

M. le général Bassot, directeur du Service géographique au Ministère de la Guerre, a procédé, sur la demande de la Commission de surveillance de la Tour, présidée par M. Mascart, à des mesures géodésiques extrêmement précises, ayant pour but de faire un repérage exact
du sommet, afin de pouvoir vérifier ultérieurement l'existence d'un déplacement, s'il s'en produisait. Ces travaux ont fait l'objet d'une communication à l'Académie des Sciences (6 décembre 1897), dont les conclusions
sont les suivantes : « Pour vérifier, par des observations périodiques, si le

sommet de la Tour Eiffel subit quelque déplacement, il suffit de faire les observations pendant la période diurne où les mouvements sont les plus faibles, c'est-à-dire le soir, pendant les deux ou trois heures qui précèdent le coucher du soleil. On n'obtiendra évidemment qu'une valeur approchée de la position absolue du paratonnerre par rapport au repère fixe, mais ce renseignement suffira pour déceler un déplacement important de la Tour, s'il s'est produit dans l'intervalle des époques d'observation.

« Partant de ce principe, nous avons reconnu que le sommet de la Tour n'a subi aucun déplacement appréciable entre le mois d'août 1896 et le mois d'août 1897 : sa projection se trouve, le soir, à 9 cm environ du repère fixe du sol, dans le quadrant Sud-Est, sous un azimut moyen de 45° par rapport au Sud.

« Nous avons reconnu également, par l'ensemble de nos observations, que la distance entre la projection du paratonnerre et le repère fixe n'a oscillé qu'entre des limites très faibles, de 2,7 cm à 11 cm, mais les variations en azimut de la ligne qui joint ces deux points s'étendent sur plus d'un quadrant. La torsion diurne du sommet de la Tour est donc très nettement mise en évidence.

« Si l'on voulait se servir de la Tour comme d'un signal géodésique et y faire un tour d'horizon, il serait par suite nécessaire d'adopter, comme sur les pylônes en bois, une méthode particulière d'observation pour éliminer l'erreur provenant de cette torsion. »

§ 12. — Manomètre à air libre pour les hautes pressions.

Dès l'origine de la construction de la Tour, je m'étais préoccupé de son application à la construction d'un grand manomètre à air libre et à mercure, permettant de mesurer directement des pressions de 400 atmosphères. Au point de vue scientifique, un tel manomètre devait, par sa haute précision, être précieux pour l'étalonnage des manomètres à azote ou à hydrogène destinés aux expériences de laboratoire; au point de vue industriel, il devait offrir une utilité incontestable pour la vérification des manomètres métalliques.

Aussi, après l'achèvement de la Tour, je fis établir ce manomètre d'après le projet qui en a été fait par M. L. Cailletet, membre de l'Institut, si connu par ses beaux travaux sur la liquéfaction des gaz.

Je donne ci-dessous la description de cet appareil, d'après la communication faite par M. Cailletet à l'Académie des Sciences en 1891.

« *Disposition générale.* — Les manomètres à air libre sont les seuls instruments qui permettent d'obtenir pratiquement, d'une façon précise et avec une approximation constante, la mesure des pressions des gaz ou des liquides.

« C'est pour cette raison que j'avais installé, d'abord sur le penchant d'un coteau, puis, plus tard, au puits artésien de la Butte-aux-Cailles, un manomètre à air libre de plus de 100 *m* de hauteur.

« Cette disposition a été imitée depuis par plusieurs physiciens. Mais les difficultés de manœuvre et d'observation d'un instrument installé dans ces conditions laissent toujours subsister des incertitudes sur la précision des résultats.

« La construction de la Tour Eiffel offrait des conditions exceptionnelles pour l'établissement d'un manomètre à air libre de 300 *m* dont tous les organes, liés d'une façon invariable à la Tour elle-même, fussent accessibles à l'observateur sur toute son étendue. Grâce à la libéralité de M. Eiffel, la construction de cet instrument est actuellement un fait accompli.

« La pression de 400 atmosphères, que mesure un pareil manomètre, ne peut être maintenue dans un tube de verre. On a dû recourir à un tube d'acier doux de 4 *mm* environ de diamètre intérieur fixé à la charpente de la Tour, le long des escaliers; ce tube est relié par sa base à un récipient contenant du mercure. En comprimant, à l'aide d'une pompe et d'après le dispositif bien connu, de l'eau sur ce mercure, on peut l'élever graduellement jusqu'au sommet de la Tour.

« L'opacité du tube d'acier s'opposant à la lecture directe du niveau du mercure, on a disposé, à des distances égales (de 3 en 3 *m* environ), sur le trajet de ce tube, des robinets à vis conique dont chacun communique avec un tube de verre vertical. Ce tube est muni d'une échelle graduée, soigneusement tracée sur bois verni, qui n'éprouve que des variations de longueur insignifiantes par les changements de température. Lorsqu'on ouvre un de ces robinets, on met l'intérieur du tube d'acier en communication avec le tube de verre dans lequel peut alors pénétrer le mercure.

« Pour réaliser, à un moment donné, une pression déterminée, il

suffit d'ouvrir le robinet du tube de verre qui porte la division correspondant à cette pression ; on fait agir la pompe hydraulique et, quand le mercure arrive au robinet, il s'élève en même temps dans le tube de verre et

dans le tube d'acier. On
l'amène alors exactement
à la division voulue, en
agissant très lentement
sur la pompe hydraulique.
Si, en opérant ainsi, on
dépasse le niveau recher-
ché, on laisse échapper
une certaine quantité d'eau
par un robinet de décharge
placé dans le voisinage de
la pompe. Le liquide qui
s'échappe ainsi pénètre
dans un tube de verre vertical gradué où sa hauteur
indique l'abaissement correspondant de la colonne
de mercure.

« Cette manœuvre,
qui se fait dans le laboratoire installé à la base de
l'appareil (voir fig. 50),
est rendue très simple au
moyen d'un téléphone que
l'observateur emporte avec
lui, et qui, à chaque robinet, peut être mis en relation avec le poste inférieur
(voir fig. 49).

Fig. 49. — *Escalier du sol au 1ʳᵉ étage, le long duquel est établi le manomètre. TTT, tubes de verres verticaux fixés au tube manométrique.*

Dans le pilier Ouest de la Tour, à la base du manomètre, est installé
le laboratoire (voir fig. 50), qui contient la pompe foulante hydraulique,
le récipient à mercure, le poste téléphonique et les autres accessoires.
Parmi ceux-ci, nous devons signaler spécialement un manomètre métal-

lique de grande dimension, mis en relation avec le liquide comprimé. Ce manomètre porte une première graduation en atmosphères; une seconde graduation correspond au numéro d'ordre des divers robinets. On sait ainsi immédiatement, par avance, dans quel tube de verre devra s'élever le mercure sous une pression donnée, ce qui permet de trouver sans hésitation le robinet à ouvrir pour avoir la position exacte de son niveau.

« *Corrections.* — Le calcul de la valeur exacte de la pression, d'après

Fig. 5o. — *Laboratoire installé au niveau du sol dans le pilier Ouest.*

la hauteur de la colonne de mercure soulevée, nécessite, pour chaque expérience, un certain nombre de corrections qui exigent la connaissance de plusieurs éléments.

« La température modifie la densité du mercure et fait varier la hauteur de la Tour et par conséquent du tube manométrique. Un calcul simple montre qu'un écart de température de 30° ne fait guère varier cette hauteur que de 0,10 m, soit $\dfrac{1}{3.000}$ de sa valeur. La correction due à la densité variable du mercure est plus importante : elle serait environ de

$\frac{1}{200}$ pour le même écart de 30°. La mesure de la température moyenne nécessaire à cette double correction est obtenue par la variation de la résistance électrique qu'elle communique au fil téléphonique qui suit la colonne mercurielle sur tout son parcours. Des thermomètres enregistreurs placés à chaque plate-forme donnent pour chaque expérience une indication suffisante.

Les autres éléments de correction sont la compressibilité du mercure et les changements dans la pression atmosphérique à mesure que la colonne s'élève.

« M. Eiffel, en se chargeant de toutes ces dépenses et en mettant à ma disposition le personnel nécessaire à la construction, a tenu à montrer une fois de plus l'intérêt dévoué qu'il porte à la science. J'espère donc que l'Académie tiendra à s'associer aux sentiments de reconnaissance que je suis heureux d'adresser à M. Eiffel. »

Après l'achèvement de ces expériences, M. Cailletet nous a remis la note suivante résumant les résultats pratiques qu'il a obtenus :

« Les indications précises fournies par le manomètre établi à la Tour ont permis de graduer les manomètres métalliques à hautes pressions si employés maintenant dans les diverses industries.

« Les constructeurs de ces appareils ont actuellement des étalons gradués directement à la Tour, et qui leur permettent de graduer par comparaison les manomètres sortant de leurs ateliers.

« MM. Schaeffer et Budenberg nous ont fourni des manomètres métalliques de grandes dimensions et donnant des mesures de pression s'élevant à 400 atmosphères. Après plusieurs années, ces appareils ont conservé leur sensibilité et la précision de leurs indications.

« Il n'est pas inutile de rappeler que les manomètres métalliques qu'on trouvait autrefois dans le commerce donnaient des écarts dans leurs indications s'élevant souvent à 10 ou 12 p. 100.

« Je me suis également servi du manomètre de la Tour pour graduer un certain nombre de manomètres à gaz hydrogène. Ces appareils, à la seule condition d'être toujours observés à la même température, ce qu'on obtient en maintenant le tube de l'appareil dans une masse d'eau à température constante et exactement connue, donnent des déterminations d'une grande exactitude. J'ai pu ainsi éviter les manipulations assez longues de la mesure directe des pressions au moyen d'un grand manomètre à air libre, et, tout en restant dans mon laboratoire, mesurer avec la même précision les hautes pressions sous lesquelles j'opérais. Dans ce cas, je me servais de deux manomètres à hydrogène accouplés, et dont les indications simultanées se contrôlaient entre elles.

« C'est par cette méthode que, dans un travail entrepris avec M. Colardeau, sur la tension de la vapeur d'eau jusqu'à son point critique, nous avons pu déterminer avec une grande précision les pressions correspondant à chacune des températures observées. »

§ 13. — Télégraphie sans fil.

M. Ducretet a réalisé en 1898, du haut de la Tour, d'intéressantes expériences de télégraphie sans fil qui ont été communiquées à l'Académie des Sciences. Nous en reproduisons le compte rendu (7 novembre 1898) :

« Les essais de transmission entre la Tour Eiffel et le Panthéon, que j'ai commencés le 26 octobre, ont été suivis jusqu'à ce jour. La distance franchie est de 4 *km* et l'intervalle est occupé par un grand nombre de constructions élevées; les signaux reçus au Panthéon ont toujours été très nets, même par un brouillard assez épais; il est donc possible d'affirmer qu'avec les mêmes appareils cette distance pourrait être sensiblement augmentée.

« Le *poste transmetteur*, installé sur la troisième plate-forme de la Tour Eiffel, comprenait : une bobine de Ruhmkorff de 25 *cm* d'étincelle, actionnée par mon interrupteur à moteur et un interrupteur à main, pour forts courants, produisant les émissions intermittentes de décharges oscillantes entre les trois sphères d'un oscillateur. Une des sphères extrêmes de cet oscillateur était mise en communication avec l'extrémité isolée du *fil radiateur* suspendu dans l'espace jusqu'à la plate-forme intermédiaire; l'autre sphère extrême était reliée directement à la masse métallique de la Tour, jouant ainsi le rôle de *terre*.

« Dans ces conditions, la longueur de l'étincelle entre les sphères de l'oscillateur est beaucoup diminuée, sans doute parce que le fil radiateur, au voisinage de la Tour métallique, acquiert une grande capacité.

« L'*appareil récepteur* était installé au Panthéon, sur la terrasse au-dessus des colonnades.

« En se plaçant dans les conditions inverses, le Panthéon devenant *transmetteur* et la Tour Eiffel *réceptrice*, on n'obtint aucune réception d'ondes; le voisinage immédiat de la Tour métallique et du fil vertical collecteur annule l'effet des ondes qui devraient agir sur le radio-conducteur. »

Nous devons ajouter que ce dernier phénomène peut simplement tenir à certaines circonstances de l'expérience qu'il est possible d'écarter. Les essais faits sur les grands cuirassés, qui forment des masses métalliques bien plus considérables, semblent en fournir une preuve convaincante.

§ 14. — Aéronautique.

M. W. de Fonvielle a fait, dans le *Spectateur militaire* du 15 juillet 1890, le récit d'une ascension nocturne en ballon, dont nous extrayons les lignes qui suivent :

« Le 26 juin dernier, à 8ʰ15ᵐ du soir, nous prenions place dans l'ascenseur du pilier Nord de la Tour Eiffel, en compagnie de quelques aéronautes. Notre but était de nous assurer s'il ne serait pas possible d'établir une communication télégraphique entre la terrasse de la troisième plate-forme et le ballon *le Figaro*, exécutant une ascension nocturne à l'usine de la Villette. Ce ballon, de 3.800 m^3, portait quatre voyageurs en outre des aéronautes, MM. Jovis et Mallet.

« Cette communication aérienne entre un ballon en ascension et la troisième plate-forme peut être établie de la façon la plus simple, au moins pendant la nuit, quand on aura fait quelques expériences et que l'on aura acquis la pratique indispensable.

« Les expériences du 26 juin établissent les résultats d'une manière tout à fait indiscutable.

« Les appareils dont MM. Jovis et Mallet se sont servis dans l'expérience du 26 étaient formés de deux lampes de vingt bougies chacune, placées dans un réflecteur conique à fond plat, mobile autour d'un axe vertical. Le réflecteur conique pouvait être dirigé du côté de la Tour que l'on apercevait dans le lointain à cause de ses projecteurs et de son phare.

22

« Nous avons suivi le ballon jusqu'à 11ʰ30ᵐ, moment où il se trouvait à une distance de 100 *km*, puisqu'il avait dépassé Château-Thierry. Rien n'était plus aisé que de maintenir le point lumineux dans le champ de la lunette.

« L'éclairage de la nacelle peut être exécuté très facilement par des appareils meilleurs. Il suffit, en effet, de prendre un réflecteur parabolique et de placer à son foyer une lampe unique d'une puissance égale à celle de deux lampes de l'expérience du 26 juin, pour être dans des conditions lumineuses bien meilleures.

« Nous avons aperçu très aisément les interruptions que M. Mallet a produites en couvrant de temps en temps la lumière avec sa casquette d'aéronaute. Il eût été beaucoup plus aisé de discerner ces signaux s'ils avaient été produits avec une clef de Morse donnant des interruptions instantanées et auxquelles il est possible d'imprimer un certain rythme.

« Si on avait voulu expédier à l'aérostat des signaux Morse, on aurait dû se contenter d'un seul projecteur. L'illumination de la Tour eût été moins brillante, mais les aéronautes n'auraient point eu de peine à retrouver la Tour et à voir les signaux qu'elle eût envoyés. En effet, le phare tricolore, dont l'intensité est bien moins vive, est resté visible jusqu'à 1 heure, moment où l'aérostat était à 150 *km* à vol d'oiseau de la Tour.

« Il est bon d'ajouter qu'examiné avec une jumelle, il ressemblait alors à un simple phare à éclipses. Les rayons bleus et les rayons rouges avaient été absorbés par l'atmosphère.

« A lui seul et sans autres secours, le phare de la Tour peut servir de signal pour guider un aérostat en ascension nocturne, qui chercherait à courir des bordées verticales dans les airs, afin de s'approcher de Paris, ou de s'en éloigner dans une direction donnée d'avance.

« Un aéronaute qui, parti de Paris, voudrait y revenir, arriverait aisément à discerner le courant qui lui conviendrait pour courir des bordées dans le cercle de 100 à 150 *km* de rayon. Souvent, si le vent favorable l'abandonne, il pourra découvrir dans la région accessible de l'air plusieurs courants auxquels il lui sera possible de s'abandonner alternativement pour rectifier sa route.

« Pendant la journée, la Tour pourra aussi rendre de grands services aux voyageurs aériens, mais elle s'apercevra à des distances beaucoup moindres. C'est surtout pendant la nuit que ses services acquièrent une portée surprenante. On pourrait également, dans une certaine mesure, songer à la télégraphie optique sans attendre le soir. Malheureusement, que de peines pour qu'un éclair tiré du soleil vienne frapper l'œil d'un voyageur occupant un siège dans la nacelle!

« On doit déclarer bien haut que l'art des aéronautes, comme celui des astronomes, doit surtout s'exercer pendant la nuit. En effet, la navigation aérienne est en général beaucoup plus facile et plus sûre lorsque l'on n'a pas dans le ciel cet immense perturbateur qui se nomme le soleil. La lumière que donne la lune, surtout lorsqu'elle est voisine de son plein, suffit très bien pour reconnaître une infinité de détails. Quand la lune est absente, l'électricité permet d'exécuter toutes les manœuvres. C'est certainement de nuit que j'ai exécuté mes ascensions les plus intéressantes, et cela bien avant que la Tour Eiffel ne vînt prêter le secours de son phare et de ses projecteurs.

« Un ballon complètement armé doit posséder même les moyens d'éclairer la terre et de lancer au besoin des sondes lumineuses qui permettent de voir tout ce qui se passe sur le sol.

« L'œil de l'aéronaute acquiert une sensibilité très grande, et, même à hauteur considérable, il apercevra très bien les détails renfermés dans le cercle d'éclairement de sa nacelle. Pour tirer parti des lumières qu'il peut ainsi promener dans l'espace, il faut que la lampe servant aux projections lumineuses ne frappe jamais directement sa pupille : s'il est doué d'une bonne vue, et s'il possède des instruments d'optique accommodés à ces dispositions nouvelles, il pourra réellement accomplir des merveilles.

« Ajoutons que le courant électrique produit une chaleur qui peut être utilisée dans la lutte contre le froid, un des plus grands ennemis que l'homme ait à combattre dans la conquête de l'air.

« On voit donc que, si l'électricité ne possède pas une force motrice suffisamment légère pour lutter contre le vent, elle peut être d'un immense usage dans les excursions célestes. »

§ 15. — Origine tellurique des raies de l'oxygène
dans le spectre solaire.

M. J. Janssen, membre de l'Institut et directeur de l'Observatoire d'astronomie physique de Meudon, a fait, à l'aide des projecteurs de la Tour, des expériences que les *Comptes rendus de l'Académie des Sciences* du 20 Mai 1899 rapportent en ces termes :

« M. Eiffel, ayant mis très obligeamment la Tour du Champ-de-Mars à ma disposition pour les expériences et observations que je voulais y instituer, j'ai eu la pensée de profiter de la source si puissante de lumière qui vient d'y être installée, pour certaines études du spectre tellurique, et, en particulier, celle qui se rapporte à l'origine des raies du spectre de l'oxygène dans le spectre solaire.

« Nous savons aujourd'hui qu'il existe dans le spectre solaire plusieurs groupes de raies qui sont dues à l'oxygène que contient notre atmosphère ; on peut se demander si ces groupes sont dus exclusivement à l'action de notre atmosphère et si l'atmosphère solaire n'y entre pour rien, ou bien si leur origine est double; en un mot, si elles sont purement telluriques ou telluro-solaires.

« Pour résoudre cette question, on peut recourir à un certain nombre de méthodes.

« On peut encore procéder par une comparaison d'égalité en installant une puissante lumière à spectre continu à une distance de l'analyseur qui soit telle que l'épaisseur atmosphérique traversée représente l'action de l'atmosphère terrestre sur les rayons solaires aux environs du zénith.

« Or, cette dernière circonstance s'est très heureusement trouvée réalisée par les situations respectives de la Tour Eiffel et de l'Observatoire de Meudon.

« La Tour est à une distance de l'Observatoire d'environ 7.700 m, qui représente à peu près l'épaisseur d'une atmosphère ayant même poids que l'atmosphère terrestre et une densité uniforme et égale à celle de la couche atmosphérique voisine du sol.

« En outre, la puissance considérable de l'appareil lumineux installé actuellement au sommet de la Tour permettait l'emploi de l'instrument qui m'avait servi à Meudon et aux Grands-Mulets pour le soleil.

« J'ai néanmoins fait usage d'une lentille collectrice devant la fente, afin d'amener le spectre à avoir une intensité tout à fait comparable à celle du spectre solaire dans le même instrument.

« Dans ces conditions, le spectre s'est montré d'une vivacité extrême. Le champ spectral s'étendait au delà de A.

« Le groupe B m'a paru aussi intense qu'avec le soleil méridien d'été.

« Le groupe A était également fort accusé.

« On distinguait encore d'autres groupes, et notamment ceux de la vapeur d'eau ; leur intensité m'a paru répondre à l'état hygrométrique de la colonne atmosphérique traversée.

« Je ne considère l'expérience de dimanche dernier que comme apportant un fait de plus à un ensemble d'études, fait qui demande à être précisé et développé.

« Mais il est certain, pour moi, que la hauteur à laquelle la Tour du Champ-de-Mars permet de placer le foyer lumineux et la puissance de ce foyer nous promettent des expériences de l'ordre de celles qui viennent d'être faites et du plus haut intérêt. »

Nous reproduisons une note additionnelle explicative qu'a bien voulu nous remettre M. Janssen.

« Depuis l'admirable application de l'analyse spectrale à l'astronomie, on sait que le soleil contient la plupart de nos métaux usuels terrestres, et tout indique qu'il est le grand réservoir où tous les corps qui composent notre système planétaire se trouvent réunis.

« Cependant on n'y a pas constaté la présence d'un corps d'une immense importance pour la production et l'entretien de la vie à la surface de notre terre, à savoir : l'oxygène.

« M. Draper avait cru pouvoir annoncer la présence de l'oxygène dans le soleil d'après certaines expériences ; mais cette conclusion a été reconnue inexacte.

« Or, les raies de l'oxygène se montrent dans le spectre solaire et elles y forment des groupes importants nommés A, B, α (1).

« Ces groupes sont-ils uniquement dus à l'action de l'oxygène

_____

(1) On sait que ces groupes de raies appartiennent bien au gaz oxygène, parce qu'on les obtient en faisant passer un faisceau lumineux à travers un tube suffisamment long ne contenant que de l'oxygène pur.

contenu dans notre atmosphère que les rayons solaires doivent nécessairement traverser, ou bien préexistent-ils déjà dans le spectre solaire qu'on obtiendrait avant l'entrée de la lumière solaire dans l'atmosphère terrestre, et celle-ci ne fait-elle qu'en augmenter l'intensité ?

« Telle est la question à résoudre, si on veut pouvoir affirmer que l'oxygène, au moins tel que nous le connaissons dans· nos laboratoires et dans l'atmosphère terrestre, existe ou n'existe pas dans l'atmosphère solaire.

« Or, comme nous ne pouvons porter nos instruments aux limites de l'atmosphère, nous sommes obligés d'employer la méthode qui consiste à montrer que la diminution de l'intensité des groupes oxygénés du spectre solaire est en rapport avec l'épaisseur atmosphérique traversée (comme cela peut être réalisé par l'emploi d'une haute station, le Mont Blanc par exemple), ou bien encore en montrant que, si on fait traverser à un faisceau lumineux une épaisseur atmosphérique égale ou équivalente à celle que les rayons solaires traversent à une époque déterminée de l'année, en juin, par exemple, et à midi, les groupes obtenus ainsi artificiellement sont égaux en intensité à ceux du spectre solaire dans les conditions précitées.

« C'est précisément cette dernière condition qu'on put réaliser en analysant à l'Observatoire de Meudon un faisceau lumineux produit au sommet de la Tour Eiffel, car la distance entre ces deux points est très approchée de celle qui représente une épaisseur atmosphérique équivalente comme quantité à celle de l'atmosphère terrestre, c'est-à-dire qu'un rayon vertical traversant l'atmosphère terrestre doit y éprouver une absorption équivalente à celle du même rayon allant de la Tour à Meudon, en admettant bien entendu que l'absorption est proportionnelle à la quantité pondérale d'air traversée, ce dont on s'est assuré, d'ailleurs, à l'égard du groupe des lignes A, B, α. Voilà ce qui donne un intérêt tout particulier à l'expérience faite en 1889 entre la Tour et l'Observatoire de Meudon, expérience qu'il serait très intéressant de reprendre dans des conditions d'exactitude plus rigoureuses et plus concluantes. »

M. A. Cornu, membre de l'Institut et professeur à l'École polytechnique, nous a remis une note sur l'*Étude de l'absorption atmosphérique des radiations visibles*. Elle figure en entier dans notre ouvrage des *Travaux scientifiques*, mais, en raison de son caractère trop technique, nous ne donnons ici que le commencement de cette note et la conclusion :

« Il était naturel de penser que, dans une direction horizontale, l'atmosphère terrestre absorbait les mêmes radiations et produisait les mêmes raies spectrales, dites *telluriques*, qu'on observe dans le spectre solaire. L'existence de plusieurs groupes telluriques dans le spectre d'un faisceau électrique projeté de la Tour Eiffel sur l'Observatoire de Meudon a été, en effet, signalée par M. Janssen (*Comptes rendus de l'Académie des Sciences*, t. CVIII, p. 1035) et présentée comme une démonstration de l'origine terrestre des groupes A et B, ainsi que de quelques bandes dues à la vapeur d'eau.

« Je me suis proposé de relever minutieusement, sous une forte dispersion, la série des raies sombres observables dans le spectre des faisceaux électriques émis du haut de la Tour, et de les comparer avec celles figurées dans les cartes spectrales que j'avais publiées antérieurement. C'était, en outre, une vérification directe et précieuse de la méthode du *balancement des raies* qui m'avait conduit à distinguer individuellement les raies d'origine solaire et celles d'origine terrestre, dans les groupes de raies les plus compliqués du spectre solaire.

« L'étude a été entreprise à l'École polytechnique, dans le local et avec les appareils qui m'avaient servi aux recherches de spectroscopie solaire. Cette étude, commencée le 24 octobre 1889, en utilisant, d'abord simplement la lumière du phare à éclats du sommet de la Tour, fut poursuivie avec le faisceau d'un des projecteurs de 90 *cm* de MM. Sautter et Lemonnier, que M. Eiffel eut l'amabilité de faire diriger de 8 heures à 10 heures sur l'École polytechnique, du 27 octobre au 6 novembre, jour de la clôture de l'Exposition universelle de 1889, et de l'extinction des projecteurs. La distance de la Tour à l'École, relevée sur un plan de Paris au $\frac{1}{12.500}$, est d'environ 4.350 *m*.....

« Il résulte des observations qui ont été faites, que près de deux cents raies sombres, produites par l'absorption atmosphérique des radiations d'une source de lumière terrestre, ont été identifiées individuellement avec les raies dites *telluriques* observées dans le spectre solaire. L'origine atmosphérique de ces raies est donc surabondamment vérifiée. »

§ 16. — Effets physiologiques de l'ascension à la Tour Eiffel.

Extrait de la note du Dr A. Hénocque, directeur adjoint du Laboratoire de physique biologique de l'École des Hautes-Études au Collège de France.

INTRODUCTION.

Lorsqu'on monte par les ascenseurs à la terrasse de la 3ᵉ plate-forme de la Tour (278 *m*), l'organisme est influencé par les différences de l'altitude, de la température, de la ventilation; mais, quelle que soit la variation de ces conditions, les ingénieurs, les employés, les visiteurs, tous ceux qui sont transportés en ascenseur au-dessus de la 3ᵉ plate-forme, là où sont situés les laboratoires, ont constaté qu'ils éprouvaient une impression en général analogue. La respiration devient plus ample et plus facile; le pouls bat plus rapide, puis devient plus régulier et plus résistant. En même temps, ils ressentent un sentiment de bien-être, d'activité générale, d'excitation. La satisfaction d'un isolement sur un plateau où se développe un aussi vaste horizon, et où règne un air d'une grande pureté et particulièrement vivifiant, détermine, principalement chez les femmes, une excitation psychique se traduisant par la gaieté, des conversations animées, joyeuses, le rire, l'attrait irrésistible à monter plus haut encore, jusqu'au drapeau, en somme une excitation générale qui rappelle aux voyageurs celle que provoquaient chez eux des ascensions dans les stations de hautes montagnes. Pour peu que le séjour au sommet se prolonge, cette impression s'accentue. Il se produit une sensation d'appétit remarquable; en même temps, l'esprit étant occupé par ce splendide spectacle, la notion de la durée du séjour s'affaiblit singulièrement; alors s'augmente le désir de prolonger le repos et cette contemplation.

Ces effets, dus à un transport rapide et sans fatigue dans une couche atmosphérique située à 300 *m* au-dessus du sol, dont elle est complètement isolée, méritaient d'être étudiés avec soin. J'ai fait, dans ce but, de nombreuses observations qui m'ont fourni des résultats intéressants que l'on ne pouvait soupçonner *a priori*. J'exposerai ici la partie la plus importante de ces recherches en étudiant successivement les principaux phénomènes de modification dans la circulation de la respiration. J'examinerai surtout les modifications produites dans un des phénomènes physiologiques qui les résume toutes, l'activité de réduction de l'oxyhémoglobine, c'est-à-dire l'activité des échanges respiratoires entre le sang et les éléments des tissus. Les résultats obtenus par cet examen spécial sont beaucoup plus concordants et plus démonstratifs que les constatations de la fréquence du pouls et de la respiration.

1° TRAVAIL MÉCANIQUE DÛ A L'ASCENSION A PIED.

En étudiant les phénomènes relatifs de la réduction après une montée à pied par les escaliers, j'ai eu l'occasion de faire des observations, qui ne sont pas sans intérêt, sur les conditions dans lesquelles s'effectue cette montée et sur le travail mécanique qui y est développé.

Je ferai remarquer que la Tour, par le développement exceptionnel d'un escalier presque continu, se prête particulièrement bien à des recherches de ce genre. C'est le résultat de celles-ci qui est indiqué ci-après.

A. — *Travail mécanique dû à la montée.*

La montée à pied à la troisième plate-forme de la Tour comprend une ascension verticale de 277 *m*, et un parcours horizontal sur les escaliers et les plates-formes de 438 *m*, suivant le tableau ci-dessous.

Tableau des données relatives à la montée à pied.

DÉSIGNATION	ALTITUDE des étages	HAUTEUR des étages au-dessus du sol des piles	NOMBRE DE MARCHES		PARCOURS HORIZONTAL	
			par étage	cumulé	par étage	cumulé
Altitude du pied des escaliers (sol de l'intérieur des piles).	+ 35,08	m.	»	»	m.	m.
Première plate-forme.	+ 91,13	56,05	347	347	119	119
Parcours horizontal sur celle-ci . . .	»,	»	»	»	7	,126
Deuxième plate-forme	+ 149,23	114,15	327	674	77	203
Parcours horizontal sur celle-ci . . .	»	»	»	»	21	224
Plate-forme intermédiaire	+ 229,43	194,35	456	1.130	102	326
Parcours horizontal sur celle-ci . . .	»	»	»	»	12	338
Troisième plate-forme (terrasse) . . .	+ 312,21	277,13	455	1.585	100	438
Sommet	+ 334,01	298,93	125	1.710	39	477

Ces chiffres vont nous permettre de calculer, pour un homme d'un poids moyen de 70 *kg*, le travail mécanique qu'il doit développer pour faire l'ascension des divers étages en tenant compte de son déplacement horizontal; nous en déduirons son travail en kilogrammètres par seconde, en faisant intervenir le temps de l'ascension. Ces calculs nous amèneront à une évaluation du chiffre du travail dû à la marche sur un terrain horizontal, dont la valeur, malgré tous les travaux faits à ce sujet, reste encore assez incertaine. Parlons d'abord des faits établis par une longue série d'observations.

Le temps *normal* de la montée pris par les ouvriers de la Tour, soit pendant la construction, soit pendant l'exploitation, est de :

A la 1re plate-forme.....................		6 minutes.	
— 2e —		12	—
— — intermédiaire............		21	—
— 3e — (terrasse)...............		30	—

Ces diverses durées correspondent les unes et les autres à une vitesse moyenne verticale de 0,154 *m* (1). Mais elles amènent, surtout pour la 3e plate-forme, de l'essoufflement et de la fatigue; *un tel travail ne pourrait se prolonger.* Aussi trouvons-nous tout à fait exagéré le chiffre 0,15 *m*, que l'on trouve dans la plupart des ouvrages traitant du travail mécanique que l'homme peut produire, comme la moyenne d'une vitesse pouvant être maintenue pendant 8 heures (Courtois, *Moteurs animés*, et autres). La fatigue est déjà bien moindre avec la durée habituelle de 45 minutes prise par des hommes moins exercés. Néanmoins, le personnel de la Tour estime qu'on ne pourrait, même normalement, maintenir cette durée pendant un travail journalier de 8 heures, et il pense généralement que l'homme, pour ne pas éprouver à la fin de la journée un excès de fatigue, ne pourrait effectuer plus de 8 montées par journée de 8 heures de travail, soit une seule montée par heure. C'est sur ces données d'une expérience prolongée que nous opérerons.

(1) Dans les observations, dont j'ai publié les résultats, cette rapidité d'ascension a été dépassée par M. le Dr François, qui est monté en 24 minutes, et par deux étudiants, MM. Duhamel et Murer, qui sont montés en 25 minutes. Ce sont, à ma connaissance, les durées les plus courtes qui aient été réalisées.

Le célèbre voyageur, M. D'Abadie, âgé de 70 ans, a fait lui-même une observation d'ascension aussi rapide qu'il pouvait l'effectuer. Elle a été de 35 minutes.

Pour un homme dont le poids moyen est de 70 *kg*, avec les vêtements, le travail mécanique total comprend celui dû à l'ascension verticale des 277 *m*, soit, sans aucun conteste, $70 \times 277 = 19.390$ *kgm*, et en plus le travail dû à son déplacement horizontal sur un terrain plat de 438 *m*. Ce travail est bien plus difficile à apprécier que le premier, et demande à être étudié avec quelques développements.

Ce mouvement horizontal ne peut se produire que sous l'influence d'une force horizontale dont le poids d'application se déplace à une vitesse déterminée et qui produit un certain travail mécanique en *kgm*, s'ajoutant au premier.

En appelant F cette composante horizontale de la marche, c'est-à-dire l'effort horizontal que l'homme doit développer pour entretenir celle-ci sur un terrain plat, le travail total effectué, exprimé en kilogrammètres, est :

$$19.390 + F \times 438.$$

Pour se rendre compte de la valeur de la composante horizontale de la marche que nous avons appelée F, on peut rechercher une équivalence entre le travail total ci-dessus et celui résultant du déplacement d'un marcheur sur un terrain plat pendant le même temps.

M. Courtois, ingénieur des ponts et chaussées, donne, dans son *Traité des moteurs animés*, la vitesse de 1,60 *m* comme normale moyenne pour un voyageur sans fardeau sur une bonne route plate. Cette vitesse correspond, suivant le rythme normal, à 70 pas doubles de 1,37 *m* de longueur et à un parcours de 5.760 *m* à l'heure. Elle peut se prolonger pendant 8 heures, ce qui donne un parcours de 46 *km* dans une journée.

Nous estimons qu'au point de vue de la dépense d'énergie musculaire, on peut assimiler le travail journalier des 8 ascensions dont nous avons parlé à ce parcours horizontal de 46 *km* pendant le même temps.

Or le travail pendant les 3.600″ de la marche horizontale est de $F \times 1,60 \times 3.600$, soit $F \times 5.760$.

Si l'on admet l'équivalence que je viens d'indiquer dans le travail moyen d'une montée et celui d'un parcours horizontal de 5.760 *m*, on aura l'égalité :

$$19.390 + F \times 438 = F \times 5.760$$

d'où :

$$F = \frac{19.390}{5.322} = 3,80 \ kg \ (1).$$

Avec cette valeur de F, le travail de l'ascension dû au déplacement horizontal sera de $3.80 \times 438 = 1.664 \ kgm$.

En y ajoutant le travail suivant la verticale, soit 19,370, le travail total de l'ascension sera de $19.390 + 1.664 = 21,054 \ kgm$ pendant 3.600", soit par seconde $\frac{21.054}{3.600} = 5,84 \ kgm$.

Ce chiffre est très voisin de celui de 6 kgm par seconde généralement admis pour la force humaine représentée par l'action de l'homme sur une manivelle, et un peu au-dessous de celui de 7 kgm, soit $\frac{1}{10}$ de cheval, qui figure dans la plupart des ouvrages.

On peut observer que les chiffres qui précèdent correspondent, par heure, à une ascension verticale de 277 m, soit à une vitesse de 0,077 m par seconde. Ce chiffre est à peu près la moitié de celui de l'auteur déjà cité, M. Courtois, qui le porte à 0,15 m pour un travail moyen prolongé. Ce dernier chiffre conduit à des conséquences tout à fait erronées sur le travail de l'homme montant un escalier.

Cette valeur de 0,15 m obtenue momentanément par les ouvriers très exercés, qui font l'ascension en une demi-heure, est à peu près un maximum, mais nullement une moyenne.

---

(1) En nous reportant au graphique établi par le professeur Marey (*Mesure du travail mécanique effectué dans la locomotion de l'homme et Variations du travail mécanique dépensé dans les diverses allures* (Marey et Démeny), in *Comptes rendus de l'Académie des Sciences*, t. CIII, 1886), nous voyons que le travail mécanique proprement dit dans la marche horizontale, dans les conditions indiquées, à savoir 70 doubles pas par minute, s'élève à 5 kgm par double pas. Le travail par seconde est donc de $5 \times \frac{70}{60} = 5,83 \ kg$.

La vitesse réalisée à cette allure étant de 1,60 m, le travail par seconde est de $F \times 1,60$; on a donc $5,83 = F \times 1,60$, d'où $F = 3,65 \ kg$.

Ce chiffre est presque identique à celui de 3,80 kgm que nous avons déterminé par des observations d'un ordre différent.

Nous ajouterons que nous n'avons pas tenu compte du *travail physiologique*, dû aux oscillations verticales alternatives du centre de gravité, qui, au point de vue du travail mécanique, donnent une somme nulle, l'un de ces travaux étant négatif et l'autre positif. En ajoutant ces deux travaux dus à l'oscillation, que l'on peut physiologiquement considérer comme s'additionnant, on trouverait pour la marche un travail supplémentaire, d'après M. Marey, de 9 kgm par double pas. Le chiffre analogue, relatif à la montée d'un escalier, n'a pas encore été, à notre connaissance, déterminé.

Avec cette vitesse, le travail des ouvriers est double du précédent, soit 11,68 *kgm* par seconde, ce qui est certainement un travail excessif et au delà des forces humaines.

On peut donc dire que le travail de l'ascension par les escaliers est de 6 *kgm* par seconde pour un travail continu et peut être porté à 12 *kgm* environ pour une ascension unique.

D'une manière générale, en désignant le poids de l'homme par P, la hauteur d'ascension par H, la distance horizontale parcourue par D, et le temps en secondes de l'ascension par t, on aura l'égalité :

$$P. H + F. D = 1,60. F. t.$$

d'où :

$$F = \frac{P. H}{1,60\, t - D}$$

et le travail T par seconde sera :

$$T = \frac{1}{t}(P. H + D. F) = \frac{P. H}{t}\left(1 + \frac{D}{1,60.\, t - D}\right)$$

(Obs. 41.)   Si $P = 68,50\ kg$, $t = 1.800''$, $H = 277\ m$ et $D = 438\ m$.

On trouve :

$$F = 7,8\ kg \quad \text{et} \quad T = 12,5\ kgm.$$

Le travail suivant la verticale est indiqué, dans l'exemple que nous venons de prendre, par les chiffres de 18.975 *kgm*, et le travail suivant l'horizontale par 3.416, qui sont dans le rapport de 5,50 à 1.

B. — *Travail dans la descente à pied.*

Pour la descente à pied, nous avons, comme pour la montée, consulté le personnel de la Tour pour lequel une expérience prolongée a donné les résultats que nous allons relater.

La descente par les escaliers de la 3ᵉ plate-forme au sol exige une durée normale de 14 à 15 minutes, pour ne pas amener de fatigue spéciale. L'allure de cette descente est, au point de vue des efforts développés, tout à fait comparable à celle de la montée en 45 minutes. Le rapport de la vitesse de la montée à celle de la descente serait ainsi de 1 à 3.

Ce rapport de 1 à 3 se maintient pour les allures vives un peu exceptionnelles ; la descente en effet peut être réalisée dans une durée de 8 minutes seulement, et comparable aux 25 minutes de la montée rapide.

Dans la descente, le travail mécanique est faible et le travail est presque en entier un travail physiologique ; or, celui-ci doit même être assez élevé en raison du rapport de la vitesse de la montée à celle de la descente.

On verra dans un chapitre suivant des exemples des résultats produits par la descente à pied sur l'activité de la réduction.

Des recherches plus multipliées sur ce point seraient très intéressantes et nous nous proposons de les réaliser prochainement, en faisant faire des montées d'une manière continue pendant toute une journée, les descentes se faisant par les ascenseurs, et en effectuant, pendant une autre journée, uniquement des descentes, les ascenseurs servant aux montées et pour les repos.

2° MODIFICATIONS DE L'ACTIVITÉ DE RÉDUCTION DE L'OXYHÉMOGLOBINE (1).

J'ai pris plus de 60 observations en les variant de façon à étudier les effets produits : 1° Par l'ascension mécanique en ascenseurs ; 2° par les montées à pied par les escaliers, à diverses hauteurs ; 3° par la descente des escaliers à pied.

A. — *Montées par les ascenseurs.*

Les observations sont au nombre de 28.

Les conclusions générales qui en résultent sont les suivantes : 1° Sur les 28 cas, l'activité est augmentée 26 fois. Il n'y a que deux cas de diminution de l'activité, et encore est-elle très minime (0,18 à 0,15), et elle doit

---

(1) L'appréciation de la quantité d'oxyhémoglobine et de l'activité se fait par la méthode hématoscopique qui porte mon nom, et que j'ai exposée dans trois volumes de l' « Encyclopédie scientifique des Aide-Mémoires », publiés chez Masson, sous le titre de *Spectroscopie biologique.*

être attribuée à une influence morale (vertige ou état nerveux). L'augmentation peut donc être considérée comme la règle. Elle varie de 0,08 à 0,54; la moyenne est d'environ 0,28 (elle a atteint exceptionnellement 1,15 dans une observation, n° 23).

B. — *Montées à pied.*

Comme exemple des phénomènes produits dans la montée à pied, je reproduis trois observations qui ont été prises le 26 juin 1896, à la suite d'une conférence faite à la Tour, en présence du professeur Proust et de ses élèves du Cours d'hygiène à la Faculté de médecine, réunis au nombre de 80.

Obs. 48. — M. Bernard, étudiant en médecine, 26 ans. Oxyhémoglobine, 11 p. 100

	Durée	Activité
En bas	60″	0,90
En haut	50″	1,10

Obs. 49. — M. Duhamel, étudiant en médecine, 27 ans. Oxyhémoglobine, 11 p. 100.

	Durée	Activité
En bas	65″	0,80
En haut	50″	1,25

Obs. 50. — M. Murer, étudiant en médecine, 24 ans. Oxyhémoglobine, 12 p. 100.

	Durée	Activité
En bas	80″	0,75
En haut	35″	1,09

Dans ces trois observations, nous notons une augmentation de l'activité très importante de 0,20 à 0,34 et 0,45, en d'autres termes, du quart, du tiers et plus de la moitié de l'activité prise au départ.

Dans les publications antérieures sur les Travaux scientifiques exécutés à la Tour Eiffel, les résultats de 54 observations d'ascensions ont été exposés; ils peuvent se résumer ainsi qu'il suit :

Au point de vue de l'activité de la réduction, nous trouvons que celle-ci n'a été diminuée que dans 4 cas sur 23. Elle a été au contraire augmentée dans tous les autres (19 cas). L'augmentation de l'activité est donc la règle. La diminution ne s'est produite que dans des cas d'essouf-flement, c'est-à-dire de surmenage dû à l'effort trop rapide ou trop intense, ce qui s'observe d'ailleurs dans tous les exercices physiques exagérés.

L'augmentation de l'activité est à peu près la même que pour la montée en ascenseurs, quoique ayant une tendance à être supérieure. Elle varie de 0,04 à 0,60; elle est en moyenne de 0,29.

Le minimum de 0,04 coïncide avec un certain degré d'essoufflement. Les deux maxima 0,55 et 0,60 ont coïncidé avec une ingestion préalable de café concentré.

Il semble donc qu'une conclusion s'impose : dans l'ascension passive, l'augmentation est certainement due à l'influence du changement rapide du milieu, tandis que dans l'ascension active, le travail produit et l'exercice musculaire donnent bien une augmentation, mais celle-ci n'est pas aussi prononcée qu'on pouvait le supposer.

L'influence du milieu ambiant semble à elle seule avoir une impor-tance à peu près égale à celle de la dépense d'énergie musculaire, combinée avec celle du milieu.

Ces deux influences n'agissent pas nécessairement dans le même sens, ainsi que le prouvent les quelques cas où la diminution a été observée.

C'est une des raisons pour lesquelles il ne nous a pas été possible de trouver une relation déterminée entre le travail mécanique produit par la montée à pied et l'augmentation de l'activité. Ces études doivent être pour-suivies et faites sur un beaucoup plus grand nombre d'individus, et dans des conditions encore plus variées.

C. — *Descentes à pied.*

Il nous a été possible dans quelques observations de constater des modifications de l'activité de la réduction dans la descente à pied. Voici le tableau résumé de ces observations :

Obs. 45, 26 mars. — Dr SCHLEMMER, ascension (3e étage) en 45′, descente en 25′.

	Pouls	Durée	Modification de l'activité
En haut	68	95″	+ 0,17, par la montée.
En bas	76	56″	+ 0,25, par la descente.

Obs. 46, 27 mars. — BENSAUDE, ascension en 45', descente en 25'.

	Pouls	Durée	Modification de l'activité
En haut	100	80″	+ 0,15, par la montée.
En bas	84	50″	+ 0,43, par la descente

Obs. 47, 27 mai. — RICHE, ascension en 45', descente en 25'.

	Pouls	Durée	Modification de l'activité
En haut	88	64″	— 0,12, par la montée.
En bas	68	58″	+ 0,24, par la descente.

En examinant ce tableau, nous constatons que dans les trois premières observations, où la montée préalable avait duré 45 minutes, la
descente n'a duré que 25 minutes. L'allure, d'ailleurs, n'avait pas été
réglée d'avance; mais, dans les trois cas, il y a augmentation de l'activité de
la réduction, supérieure même à l'augmentation produite par la montée,
soit 0,25 et 0,43. Bien plus, dans le troisième cas, la montée ayant produit
de la fatigue et de l'essoufflement, l'activité était, au sommet de la Tour,
diminuée de 0,12. Au contraire, après la descente, l'activité était augmentée de 0,24.

Ces résultats semblent donc amener à cette conclusion, du moins
pour ce petit nombre d'observations, que la fatigue due au travail physiologique de la descente, fatigue qui a surtout pour siège les extenseurs du
pied et de la jambe, c'est-à-dire la région du mollet et la partie supérieure
de la cuisse, a pour conséquence une augmentation de l'activité de la
réduction, supérieure à celle que produisait la montée et s'ajoutant même
à celle-ci.

Ces conclusions sont d'ailleurs en accord avec les observations faites
dans la pratique journalière des travaux à la Tour, telles que nous les
avons exposées d'autre part.

3° MODIFICATION DU POULS.

A. Montées par les ascenseurs.

Les variations du pouls ne présentent pas la constance de l'augmentation observée pour l'activité de la réduction. La diminution a été observée dans 6 cas sur 17 observations.

L'augmentation paraît au contraire beaucoup plus habituelle. En effet,

dans 11 cas sur 17, ces augmentations ont été de 2 à 8 et très exceptionnellement de 11.

B. *Montées à pied.*

Au contraire, dans les montées à pied, la diminution n'a été observée
que 2 fois chez le même individu, malgré une augmentation de l'activité de
0,34 et 0,55 (obs. 13 et 17). L'augmentation se montre dans les 14 cas qui
suivent, variant de 1 à 76.

Pouls	Activité		Pouls	Activité
+ 1 un cas	+0,20		+24 un cas	+0,50
+ 4 un cas . . . , .	—		+36 deux cas . . .	+0,60 / +0,47
+ 5 un cas	—			
+ 6 un cas	0,20		+38 un cas	0,20
+ 8 un cas	+0,17		+44 un cas	+0,55
+12 un cas	+0,25		+76 un cas	—0,15
+20 deux cas	+0,15			

De l'examen de ce tableau, il résulte qu'il y a généralement concor-
dance entre l'augmentation du pouls et celle de l'activité.

4° TENSION VASCULAIRE.

Dans une première ascension, faite en compagnie du Dr Potain, qui
voulait étudier l'action de l'ascension sur le pouls de ses élèves, nous
avons obtenu les résultats suivants, sur deux sujets : le Dr Segond et le
D^r H.

La tension y est exprimée en centimètres de mercure.

Obs. 1, 11 août 1889. — Dr H., Quantité d'oxyhémoglobine, 11,5 p. 100.

	Pouls	Tension	Activité
En bas	114	19,5 cm	0,90
En haut	104	22,25 cm	1,40

Obs. 2. — Dr SEGOND.

	Pouls	Tension	Activité
En bas	84	18 cm	0,80
En haut.	80	20 cm	1,15

Dans ces deux cas, l'ascension était passive, faite dans les ascenseurs.
Une troisième observation a été prise par le Dr Porge dans une
montée à pied à la 2° plate-forme en 15 minutes.

Obs. 53. — M. Pinsan.

	Pouls	Tension	Activité
En bas	80	15 cm	1,25
En haut.	116	16 cm	1,85

L'on remarque que l'augmentation de la tension a été plus prononcée dans les ascensions passives à 300 m que dans la montée à pied.

Dans ces observations, la tension artérielle a été prise à l'aide du sphygmomanomètre, et suivant la méthode du professeur Potain, par le professeur lui-même et par le Dr Porge.

5° Modification de la respiration.

Les variations du nombre des respirations sont très irrégulières. Quel que soit le mode d'ascension, l'on observe le plus souvent une faible diminution de 3 ou 4 respirations par minute, mais presque aussi souvent l'égalité. L'augmentation semble être exceptionnelle. Cette absence de résultats accentués peut s'expliquer par la difficulté de l'évaluation précise du nombre des respirations dans un examen rapide et subordonné à l'auto-suggestion du sujet observé.

Cependant, d'une manière générale, la respiration a présenté une augmentation notable dans l'amplitude de l'inspiration.

Conclusions.

Il résulte de toutes ces observations et de leur étude aux différents points de vue que j'ai envisagés, que la caractéristique de l'influence des ascensions à la Tour sans aucun travail, et par conséquent l'action particulièrement due au transport rapide, est l'augmentation très notable et pour ainsi dire constante de l'activité de la réduction.

Cette augmentation se rencontre, il est vrai, dans des ascensions en funiculaire, sur des montagnes élevées; mais elle se produit ici non plus à un millier de mètres et davantage, mais bien à la simple hauteur de 300 m.

Dans les observations d'ascension en funiculaire à Glyon (742 m), à Murren (1.630 m), au Righi Kulm (1.800 m), j'ai observé des différences s'élevant à peine à 0,10, c'est-à-dire inférieures aux augmentations moyennes observées à la Tour. Il faut donc admettre une action spéciale en rapport avec la position de la Tour isolée de la couche atmosphérique en contact avec la terre. Au sommet de la Tour, on serait donc dans une sorte de climat comparable à celui de montagnes beaucoup plus élevées ; et d'ailleurs, les observations météorologiques démontrent bien pour les variations de l'aération, de la température, de la radiation et du régime des vents, ainsi que pour la tension électrique de l'atmosphère, une analogie semblable avec les variations observées sur des montagnes très élevées. Cela résulte des travaux de même ordre précédemment rapportés dans ce livre.

Il est permis d'en tirer une conclusion au point de vue thérapeutique : c'est que l'influence de l'ascension est favorable dans tous les états morbides où il y a indication d'exciter l'activité de la réduction, par exemple, en premier lieu, dans les anémies, la chlorose, certaines dyspepsies, etc.

Cette opinion, exprimée par plusieurs médecins, qu'on pourrait utiliser le séjour de la 3ᵉ plate-forme dans un but thérapeutique, c'est-à-dire y installer une sorte de cure d'altitude, était raisonnable. En effet, on a remarqué dans le personnel, et en particulier chez les femmes employées aux établissements des diverses plates-formes, et même chez des hommes souffrants ou convalescents, une amélioration très sensible de l'état général, en particulier l'augmentation de l'appétit et la régularisation de l'activité générale de la nutrition.

Il serait intéressant de tenir compte de ces résultats dans les cures d'altitude, auxquelles on pourrait adjoindre un mode facile d'ascensions rapides et répétées sur des sommets aussi abrupts et isolés que possible, où l'on se trouverait sous l'influence d'une atmosphère tout à fait spéciale et très différente des couches voisines du sol, quelque élevé qu'il soit.

§ 17. — Discours prononcés à la conférence « Scientia ».

Nous ne pouvons mieux clore l'exposé des travaux scientifiques exécutés à la Tour, qu'en reproduisant le discours prononcé par M. J. Janssen à la Conférence *Scientia*, le 13 avril 1889, parce que ce discours est, en un beau langage et avec une grande élévation de pensée, ce que l'on peut exprimer de plus saisissant, soit sur la construction de la Tour, soit sur ses applications à la science. Nous y joindrons la réponse de M. Eiffel.

DISCOURS DE M. JANSSEN

DE L'INSTITUT

Quand on a du talent, de l'expérience, une volonté forte, on arrive presque toujours à triompher des obstacles. Le succès est plus assuré encore si celui qui lutte est animé du sentiment patriotique, s'il aime à se dire que son œuvre ajoutera quelque chose d'important à la renommée de son pays, et que son succès sera un succès national. Mais il est des circonstances où ces éléments déjà si puissants prennent une force irrésistible : c'est quand celui qui aime passionnément son pays voit ce pays injustement déprécié ; c'est quand, par un de ces entraînements dont le monde donne tant d'exemples, et dont nous avons bénéficié nous-mêmes, peut-être plus qu'aucun autre peuple, on flatte la victoire, et on va jusqu'à refuser au vaincu d'un jour ses mérites les plus réels et ses supériorités les plus incontestables.

Alors, si des circonstances favorables se présentent, et s'il se rencontre un homme d'un grand talent, d'un caractère hardi et entreprenant, il s'éprendra de l'idée de venger en quelque sorte sa patrie, par la réalisation d'une œuvre grandiose, unique, réputée presque impossible ; et, pour assurer son succès, il ne reculera devant aucune difficulté, supportera tous les déboires, restera sourd à toutes les critiques, et marchera obstinément vers son but, jusqu'au jour où, l'œuvre enfin terminée, son mérite, sa hardiesse, sa grandeur éclatent à tous les yeux, désarment la critique, et changent la ligue du blâme en un concert général de louanges et d'admiration.

N'est-ce pas là, en quelques mots, l'histoire de la conception, de l'acceptation, de l'érection et du succès du grand édifice du Champ-de-Mars?

Cependant, il serait injuste de dire que ces sentiments, M. Eiffel ait été le seul à les éprouver. Tous ceux qui travaillent actuellement au Champ-de-Mars les ressentent, et c'est là sans doute le secret des merveilles qu'on nous y prépare.

Oui, tout le monde a compris que notre Exposition, en raison surtout de la date choisie, n'aurait de succès que [par les prodiges d'art et d'industrie qu'on y accomplirait. Il fallait désarmer le monde à force de mérite et de talent, et tout nous indique qu'en effet le monde sera désarmé.

Bientôt, de toutes les parties du monde, on viendra admirer les œuvres de cette nation étonnante, si merveilleusement douée, qui s'abandonne avec tant de facilité, qui se reprend avec tant de ressort, qui, au milieu des plus grandes péripéties de succès et de revers, reste toujours jeune, toujours généreuse, toujours sympathique, et qui n'aurait besoin que d'un peu de sagesse, de sens politique, d'esprit de suite et de conduite pour se trouver encore, et tout naturellement, à la tête des nations, pour qui elle demeure comme une énigme et un perpétuel sujet de surprise et d'étonnement.

Mais laissons nos préoccupations, et ne pensons qu'à l'hôte que nous fêtons.

Cet hôte triomphe aujourd'hui, mais combien ce triomphe s'est fait attendre! On ne peut pas dire qu'on le lui ait escompté d'avance et qu'on l'ait fait jouir, avant l'heure, de son succès.

Et ceci me rappelle un dîner de la *Scientia* donné il y a plus d'une année. Ce dîner était offert à M. Berger, un des directeurs généraux de l'Exposition, et M. Eiffel y assistait. La Tour s'élevait alors au premier étage, et la critique sévissait dans toute sa force. Si la construction n'atteignait que son premier étage, la critique, elle, avait complété tous les siens, et elle se dressait de toute sa hauteur. Et notez que c'est précisément au moment où les plus grandes difficultés avaient été heureusement et habilement surmontées, que l'esprit de blâme se donnait toute carrière, montrant ainsi autant d'âpreté que d'aveuglement. Il faut s'arrêter un instant sur ces difficultés.

On sait que la Tour est essentiellement formée de quatre montants, prenant leurs points d'appui sur des massifs de maçonnerie, s'élevant d'abord obliquement, pour se redresser ensuite et se réunir au-dessus du second étage où ils ne forment qu'un seul corps jusqu'au sommet. La construction de ces pieds, qui devaient s'élancer en porte-à-faux depuis leurs bases jusqu'au premier étage, 60 *m* de hauteur, c'est-à-dire à la hauteur de trois hautes maisons superposées, présentait des difficultés considérables. Des échafaudages d'appui, des tirants d'amarrage scellés dans la maçonnerie, ont permis de s'élever jusqu'au point voulu. Là se trouvaient déjà préparées les poutres horizontales qui devaient relier les quatre montants pour constituer la base sur laquelle seraient édifiées toutes les constructions du premier étage.

Or, l'édification de masses métalliques si considérables, montées en quelque sorte dans le vide, ne peut se faire avec une précision qui dispense de toute rectification au moment de l'assemblage. Le procédé employé pour obtenir ces rectifications montre bien la hardiesse et la puissance des moyens dont l'ingénieur dispose aujourd'hui. En effet, M. Eiffel n'hésita pas à soulever ces énormes pieds de la Tour et à leur donner les mouvements nécessaires pour qu'ils se présentassent à l'assemblage dans les conditions voulues. Or, surélever d'immenses pièces s'élevant en porte-à-faux presque à la hauteur des tours Notre-Dame, sans compromettre l'équilibre précaire qu'elles recevaient des échafaudages, était on ne peut plus délicat. L'opération réussit cependant. Des presses hydrauliques, agissant par l'intermédiaire de cylindres d'acier sur chacun des arbalétriers formant un des pieds de la Tour et les soulevant tous à la fois, permirent à ce pied de venir se présenter à l'assemblage; et les trous nombreux, percés d'avance pour les rivets, l'avaient été avec tant de précision, qu'on put opérer rapidement la mise en rapport et réduire à un instant le moment psychologique de cette étonnante opération.

Les quatre grands montants réunis, on peut dire que la difficulté maîtresse de l'œuvre était surmontée, et que la Tour était virtuellement élevée.

Il faut admirer, comme elles le méritent, ces grandes opérations du génie civil contemporain; elles montrent tout ce qu'on peut attendre de l'art des constructions, quand celles-ci s'appuient sur la science.

Eh bien, c'est précisément, comme je viens de le dire, au moment où cette belle opération si délicate et si hardie venait d'avoir un plein succès, que l'œuvre était le plus vivement attaquée.

Pour moi, j'en étais presque indigné, et je me rappelle qu'au banquet dont je viens de parler, je ne pus retenir ma voix et je voulus assurer M. Eiffel qu'il avait au moins avec lui quelques hommes qui admiraient son œuvre, qui appréciaient son courage et qui lui prédisaient le succès final et le retour de l'opinion.

Depuis, M. Eiffel a bien voulu me dire que mon témoignage lui avait été sensible et l'avait quelque peu réconforté.

Je n'ai pas eu à réformer mon jugement. De l'avis des plus compétents, l'érection de la Tour n'a pas été seulement une œuvre remarquable par les dimensions de l'édifice. Les études, la conduite des travaux, le chantier, comme on dit en terme d'ingénieur, ont été conduits avec un ensemble et une précision admirables. C'est que M. Eiffel, pour l'exécution de tous ces travaux qui l'avaient déjà rendu célèbre, avait su s'entourer depuis longtemps d'un état-major remarquable et se former de longue main des collaborateurs qui, aujourd'hui, sont consommés. C'est une armée qu'il a conduite sur vingt champs de bataille et qui, maintenant, pour la hardiesse, la précision, l'habileté, est sans rivale.

Voilà ce qui explique comment ce grand ouvrage a passé par toutes les phases de son érection, depuis l'avant-projet jusqu'à l'exécution finale, sans erreurs, sans mécomptes et avec une étonnante précision.

Je viens de prononcer le mot d'armée, et je l'ai fait à dessein. Je voudrais qu'il y eût entre les promoteurs de ces grands travaux et ceux qui les exécutent quelque chose des liens moraux qui, dans toutes les armées ayant accompli de grandes choses, ont uni les soldats à leur général, qui était pour eux un orgueil et une passion.

Croyez-le, on n'établira pas, entre tous les organes de ces grandes sociétés du travail, l'harmonie et l'entente qui en font la force, par les seules considérations d'argent et de salaire. Il faut exciter de plus nobles mobiles et faire comprendre aux travailleurs que celui, quel qu'il soit, qui a concouru à l'accomplissement d'une œuvre utile ou remarquable, a droit à une part d'honneur et d'estime.

Je voudrais encore dire un mot des usages scientifiques de la Tour. Elle en aura de plusieurs ordres, ainsi qu'on l'a indiqué, et je suis persuadé qu'on en découvrira auxquels on n'avait pas pensé tout d'abord.

Il est incontestable que c'est au point de vue météorologique qu'elle pourra rendre à la science les plus réels services. Une des plus grandes difficultés des observations météorologiques réside dans l'influence perturbatrice de la station même où l'on observe. Comment connaître par exemple la véritable direction du vent, si un obstacle tout local le fait dévier? Et comment conclure la vraie température de l'air avec un thermomètre influencé par le rayonnement des objets environnants? Aussi les éléments météorologiques des grands centres habités se prennent-ils en général en dehors même de ces centres, et encore est-il nécessaire de s'élever toujours à une certaine hauteur au-dessus du sol.

La Tour donne une solution immédiate de ces questions. Elle s'élève à une grande hauteur, et, par la nature de sa construction, elle ne modifie en rien les éléments météorologiques à observer.

Il est vrai que 300 m ne sont pas négligeables au point de vue de la chute de la pluie, de la température et de la pression; mais cette circonstance donne un intérêt de plus pour l'institution d'expériences comparatives sur les variations dues à l'altitude.

Je n'insiste pas sur les autres usages scientifiques qui ont été signalés avec raison. Je dirai seulement que la Tour pourrait donner lieu à de très intéressantes observations électriques. Il est certain qu'il se fera presque constamment des échanges entre le sol et l'atmosphère par ce grand paratonnerre métallique de 300 m. Ces conditions sont uniques, et il y aurait un très grand intérêt à prendre des dispositions pour étudier le passage du flux électrique à la pointe terminale de la Tour. Ce flux sera souvent énorme et même d'observation dangereuse, mais on pourrait prendre des dispositions spéciales pour éviter tout accident, et alors on obtiendrait des résultats du plus grand intérêt.

Je voudrais encore recommander l'institution d'un service de photographies météorologiques. Une belle série de photographies nous donnerait les formes, les mouvements, les modifications qu'éprouvent les nuages et les accidents de l'atmosphère depuis le lever du soleil jusqu'à son coucher. Ce serait l'histoire écrite du ciel parisien dans un rayon qui n'a jamais été considéré.

Enfin, je pourrais signaler aussi d'intéressantes observations d'astronomie physique, et en particulier l'étude du spectre tellurique, qui se ferait là dans des conditions exceptionnelles.

Ainsi la Tour sera utile à la science; ce n'est de sa part que de la reconnaissance, car, sans la science, jamais elle n'aurait pu être élevée. Le génie civil est fils de la science; aussi la science doit-elle le soutenir et le défendre chaque fois qu'il se réclame d'elle.

Ainsi la Tour du Champ-de-Mars, indépendamment de son usage principal qui est de faire jouir le public d'un panorama unique par l'élévation du point de vue et l'intérêt des objets environnants, aura des usages scientifiques très intéressants et très variés.

Mais il est un point de vue que nous ne devons pas oublier, parce qu'il est peut-être celui qui doit dominer tous les autres. Je veux dire que la Tour du Champ-de-Mars, par la grandeur de ses dimensions, par les difficultés que son érection présentait et par les problèmes de cons-truction dont elle nous offre les heureuses solutions, réalise une démons-tration palpable de la puissance et de la sûreté des procédés des cons-tructions métalliques dont le génie civil dispose aujourd'hui. Cette démonstration, quelle occasion plus naturelle pour la donner, que cette Exposition qui est précisément un grand tournoi où les nations viennent en quelque sorte se mesurer et montrer leurs forces respectives, en science, en art, en industrie! Et, du reste, oublie-t-on que les hommes n'ont jamais voulu se renfermer uniquement dans la construction d'édi-fices d'une utilité matérielle et immédiate? Oublie-t-on qu'indépen-damment du sentiment religieux qui a fait élever tant d'admirables édifices, on a vu, à toutes les époques de l'histoire, des monuments consacrés à la gloire militaire ou à la domination politique? Or, si la guerre a voulu consacrer ses triomphes, pourquoi la paix ne consa-crerait-elle pas les siens? Les luttes armées et sanglantes des nations sont-elles donc plus belles et plus saintes que les luttes pacifiques du génie de l'homme avec la nature, pour en faire l'instrument de sa gran-deur matérielle et morale? Ces combats demandent-ils donc moins d'activité, de courage et de génie, et leurs fruits sont-ils moins durables et moins beaux?

Cessons donc de marchander à ces luttes si nobles et si fécondes les signes sensibles qui les doivent glorifier. Célébrons au contraire des victoires où le vainqueur n'expie jamais son triomphe, où le vaincu voit complaisamment sa défaite, car ce vaincu c'est cette grande nature, c'est cette *alma mater* qui veut que nous lui fassions violence, qui ne nous résiste que pour nous rendre dignes de la victoire, et nous récompense de nos triomphes par la profusion de ses dons, par l'exaltation de toutes nos énergies et le sentiment légitime de notre grandeur intellectuelle.

Voilà les vrais combats que l'homme devra livrer de plus en plus, voilà les triomphes auxquels on ne dressera jamais assez d'arcs et de colonnes. Voilà l'avenir vers lequel le monde doit marcher. Ce sera l'honneur de la France d'avoir donné ce noble exemple, et la gloire de M. Eiffel de lui avoir permis de le donner.

DISCOURS DE M. EIFFEL

Voici la deuxième fois que, dans le banquet de *Scientia*, votre voix, cher et honoré Président, s'élève pour m'adresser des éloges, qui, exprimés par vous, au milieu d'une telle assemblée, m'honorent et me touchent plus que je ne saurais l'exprimer.

Il y a deux ans, vous avez ici même salué la naissance de l'œuvre qui vient de s'achever et dont vous me permettrez bien de vous parler aujourd'hui, puisque c'est à son achèvement que je dois l'insigne honneur d'occuper une place où j'ai été précédé par tant d'illustres personnalités qui sont la gloire de la France.

Je n'oublierai jamais que ce sont les savants qui m'ont donné les premiers encouragements pour l'œuvre que je tentais, et je leur en ai gardé une profonde reconnaissance.

Aussi j'ai tenu à ce que cet édifice soit placé, d'une façon bien apparente, sous l'invocation de la Science, et que, sur la frise qui surmonte son soubassement, on puisse lire les noms des savants et des ingénieurs qui forment la glorieuse couronne de notre pays dans le siècle dont nous allons célébrer le centenaire.

Cette bienveillance, que je viens de rappeler, ne s'est pas démentie un seul instant, et ce n'est pas sans émotion que j'ai appris que vos deux premiers présidents d'honneur s'y intéressaient d'une façon toute spéciale : le vénérable M. Chevreul, dont la mort vient de nous affliger, suivait, par une visite presque quotidienne, les progrès de cette construction, et un savant non moins illustre, M. Pasteur, qui est l'une de nos admirations et dont l'existence nous promet encore tant de bienfaits à rendre à l'humanité, y porte une attention et une sympathie dont j'ai bien le droit de me montrer fier.

Il y a quelques jours encore, j'en recevais de précieux témoignages dans une ascension à la plate-forme de 300 m que je faisais avec MM. Mascart, Cornu et Cailletet.

Sur cette étroite hune, qui semble isolée dans l'espace, nous étions ensemble pris d'admiration devant ce vaste horizon, d'une régularité de ligne presque semblable à celle de la mer, et surtout devant l'énorme coupole céleste qui semble s'y appuyer, et dont la dimension inusitée donne une sensation inoubliable d'un espace libre immense, tout baigné de lumière, sans premiers plans et comme en plein ciel : devant ce spectacle, au milieu de cet air vif et pur, qui faisait flotter avec bruit les longs plis du drapeau aux belles couleurs de France, qui venait d'y être déployé depuis quelques jours, nous échangeâmes quelques mots émus qui consacraient cette sympathie scientifique à laquelle j'attache tant de prix.

J'espère pouvoir aussi vous y recevoir bientôt, cher et vénéré Président, et vous montrer les trois laboratoires dont l'emplacement vient d'être arrêté. L'un sera consacré à l'astronomie ; je compte que vous vous y trouverez dans des conditions favorables pour vous y livrer aux belles recherches d'astronomie physique qui ont illustré votre carrière. Le second, dont les appareils enregistreurs seront reliés au Bureau central météorologique, est destiné à la physique et à la météorologie ; MM. Mascart et Cornu en pensent retirer grand profit pour l'étude de l'atmosphère. Le troisième est réservé à la biologie et aux études micrographiques de l'air ; organisé par M. Hénocque, il ne sera pas moins utile à la science. Ai-je besoin d'ajouter que ces laboratoires seront libéralement ouverts aux savants ?

Sans parler d'autres nombreuses expériences que beaucoup entrevoient, M. Cailletet me permettra de vous dire qu'il étudie en ce moment un grand manomètre à mercure avec lequel on pourra réaliser avec précision des pressions allant jusqu'à 400 atmosphères.

Tous ces projets, développés devant moi, me remplissaient d'une satisfaction intime, en me démontrant que tant d'efforts n'avaient pas été faits en vain au point de vue du progrès scientifique.

La foule non plus ne s'y est pas trompée : nous éprouvons un tel besoin de nous élever au-dessus de ce sol auquel le joug de la pesanteur nous attache, que cette idée de l'*excelsior* a de tout temps passionné les esprits, et qu'il semble que créer des édifices de hauteur inusitée, c'est reculer les bornes de la puissance humaine. Cela était, en effet, bien difficile autrefois ; mais, maintenant, avec les nouvelles ressources que donne l'emploi du fer, la sûreté des méthodes qu'il comporte, on n'est plus effrayé par de pareils problèmes, et à voir la facilité relative avec laquelle on a atteint cette hauteur de mille pieds qui avait hanté, mais en vain, le cerveau des Anglais et des Américains, il semble qu'il n'y aurait pas de bien grands obstacles à la dépasser notablement.

Quoi qu'il en soit, c'est grâce aux recherches des savants mathématiciens français qui ont fondé les méthodes que nous employons, c'est grâce aux éminents ingénieurs qui ont posé les principes des constructions métalliques qui sont l'une des branches les plus caractéristiques de l'activité de l'industrie française, que l'œuvre dont je viens de vous parler si longuement, et peut-être avec trop de complaisance, a pu être édifiée. En même temps que les belles constructions du Champ-de-Mars, j'espère qu'elle montrera au monde que nos ingénieurs et nos constructeurs français tiennent encore une grande place dans l'art de construire, comme nos artistes et nos littérateurs occupent le premier rang dans l'art contemporain.

Je parle devant un auditoire trop au courant des faits modernes, pour que je puisse penser vous apprendre quelque chose que vous ne sachiez déjà sur le rôle considérable des ingénieurs français à l'étranger. Cependant, à l'occasion d'un discours que je prononçais récemment, à la séance d'inauguration de la présidence de la Société des Ingénieurs civils, j'eus à étudier ce vaste et beau sujet ; je ne vous cacherai pas que je fus étonné moi-même des preuves saisissantes de notre activité nationale, en ce qui regarde les travaux publics.

En effet, cette part dans le développement industriel des nations est considérable ; elle dépasse peut-être celle de tout autre peuple, sans en excepter l'Angleterre. Elle a commencé à se produire vers 1855, à l'une des époques les plus brillantes et les plus prospères de l'industrie française, et s'étendit presque simultanément en Russie, en Italie, en Espagne, en Portugal et en Autriche. L'ingénieur français n'est pas cet être casanier que la légende condamne à ne pas quitter le sol de la patrie. Au contraire, pendant ces trente dernières années, on a pu, en tous les points du monde, constater son activité et son influence.

Qui de nous, pendant ses voyages à travers l'Europe et au delà des mers, n'a reconnu, presque avec étonnement, tellement nous avons de méfiance de nous-mêmes et de bienveillance innée pour les autres, que les travaux les mieux conçus, les mieux exécutés, et de l'apparence la plus satisfaisante, ont été accomplis par des ingénieurs français ?

Si on entre dans la nomenclature détaillée de ces travaux, on reste étonné de leur importance, qui nous a fait, sans qu'on puisse être taxé d'exagération, des initiateurs pour un grand nombre de nations, lesquelles ont depuis appris, au moins en Europe, à se passer de nous. Mais le monde est grand, et le besoin d'expansion lointaine trouve son aliment non seulement dans nos colonies et nos pays de protectorat, mais aussi dans le grand nombre des nations qui ont encore conservé leurs anciennes sympathies pour la France, telles que toute l'Amérique du Sud, et notamment le Brésil, le Chili, l'Équateur, la République Argentine, où une légion d'ingénieurs, appartenant au corps des Ponts et Chaussées ou ingénieurs civils, propage, en ce moment même, le renom de la science et de la probité françaises. Nos vœux les accompagnent, et vous voudrez bien me permettre, en ma qualité d'ingénieur, de vous demander de vous joindre à moi dans une commune pensée pour les adresser à ces pionniers de l'influence de notre pays au dehors.

Il me reste à vous remercier encore du grand honneur que vous venez de me faire, et à vous assurer que j'en conserverai toujours le plus vif souvenir. Je l'attribue beaucoup moins à ma personne qu'à l'œuvre elle-même, que j'ai essayé de rendre digne, aux yeux du monde que nous convions à notre centenaire, du génie industriel de la France.

CHAPITRE XI

---

§ 1. — Méthodes et instruments d'observation.

Les observations météorologiques ont été poursuivies en 1900 avec la même régularité que pendant les années précédentes; elles sont faites au moyen d'appareils enregistreurs, système Richard, qui inscrivent sur des feuilles de papier convenablement graduées toutes les variations des principaux éléments météorologiques.

La marche de ces appareils est vérifiée au moins quatre fois par semaine avec des instruments ordinaires, qui ont été préalablement comparés avec les étalons du Bureau central.

Leur installation n'a pas subi de changements appréciables; nous rappellerons seulement ici les différents instruments employés, et leur emplacement respectif, ainsi que leur altitude au-dessus du niveau de la mer, et leur hauteur au-dessus du sol (+ 33,50).

La pression barométrique a été enregistrée au moyen d'un baromètre enregistreur à mercure, contrôlé par les observations directes d'un baromètre à large cuvette et à échelle compensée de Tonnelot. Ces deux appareils sont installés tous deux à l'altitude de 313 m, dans une petite pièce de la quatrième plate-forme donnant sur la face SW de la Tour. On y a adjoint un baromètre enregistreur anéroïde, grand modèle, qui donne des courbes de même amplitude que le baromètre à mercure (2 mm par millimètre), de façon à combler les lacunes qui pourraient se produire avec un seul instrument.

La température a été enregistrée à trois hauteurs différentes de la Tour.

	ALTITUDE	HAUTEUR au-dessus du sol.
Sommet.	334,30 m	300,80 m
Étage intermédiaire	230,20	196,00
Deuxième plate-forme	162,20	128.70

Ce dernier emplacement est plus élevé de 5,60 m que celui des années précédentes; car la modification du second étage a nécessité le déplacement du thermomètre.

Les indications de ces instruments ont été vérifiées au moyen de thermomètres-frondes, de thermomètres à mercure ordinaire, de thermomètres à maxima et à minima, tous étalonnés au Bureau central. On a, de plus, installé au sommet de la Tour, à côté du thermomètre à enregistrement direct sous l'abri, un thermomètre à transmission électrique de Richard, qui inscrit les variations de la température sur un appareil récepteur placé dans une salle du Bureau central météorologique; les variations sont transmises de deux dixièmes de degré en deux dixièmes de degré, au moyen d'une aiguille métallique qui se déplace avec l'organe thermométrique; tous les mouvements de l'aiguille sont suivis par le style inscripteur du récepteur, qui, en se mouvant sur la surface d'un cylindre tournant en une semaine, y trace la courbe de variations. Cet appareil est vérifié chaque fois qu'un observateur monte au sommet de la Tour; on l'utilise pour transmettre, tous les jours, au *Bulletin International du B. C. M.*, les valeurs maxima et minima de la température, ainsi que celle de 7 heures du matin.

Tous ces thermomètres sont installés dans des abris convenablement disposés. Celui du sommet renferme également un psychromètre et un hygromètre enregistreur à faisceaux de cheveux.

Le vent a été enregistré au moyen d'anémomètres placés à l'altitude de 338,5 m (305 m au-dessus du sol), sur des mâts fixés à la rampe de la petite plate-forme du paratonnerre. Ces instruments transmettent électriquement leurs indications au B. C. M., où sont installés les enregistreurs.

La vitesse horizontale du vent est mesurée : 1° par un anémomètre de Richard qui peut envoyer trois séries différentes de contacts électriques : un, tous les 5.000 tours ou mètres, qui sert à mesurer l'espace total parcouru par le vent ; un, tous les 25 tours, qui actionne un appareil donnant une courbe de la vitesse moyenne du vent ; un, tous les tours, qui actionne un appareil donnant la vitesse absolue du vent, et qui ne fonctionne ordinairement que pendant les tempêtes ; 2° par un anémomètre de Robinson donnant un contact tous les 25 m de vent et un contact tous les 5.000 m.

La direction du vent est observée au moyen d'une girouette enregistrante, système Richard, à 128 directions.

Enfin, un moulinet horizontal de Garrigou-Lagrange, composé de 4 ailettes terminées par des plans inclinés à 45° sur l'horizon, a servi à mesurer la composante verticale du vent.

Tous ces instruments et leur mode d'installation ont été décrits dans les Mémoires résumant les observations météorologiques faites à la Tour depuis 1889 et publiés par M. Alfred Angot, docteur ès sciences, météorologiste titulaire au Bureau central météorologique de France, dans les Annales de cet établissement.

Nous ne nous occuperons ici que des observations relatives à la température et au vent ; ce sont celles qui nous paraissent offrir l'intérêt le plus grand et le

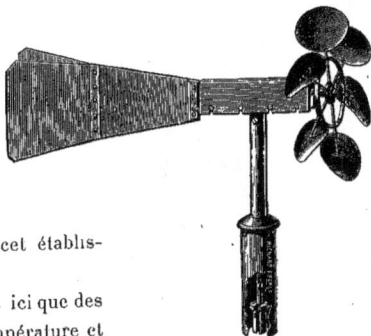

Fig. 50 *bis*. — *Moulinet Richard.*

plus immédiat. Nous ajouterons sur les anémomètres quelques détails empruntés aux notices de M. Angot :

Le moulinet Richard (fig. 50 *bis*) est formé de six ailettes en aluminium, inclinées à 45°, et rivées sur des bras très légers en acier : leurs dimensions sont calculées pour que le moulinet fasse exactement un tour pour 1 m de vent. Il est monté à l'extrémité d'une pièce horizontale formant girouette et tournant autour d'un axe vertical. Le moulinet complet ne pèse que 150 *gr* et offre à l'air une surface de 6 décimètres carrés environ. Son axe de rotation se trouve constamment lubrifié par un dispositif spécial placé dans une boîte métallique qui contient également les appareils interrupteurs du courant. Cet instrument est d'une sensibilité remarquable et peut mesurer des vitesses qui ne dépassent pas 0,1 à 0,2 m par seconde ; il se met instantanément à tourner dès que le vent commence à souffler, et s'arrête aussitôt que le vent cesse.

Les contacts agissent sur des anémo-cinémographes de MM. Richard frères (voir D, fig. 37, p. 140), qui indiquent à la fois la vitesse du vent à chaque instant en mètres par seconde, et le temps pendant lequel le vent a parcouru une distance de 5 km. Le cylindre enregistreur fait une révolution en un jour, et une heure correspond à une longueur de 15,15 mm.

Comme la vitesse du vent varie avec une extrême rapidité, il y a grand intérêt à pouvoir, lors des tempêtes, obtenir des détails beaucoup plus grands et surtout à mesurer exactement alors les maxima de la vitesse. C'est à cet objet qu'est destiné le cinémographe à indications instantanées de MM. Richard frères, duquel M. Eiffel a fait don au Bureau météorologique. Il est représenté figure 50 ter et on l'aperçoit en G dans la figure de l'installation générale (fig. 37, p. 140).

Dans cet appareil, la vitesse du vent s'inscrit à chaque instant sur une bande de papier qui se déroule avec une vitesse de 3 cm par minute; une seconde de temps correspond donc à un demi-millimètre, quantité parfaitement appréciable. Cet appareil, qui débite

Fig. 50ter. — Anémo-Cinémographe à indications instantanées.

en vingt-quatre heures une longueur de 43,20 m de papier, serait impossible à employer d'une manière courante ; il est donc réservé seulement pour les moments intéressants, pour les tempêtes. A cet effet, il est enclanché électriquement par le cinémographe ordinaire D (fig. 37), dès que la vitesse dépasse 20 m, et déclanché quand elle s'abaisse à 16 m.

§ 2. — Données météorologiques.

Les données météorologiques pour la température et le vent, relatives au sommet de la Tour, sont publiées chaque jour dans le Bulletin International du B. C. M., comparativement aux observations semblables des enregistreurs du Bureau. Ceux-ci sont installés sur une petite terrasse élevée de 18 *m* au-dessus du sol de cet établissement, qui est lui-même très peu distant de la Tour, soit 480 *m*.

Ces données sont de deux sortes : les unes sont les valeurs de la température, de la vitesse du vent en mètres par seconde et de sa direction à 7 heures du matin; les autres sont les valeurs extrêmes de ces deux éléments (minimum ou maximum de température, maximum de la vitesse du vent et direction correspondante) entre deux observations consécutives de 7 heures du matin, mais sans indication d'heure exacte.

Nous donnons dans les tableaux suivants (n⁰ˢ 1 à 12) le relevé par mois de ces observations quotidiennes au cours de l'année complète de 1900.

Pour grouper plus rationnellement les observations suivant les saisons, nous ferons commencer, à l'exemple d'un certain nombre d'observateurs, l'*année météorologique* 1900 au 1ᵉʳ décembre 1899, de manière qu'elle comprenne les trois mois réels d'hiver : décembre, janvier et février.

Dans ces tableaux, on a mis en italiques les températures de la Tour chaque fois que ces températures sont supérieures à celles du Bureau central, c'est-à-dire toutes les fois qu'il y a *inversion*.

De ces douze tableaux mensuels, on a déduit 12 autres tableaux numérotés de 1 à 12 *bis* donnant, pour chaque jour, les différences de température entre le Bureau central et le sommet, ainsi que les moyennes des maxima et des minima et les amplitudes.

Enfin un dernier tableau, n° 13, récapitule les moyennes mensuelles et saisonnières.

N° 1. — *Données météorologiques.*

DÉCEMBRE 1899.

DATES	TEMPÉRATURES						DIRECTION DU VENT				VITESSE DU VENT			
	à 7 heures matin		maxima		minima		à 7 heures matin		pour la vitesse maxima		à 7 h. matin		maxima	
	B. C. M.	T. E.	B. C. M.	T. E.	B. C. M.	T. E.	B. C. M.	T. E.	B. C. M.	T. E.	B.C.M.	T. E.	B.C.M.	T. E.
1	2°0	—0°3	7°8	8°1	1°0	—0°5	SW	NE	SW	»	0ᵐ9	4ᵐ1	4ᵐ2	17ᵐ5
2	7,5	5,6	9,9	6,0	2,0	—0,3	WNW	»	NNW	N	0,8	8,2	3,4	10,5
3	1,6	4,0	8,0	4,9	0,5	3,8	NW	N	ENE	»	0,7	5,0	3,1	6,2
4	1,7	3,3	10,0	6,0	1,6	3,3	SSE	»	SSW	»	2,0	4,6	2,8	14,2
5	4,6	5,0	9,4	7,2	1,0	3,1	WSW	»	WSW	»	1,8	12,7	3,9	13,6
6	4,7	—1,7	9,0	5,7	4,4	—2,0	WSW	»	SSW	»	1,5	6,0	3,5	15,0
7	8,5	2,0	8,5	6,1	4,7	—1,7	SE	»	ENE	»	1,0	8,7	6,5	14,7
8	0,9	—1,1	1,8	—1,3	0,9	—1,1	ENE	»	NE	»	4,2	8,6	7,0	17,9
9	—4,6	—5,3	—1,0	—3,8	—4,6	—5,3	NE	»	NE	»	4,1	16,0	»	»
10	—4,7	—5,2	—0,8	—4,2	—5,9	—5,3	»	»	E	»	»	6,4	4,4	12,6
11	—5,8	—5,4	—1,0	—4,4	—7,0	—5,4	Calme	»	SSW	SE	0,4	3,5	2,0	10,0
12	—5,2	—5,0	—1,4	—5,0	—5,8	—7,8	SE	SE	E	SSE	1,5	10,0	3,3	13,2
13	—7,6	—6,5	—4,0	—7,2	—7,6	—6,5	ESE	ESE	E	NNW	1,2	6,0	4,8	10,7
14	—8,7	—9,4	—3,0	—3,3	—8,8	—9,4	NE	»	N	NNW	3,2	7,2	4,4	12,7
15	—4,9	—4,6	—1,2	0,0	—9,3	—9,7	Calme	NNW	NE	WNW	0,0	7,6	2,5	2,2
16	—4,1	—1,7	—3,5	—1,2	—6,1	—4,6	N	WNW	E	NNW	0,8	2,7	4,0	7,3
17	—3,9	—7,2	—1,9	—2,4	—6,9	—7,2	NE	NNW	ENE	NW	3,3	6,4	6,4	11,7
18	—4,4	—4,8	—0,3	0,0	—5,3	—7,2	NE	NW	NE	NE	2,1	6,6	3,3	8,1
19	—4,5	—0,8	2,1	5,6	—6,0	—5,8	ENE	E	NE	ESE	1,8	5,2	2,1	8,5
20	1,0	5,4	3,6	5,9	—4,5	0,5	Calme	ESE	SW	SE	0,3	5,4	1,5	5,7
21	1,5	0,0	3,7	1,6	1,0	0,0	Calme	SE	E	ENE	0,3	3,0	3,8	6,8
22	—2,1	—3,9	1,5	1,0	—2,1	—3,9	ESE	ENE	E	ESE	1,8	3,0	3,8	10,9
23	1,5	1,0	3,3	1,8	—3,0	—3,9	Calme	SE	NW	NNW	0,4	9,9	3,1	10,1
24	2,4	0,6	6,9	7,4	0,1	—1,0	SSW	NNW	SW	»	1,3	10,0	4,5	16,5
25	6,6	5,4	8,0	8,4	2,4	0,5	WSW	»	NW	NW	2,5	15,0	5,0	16,6
26	1,4	1,8	5,2	3,5	1,0	1,8	S	NW	SSW	S	0,8	15,0	5,0	18,3
27	2,4	0,2	5,0	4,8	—0,3	—3,7	SW	S	SSW	»	2,7	13,0	5,0	13,7
28	3,8	4,4	7,7	7,5	1,8	0,0	SE	»	SE	S	1,6	13,7	4,3	28,6
29	6,9	6,2	12,0	8,8	3,8	4,2	S	S	SW	»	2,7	21,0	10,0	36,4
30	8,1	5,6	10,7	8,2	6,9	5,6	SW	»	SW	S	7,2	24,0	7,8	24,8
31	6,1	5,0	10,9	9,2	6,1	4,0	SSW	SW	SW	SSW	0,9	6,7	3,2	21,0
Moy.	0°4	—0°2	4°1	2°7	—1°4	—2°1					1ᵐ8	8ᵐ9	4ᵐ3	13ᵐ8

N° 1bis. — *Tableau comparatif des températures du B. C. M. et de la Tour.*
DÉCEMBRE 1899.

DATES	DIFFÉRENCES			MOYENNE des maxima et des minima			AMPLITUDES		
	A 7 HEURES DU MATIN	DES MAXIMA	DES MINIMA	B. C. M.	T. E.	DIFFÉRENCE	B. C. M.	T. E.	DIFFÉRENCE
1	2°3	—0°3	1°5	4°4	3°8	0°6	6°8	8°6	—1°8
2	1,9	3,9	2,3	5,9	2,8	3,1	7,9	6,3	1,6
3	—2,4	3,1	—3,3	4,2	4,3	—0,1	7,5	1,1	6,4
4	—1,6	4,0	—1,7	5,8	4,6	1,2	8,4	2,7	5,7
5	—0,4	2,2	—2,1	5,2	5,1	0,1	8,4	4,1	4,3
6	6,4	3,3	6,4	6,7	1,8	4,9	4,6	7,7	—3,1
7	6,5	2,4	6,4	6,6	2,2	4,4	3,8	7,8	—4,0
8	2,0	3,1	2,0	1,3	—1,2	2,5	0,9	—0,2	1,1
9	0,7	2,8	0,7	—2,8	—4,5	1,7	3,6	1,5	2,1
10	0,5	3,4	—0,6	—3,3	—4,7	1,4	5,1	1,1	4,0
11	—0,4	3,4	—1,6	—4,0	—4,9	0,9	6,0	1,0	5,0
12	—0,2	3,6	2,0	—3,6	—6,4	2,8	4,4	2,8	1,6
13	—1,1	3,2	—1,1	—5,8	—6,6	0,8	3,6	0,7	2,9
14	0,7	0,3	0,6	—5,9	—6,3	0,4	5,8	6,1	—0,3
15	—0,3	—1,2	0,4	—5,2	—4,3	—0,9	8,1	9,7	—1,6
16	—2,4	—2,3	—1,5	—4,8	—2,9	—1,9	2,6	3,4	—0,8
17	3,3	0,5	0,3	—4,4	—4,8	0,4	5,0	4,8	0,2
18	0,4	—0,3	1,9	—2,8	—3,6	1,8	5,0	7,2	—2,2
19	—3,7	—3,5	—0,2	—1,9	—0,1	—0,8	8,1	11,4	—3,3
20	—4,4	—2,3	—5,0	—0,4	3,2	—3,6	8,1	5,4	2,7
21	1,5	2,1	—1,0	2,3	0,8	1,5	2,7	1,6	1,1
22	1,8	0,5	1,8	—0,3	—1,4	1,1	3,6	4,9	—1,3
23	0,5	1,5	0,9	0,1	—1,0	0,9	6,3	5,7	0,6
24	1,8	—0,5	1,1	3,5	3,2	0,3	6,8	8,4	—1,6
25	1,2	—0,4	1,9	5,2	4,4	0,8	5,6	7,9	—2,3
26	—0,4	1,7	0,8	3,1	2,6	0,5	4,2	1,7	2,5
27	2,2	0,2	3,4	2,3	0,5	1,8	5,3	8,5	—3,2
28	—0,6	0,2	1,8	4,7	3,6	1,1	5,9	7,5	—1,6
29	0,7	3,4	—0,4	7,9	6,5	1,4	8,2	4,6	3,6
30	2,5	2,5	1,3	8,8	6,9	1,9	3,8	2,6	1,2
31	1,1	1,7	2,1	8,5	6,6	1,9	4,8	5,2	—0,4
Moyennes.	0°6	1°4	0°7	1°3	0°3	1°0	5°5	4°8	0°7

N° 2. — *Données météorologiques.*

JANVIER 1900.

DATES	TEMPÉRATURES						DIRECTION DU VENT				VITESSE DU VENT			
	à 7 heures matin		maxima		minima		à 7 heures matin		pour la vitesse maxima		à 7 h. matin		maxima	
	B.C.M.	T.E.	B.C.M.	T.E.	B.C.M.	T.E.	B.C.M.	T.E.	B.C.M.	T.E.	B.C.M.	T.E.	B.C.M.	T.E.
1	7°4	6°2	11°4	12°6	4°7	4°3	SW	S	SW	S	3m0	12m0	3m5	24m4
2	10,7	10,8	12,4	10,7	7,4	6,0	ESE	S	SSW	S	0,1	18,0	2,8	20,0
3	7,9	5,2	10,9	6,8	7,9	5,2	SSE	SW	SW	SSW	1,0	7,0	4,4	17,2
4	7,2	5,1	9,0	6,0	7,2	4,7	SSW	SSW	NNE	»	1,5	10,9	3,5	»
5	4,	2,9	5,8	3,6	4,4	2,3	NW	WNW	N	N	0,7	»	3,3	4,5
6	1,4	1,2	3,0	1,1	1,4	1,2	NNW	Calme	SW	S	0,5	0,0	3,7	21,8
7	2,5	0,3	6,5	3,9	1,0	—0,7	S	S	NW	NW	1,5	14,0	5,1	22,8
8	2,7	2,9	9,1	7,4	1,1	0,0	WNW	WNW	WSW	W	1,2	11,8	5,2	16,3
9	7,7	7,0	9,8	7,2	2,7	2,3	WSW	W	WSW	»	4,0	13,1	5,7	17,0
10	3,1	5,0	7,9	6,1	2,1	3,2	WSW	»	W	»	1,6	11,2	6,5	20,3
11	3,8	3,2	6,9	4,9	3,0	3,2	NW	»	NNW	»	4,0	19,1	6,0	19,2
12	2,6	2,4	3,0	2,4	2,5	2,0	NNE	»	NE	»	1,0	9,7	5,0	10,4
13	—1,9	—1,6	1,4	2,3	—1,9	—1,6	NNE	»	NE	»	1,4	5,3	4,0	8,2
14	—1,4	—4,0	—1,0	—4,0	—3,2	—4,0	E	»	ESE	»	1,8	6,0	4,3	12,3
15	—2,6	—5,0	5,9	7,0	—4,7	—5,0	SSE	»	SW	»	1,3	11,4	6,0	23,3
16	4,6	7,0	12,0	11,0	2,6	—5,0	Calme	»	WSW	»	0,0	11,7	5,4	23,0
17	9,8	9,7	13,0	12,0	4,6	3,2	SW	»	SW	»	3,7	21,0	6,0	21,9
18	4,5	5,0	8,8	5,3	4,5	4,0	WNW	N	W	NNW	3,6	16,7	6,5	21,3
19	2,5	2,8	8,8	5,8	2,5	2,8	WSW	N	SSW	WSW	1,7	8,6	5,5	18,9
20	6,6	4,5	9,8	8,4	2,5	2,8	SSW	WSW	SSW	SW	4,3	18,0	5,0	22,1
21	7,8	6,6	11,4	9,5	6,6	5,0	Calme	Calme	WSW	WSW	0,1	0,0	5,1	19,3
22	10,5	8,7	11,2	8,7	7,8	6,6	WSW	W	W	WSW	3,0	12,0	5,0	15,2
23	8.8	6,7	11,0	7,9	8,0	5,8	SW	WSW	WSW	W	3,3	13,2	4,5	13,6
24	7,6	5,1	13,0	10,0	7,6	4,7	SSW	SSW	WSW	WNW	3,5	9,7	6,2	25,8
25	6,0	4,5	10,4	7,1	6,0	4,5	WSW	W	NW	WNW	3,4	16,8	5,5	18,0
26	7,1	6,4	9,5	6,6	5,5	4,4	SW	WSW	W	SSW	1,7	8,4	6,0	17,4
27	5,3	3,2	8,4	4,9	5,3	2,8	W	WNW	SW	SW	2,6	10,5	6,5	21,2
28	1,6	0,0	5,0	2,0	0,0	—0,2	SW	W	NNW	N	1,0	8,7	4,7	18,0
29	1,7	—0,4	2,4	—0,6	0,0	—0,8	N	N	N	N	4,3	17,7	6,0	18,4
30	1,5	—0,6	2,8	—0,6	0,8	—2,0	NNW	NNW	NNW	N	4,0	7,0	5,3	14,1
31	1,8	—1,3	3,1	0,4	1,1	—1,3	NNW	N	ENE	E	0,6	5,2	4,4	11,2
Moy.	4°6	3°5	7°8	5°7	3°3	1°9					2m1	11m2	5m0	17m9

N° 2bis. — *Tableau comparatif des températures du B. C. M. et de la Tour.*

JANVIER 1900.

DATES	DIFFÉRENCES			MOYENNE des maxima et des minima			AMPLITUDES		
	A 7 HEURES DU MATIN	DES MAXIMA	DES MINIMA	B. C. M.	T. R.	DIFFÉRENCE	B. C. M.	T. R.	DIFFÉRENCE
1	1°2	— 1°2	0°4	8°0	8°4	— 0°4	6°7	8°3	—1°6
2	—0,1	1,7	1,4	9,9	8,3	1,6	5,0	4,7	0,3
3	2,7	4,1	2,7	9,4	6,0	3,4	3,0	1,6	1,4
4	2,1	3,0	2,5	8,1	5,3	2,8	1,8	1,3	0,5
5	1,9	2,2	2,1	5,1	2,9	2,2	1,4	1,3	0,1
6	0,2	1,9	0,2	2,2	1,1	1,1	1,6	0,1	1,5
7	2,2	2,6	1,7	3,2	1,6	1,6	5,5	4,6	0,9
8	— 0,2	1,7	1,1	5,1	3,7	1,4	8,0	7,4	0,6
9	0,7	2,6	0,4	6,2	4,7	1,5	7,1	4,9	2,2
10	—1,9	1,8	—1,1	5,0	4,6	0,4	5,8	2,9	2,9
11	0,6	2,0	— 0,2	4,9	4,0	0,9	3,9	1,7	2,2
12	0,2	0,6	0,5	2,7	2,2	0,5	0,5	0,4	0,1
13	—0,3	— 0,9	— 0,3	—0,2	0,3	— 0,5	3,3	3,9	— 0,6
14	2,6	3,0	0,8	— 2,2	—4,0	1,8	2,2	0,0	2,2
15	2,4	— 1,1	0,3	0,6	1,0	— 0,4	10,6	12,0	—1,4
16	—2,4	1,0	7,6	7,3	3,0	4,3	9,4	16,0	— 6,6
17	0,1	1,0	1,4	8,8	7,6	1,2	8,4	8,8	—0,4
18	— 0,5	3,5	0,5	6,6	4,6	2,0	4,3	1,3	3,0
19	—0,3	3,0	— 0,3	5,6	4,3	1,3	6,3	3,0	3,3
20	2,1	1,4	— 0,3	6,1	5,6	0,5	7,3	5,6	1,7
21	1,2	1,9	1,6	9,0	7,2	1,8	4,8	4,5	0,3
22	1,8	2,5	1,2	9,5	7,6	1,9	3,4	2,1	1,3
23	2,1	3,1	2,2	9,5	6,6	2,9	3,0	2,1	0,9
24	2,5	3,0	2,9	10,3	7,3	3,0	5,4	5,3	0,1
25	1,5	3,3	1,5	8,2	5,8	2,4	4,4	2,6	1,8
26	0,7	2,9	1,1	7,5	5,5	2,0	4,0	2,2	1,8
27	2,1	3,5	2,5	6,8	3,8	3,0	3,1	2,1	1,0
28	1,6	3,0	0,2	2,5	0,9	1,6	5,0	2,2	2,8
29	2,1	3,0	0,8	1,2	— 0,7	1,9	2,4	0,2	2,2
30	2,1	3,4	—1,2	1,8	—1,3	3,1	2,0	1,4	0,6
31	3,1	2,7	2,4	2,1	— 0,5	2,6	2,0	1,7	0,3
Moyennes.	1°1	2°1	1°4	5°5	3°8	1°7	4°5	3°8	0°7

N° 3. — *Données météorologiques.*

FÉVRIER 1900.

DATES	TEMPÉRATURES						DIRECTION DU VENT				VITESSE DU VENT			
	à 7 heures matin		maxima		minima		à 7 heures matin		pour la vitesse maxima		à 7 h. matin		maxima	
	B. C. M.	T. E.	B. C. M.	T. E.	B. C. M.	T. E.	B. C. M.	T. E.	B. C. M.	T. E.	B.C.M.	T. E.	B C.M.	T. E.
1	1°6	—1°2	4°1	2°3	1°6	1°4	ENE	E	ENE	NE	3ᵐ5	8ᵐ4	5ᵐ3	12ᵐ0
2	4,1	2,3	6,2	4,4	1,0	—1,6	ENE	ESE	SW	ESE	0,5	8,3	4,6	11,9
3	4,6	1,3	7,6	3,8	3,9	1,0	WSW	WSW	WSW	ESE	1,7	6,5	3,3	11,0
4	2,5	1,3	6,9	4,1	1,8	1,2	NE	ESE	ENE	ESE	1,6	9,2	4,0	10,3
5	4,1	3,4	8,4	6,7	2,5	1,0	NE	E	ENE	NE	1,6	2,0	3,9	10,6
6	4,3	2,9	4,3	2,0	4,1	2,7	NE	NE	NE	NNE	3,0	10,5	6,3	16,9
7	—1,1	—3,9	3,9	—0,8	—1,1	—3,9	N	NNE	NE	NE	2,4	11,6	4,0	13,0
8	—1,9	—2,3	3,4	—0,2	—1,9	—4,0	NE	NE	NE	E	1,8	12,9	6,1	13,3
9	—1,8	—3,6	2,3	1,0	—2,9	—3,6	ENE	E	NE	NE	3,4	10,3	6,0	10,7
10	—4,9	—5,0	3,3	0,7	—6,0	—5,0	NNW	NNE	WSW	SW	0,3	3,7	5,5	23,4
11	2,4	0,7	5,2	1,6	—4,9	—4,9	WSW	WSW	WSW	W	3,0	18,4	8,4	24,2
12	0,6	0,3	3,0	0,3	—1,2	0,1	E	ESE	E	ESE	1,7	12,8	5,6	19,3
13	—0,1	—2,2	11,1	12,4	—0,6	—2,2	NE	E	WSW	WSW	0,2	3,2	12,0	39,2
14	3,1	0,3	5,0	1,6	—0,1	—2,2	WSW	W	WSW	W	8,8	34,0	10,7	34,0
15	0,6	0,0	11,0	9,0	—0,2	0,0	SE	SE	S	SW	1,1	17,4	7,5	27,4
16	10,6	7,9	10,6	8,2	0,6	0,0	SW	SW	WSW	SW	5,9	24,0	9,0	25,0
17	6,8	4,0	10,5	7,9	4,5	3,2	S	SW	SW	SW	5,2	25,0	10,7	32,7
18	4,6	3,1	11,5	9,6	4,6	3,1	SW	SSW	SW	S	2,8	17,4	7,0	25,6
19	11,5	9,6	13,0	10,6	4,6	3,1	SW	S	SSW	S	5,5	21,3	9,9	30,7
20	6,7	4,4	11,5	7,4	6,7	4,4	SW	S	SW	SW	2,0	14,3	6,6	20,7
21	3,2	0,8	8,9	4,6	3,2	0,8	NW	WNW	NNW	S	2,3	15,7	5,2	18,4
22	4,2	1,8	13,0	9,1	3,1	0,4	S	SSE	SW	SW	1,1	11,7	4,3	17,0
23	11,0	9,0	15,0	14,5	4,2	1,8	SSW	SW	SSW	S	2,0	15,0	5,0	19,8
24	9,5	10,1	18,8	15,7	9,5	8,9	ESE	S	SSW	SSE	0,9	12,7	2,7	21,0
25	11,0	11,3	17,3	16,7	9,5	9,7	SSE	S	E	E	2,0	16,4	4,1	22,0
26	10,3	8,5	16,4	11,9	9,2	8,4	ESE	S	SSW	SSW	0,5	10,0	5,0	23,0
27	9,7	7,8	11,4	9,2	9,7	7,8	S	SSW	SSW	SSW	1,5	14,6	4,0	14,3
28	8,7	7,0	9,0	6,2	8,7	7,0	WSW	W	WSW	WNW	2,0	9,4	5,5	11,0
Moy.	4°5	2°8	9°0	6°5	2°6	1°4					2ᵐ4	13ᵐ5	6ᵐ2	19ᵐ9

N° 3bis. — *Tableau comparatif des températures du B. C. M. et de la Tour.*

FÉVRIER 1900.

DATES	DIFFÉRENCES			MOYENNE des maxima et des minima			AMPLITUDES		
	A 7 HEURES DU MATIN	DES MAXIMA	DES MINIMA	B. C. M.	T. E.	DIFFÉRENCE	B. C. M.	T. E.	DIFFÉRENCE
1	2°8	1°8	0°2	2°8	1°8	1°0	2°5	0°9	1°6
2	1,8	1,8	2,6	3,6	1,4	2,2	5,2	6,0	— 0,8
3	3,3	3,8	2,9	5,7	2,4	3,3	3,7	2,8	0,9
4	1,2	2,8	0,6	4,3	2,6	1,7	5,1	2,9	2,2
5	0,7	1,7	1,5	5,5	3,8	1,7	5,9	5,7	0,2
6	1,4	2,3	1,4	4,2	2,4	1,8	0,2	0,7	— 0,5
7	2,8	4,7	2,8	1,4	— 2,3	3,7	5,0	3,1	1,9
8	0,4	3,6	2,1	0,7	— 2,1	2,8	5,3	3,8	1,5
9	1,8	1,3	0,7	— 0,3	— 1,3	1,0	5,2	4,6	0,6
10	0,1	2,6	— 1,0	— 1,3	— 2,1	0,8	9,3	5,7	3,6
11	1,7	3,6	0,0	0,1	— 1,6	1,7	10,1	6,5	3,6
12	0,3	2,7	— 1,3	0,9	0,2	0,7	4,2	0,2	4,0
13	2,1	— 1,3	1,6	5,2	5,1	0,1	11,7	14,6	— 2,9
14	2,8	3,4	2,1	2,5	— 0,3	2,8	5,1	3,8	1,3
15	0,6	2,0	— 0,2	5,4	4,5	0,9	11,2	9,0	2,2
16	2,7	2,4	0,6	5,6	4,1	1,5	10,0	8,2	1,8
17	2,8	2,6	1,3	7,5	5,5	2,0	6,0	4,7	1,3
18	1,5	1,9	1,5	8,0	6,4	1,6	6,9	6,5	0,4
19	1,9	2,4	1,5	8,8	6,8	2,0	8,4	7,5	0,9
20	2,3	4,1	2,3	9,1	5,9	3,2	4,8	3,0	1,8
21	2,4	4,3	2,4	6,0	2,7	3,3	5,7	3,8	1,9
22	2,4	3,9	2,7	8,1	5,0	3,1	9,9	8,7	1,2
23	2,0	0,5	2,4	9,6	8,1	1,5	10,8	12,7	— 1,9
24	— 0,6	3,1	0,6	14,1	12,3	1,8	9,3	6,8	2,5
25	— 0,3	0,6	— 0,2	13,4	13,2	0,2	7,8	7,0	0,8
26	1,8	4,5	0,8	12,8	10,2	2,6	7,2	3,5	3,7
27	1,9	2,2	1,9	10,5	8,5	2,0	1,7	1,4	0,3
28	1,7	2,8	1,7	8,9	6,6	2,3	0,3	0,8	— 0,5
Moyennes.	1°7	2°5	1°2	5°8	3°9	1°9	6°4	5°1	1°3

N° 4. — *Données météorologiques.*

MARS 1900.

DATES	TEMPÉRATURES						DIRECTION DU VENT				VITESSE DU VENT			
	à 7 heures matin		maxima		minima		à 7 heures matin		pour la vitesse maxima		à 7 h. matin		maxima	
	B. C. M.	T. E.	B. C. M.	T. B.	D. G. M.	T. E.	B. C. M.	T. E	B. C. M.	T. B.	B.C.M.	T. E.	B.C.M.	T. E.
1	4°1	1°1	6°0	2°6	4°0	−0°3	NE	NNE	NE	NE	3ᵐ4	8ᵐ8	7ᵐ9	12ᵐ7
2	−1,2	−2,1	4,9	1,6	−2,0	−2,2	WNW	NW	NNE	NNW	3,0	7,0	5,6	13,0
3	1,5	−0,4	5,2	2,1	−1,2	−2,1	WNW	W	N	NW	2,0	3,4	6,0	16,1
4	0,4	−1,1	2,4	−1,1	0,1	−1,1	N	NNW	NE	N	3,8	9,5	8,0	14,0
5	−1,4	−3,8	2,6	0,1	−2,0	−3,8	N	N	NE	NNE	2,5	7,6	6,0	12,4
6	1,6	−1,2	3,1	0,3	−1,4	−3,8	NE	NNE	NE	NNW	3,0	4,7	5,6	9,7
7	2,6	0,3	5,2	2,2	1,6	−1,3	WNW	NNW	N	N	1,8	6,8	4,3	6,9
8	3,7	1,2	6,6	3,7	2,6	0,3	ENE	ENE	E	E	1,7	3,4	5,2	14,2
9	1,8	0,4	14,0	9,8	1,6	0,4	E	SE	SSW	SE	2,5	6,7	3,3	11,4
10	4,7	6,4	16,8	12,2	1,8	0,4	ESE	S	E	SSE	2,0	9,0	4,2	13,7
11	5,0	8,0	18,0	12,9	4,7	6,4	SSE	SSW	E	SSW	0,8	12,2	3,0	12,3
12	8,8	7,1	13,8	10,0	5,0	7,1	NE	E	ENE	NW	2,0	6,2	6,0	11,9
13	4,4	3,3	8,8	5,4	4,3	3,3	WNW	NW	NW	NNW	2,0	11,9	6,0	19,9
14	3,3	0,8	7,2	4,8	2,1	0,4	NW	NW	NNW	NNW	2,8	14,0	5,4	14,1
15	5,6	4,1	9,4	6,1	3,3	0,6	WSW	WNW	SW	SW	0,8	5,2	6,0	16,1
16	5,3	2,8	9,7	5,9	5,0	2,8	SW	SW	SW	SW	4,0	15,4	7,0	19,5
17	0,7	−1,0	7,3	2,9	0,4	−1,0	WNW	W	W	WNW	2,4	8,0	6,2	13,4
18	−0,6	0,2	9,0	4,2	−1,7	−1,3	WSW	WSW	SSE	SSE	1,0	8,0	4,8	27,0
19	6,2	4,0	8,7	5,6	−0,4	−1,0	SSE	SSE	S	S	3,0	24,0	5,0	22,5
20	2,4	3,0	12,0	7,8	2,4	1,1	S	SSW	E	E	2,0	2,0	4,3	17,7
21	3,8	2,8	10,8	11,1	1,5	1,0	ENE	E	ENE	E	3,4	14,2	7,7	26,4
22	6,5	4,0	14,0	9,1	3,8	2,8	SSE	SSW	E	E	1,0	4,0	5,5	15,7
23	5,7	4,4	9,8	6,3	5,5	4,0	ESE	S	NNE	NNE	0,2	4,6	5,4	14,4
24	3,1	0,2	4,0	1,0	3,1	0,2	N	NNE	N	N	4,7	13,7	5,0	14,4
25	1,0	−1,5	4,0	0,8	1,0	−1,5	N	N	NNE	N	3,8	12,0	6,0	14,0
26	1,9	−0,1	6,5	3,5	0,6	−1,6	W	W	W	W	1,8	9,7	4,5	10,6
27	0,4	1,5	9,6	6,7	−1,0	−0,7	Calme	SW	WNW	NNW	0,0	2,0	5,8	10,3
28	−0,4	1,5	9,4	3,4	−1,5	−1,0	WSW	WSW	SSW	WSW	0,9	7,0	4,8	9,0
29	1,7	1,4	6,0	3,1	−0,4	−0,6	W	NNE	NNE	N	1,5	3,1	4,3	12,8
30	0,5	0,5	6,8	3,5	0,5	0,0	NW	N	NE	NNE	2,5	10,8	5,3	17,2
31	1,7	0,2	9,0	4,0	0,5	0,2	NNE	NNE	NNE	N	2,7	10,8	6,6	17,6
Moy.	2°7	1°5	8°4	4°9	1°4	0°2					2ᵐ2	8ᵐ6	5ᵐ5	14ᵐ9

Nᵒ 4ᵇⁱˢ. — *Tableau comparatif des températures du B. C. M. et de la Tour.*

MARS 1900.

DATES	DIFFÉRENCES			MOYENNE des maxima et des minima			AMPLITUDES		
	A 7 HEURES DU MATIN	DES MAXIMA	DES MINIMA	B. C. M.	T. R.	DIFFÉRENCE	B. C. M.	T. R.	DIFFÉRENCE
1	3°0	3°4	4°3	5°0	1°2	3°8	2°0	2°9	—0°9
2	0,9	3,3	0,2	1,4	—0,3	1,7	6,9	3,8	3,1
3	1,9	3,1	0,9	2,0	2,1	—0,1	6,4	4,2	2,2
4	1,5	3,5	1,2	1,2	—1,1	2,3	2,3	2,2	0,1
5	2,4	2,5	1,8	0,3	—1,9	2,2	4,6	3,9	0,7
6	2,8	2,8	2,4	0,8	—1,8	2,6	4,5	4,1	0,4
7	2,3	3,0	2,9	3,4	0,4	3,0	3,6	3,5	0,1
8	2,5	2,9	2,3	4,6	2,0	2,6	4,0	3,4	0,6
9	1,4	4,2	1,2	7,8	5,1	2,7	12,4	9,4	3,0
10	—1,7	4,6	1,4	9,3	6,3	3,0	15,0	11,8	3,2
11	—3,0	5,1	—1,7	11,4	9,6	1,8	13,3	6,5	6,8
12	1,7	3,8	—2,1	9,4	8,5	0,9	8,8	2,9	5,9
13	1,1	3,4	1,0	6,5	4,4	2,1	4,5	2,1	2,4
14	2,5	2,4	1,7	4,6	2,6	2,0	5,1	4,4	0,7
15	1,5	3,3	2,7	6,4	3,3	3,1	6,1	5,5	0,6
16	2,5	3,8	2,2	7,3	4,3	3,0	4,7	3,1	1,6
17	1,7	4,4	1,4	3,8	0,9	2,9	6,9	3,9	3,0
18	—0,8	4,8	—0,4	3,2	1,4	1,8	10,7	5,5	5,2
19	2,2	3,1	0,6	4,2	2,3	1,9	9,1	6,6	2,5
20	—0,6	4,2	1,3	7,2	4,5	2,7	9,6	6,7	2,9
21	1,0	—0,3	0,5	6,2	6,0	0,2	9,3	10,1	—0,8
22	2,5	4,9	1,0	8,9	6,0	2,9	10,2	6,3	3,9
23	1,3	3,5	1,5	7,6	5,1	2,5	4,3	2,3	2,0
24	2,9	3,0	2,9	3,5	0,6	2,9	0,9	0,8	0,1
25	2,5	3,2	2,5	2,5	—0,3	2,8	3,0	2,3	0,7
26	2,0	3,0	2,2	3,5	0,9	2,6	5,9	5,1	0,8
27	—1,1	2,9	—0,3	4,3	3,0	1,3	10,6	7,4	3,2
28	—1,9	6,0	—0,5	3,9	1,2	2,7	10,9	4,4	6,5
29	0,3	2,9	0,2	2,8	1,2	1,6	6,4	3,7	2,7
30	0,0	3,3	0,5	3,6	1,7	1,9	6,3	3,5	2,8
31	1,5	5,0	0,3	4,7	2,1	2,6	8,5	3,8	4,7
Moyennes.	1°2	3°5	1°2	4°9	2°5	2°4	7°0	4°7	2°3

N° 5. — *Données météorologiques.*

Avril 1900.

DATES	TEMPÉRATURES						DIRECTION DU VENT				VITESSE DU VENT			
	à 7 heures matin		maxima		minima		à 7 heures matin		pour la vitesse maxima		à 7 h. matin		maxima	
	B. C. M.	T. E.	B. C. M.	T. E.	B. C. M.	T. E.	B. C. M.	T. E.	B. C. M.	T. E.	B.C.M.	T. E.	B.C.M.	T. E.
1	0°5	—1°0	6°0	2°2	—0°2	—1°0	NNE	N	NE	NNW	2m8	4m6	4m6	12m7
2	0,9	—1,1	7,0	2,6	0,4	—1,1	NE	NNE	ENE	N	2,3	8,0	5,5	11,7
3	2,5	2,0	9,6	6,1	0,9	—1,1	SW	W	SW	SSW	2,2	9,0	6,5	23,2
4	7,5	5,6	13,0	8,8	2,5	2,4	WSW	W	W	WNW	3,1	14,0	5,9	19,0
5	5,0	3,8	12,5	7,9	4,8	3,6	SW	WSW	W	WNW	2,1	12,8	5,3	14,2
6	5,7	3,9	12,9	7,9	5,0	3,7	W	WNW	WSW	S	2,2	11,4	5,8	14,2
7	5,5	2,9	10,7	7,0	4,2	2,4	ESE	SSE	NNE	NNE	1,9	9,7	5,5	17,4
8	5,3	2,4	8,3	4,5	4,7	2,4	N	N	NW	N	4,0	13,3	5,7	15,4
9	4,7	4,4	13,0	8,4	4,7	2,4	W	NW	W	WNW	1,0	8.8	4,5	13,7
10	6,9	5,6	12,8	7,6	4,7	3,6	WSW	W	WNW	SW	1,5	10,0	5,0	18,0
11	7,0	6,1	13,8	8,3	5,4	3,5	SSW	SW	SSW	SW	2,5	14,4	7,5	25,9
12	9,5	7,2	16,4	12,3	7,0	7,0	W	WNW	»	SW	4,0	14,0	»	23,0
13	12,0	9,6	15,9	11,6	9,5	7,8	WSW	SW	WSW	W	?	20,0	9,5	25,0
14	7,0	4,2	18,3	14,7	6,2	4,1	SW	W	SW	SW	3,0	7,0	5,4	14,3
15	10,9	11,3	24,2	20,3	8,0	10,0	SW	SW	WNW	WNW	1,1	7,8	7,0	24,0
16	8,2	5,1	15,0	11,0	7,3	5,1	WSW	WSW	W	W	3,0	10,6	8,4	30,2
17	6,7	5,3	14,7	10,5	6,0	5,0	NW	NW	WNW	W	3,4	11,2	6,0	15,2
18	9,2	7,2	16,4	12,9	6,7	5.8	NW	WNW	NE	ENE	1,1	7,7	5,2	13,0
19	7,8	7,4	17,6	14,0	6,2	6,3	NE	ENE	ENE	ESE	3,5	11,4	6,9	19,0
20	10,3	8,7	21,6	18,0	7,8	8,2	ENE	ESE	E	ESE	3,3	14,0	5,5	18,5
21	12,3	13,2	25,0	21,1	8,3	12,0	Calme	SSE	ENE	NNE	0,0	9,2	3,7	9,5
22	14,3	17,8	27,4	21,9	11,6	15,7	NW	NE	NW	NNW	1,1	8,0	4,6	15,3
23	12,0	13,5	23,8	19,4	10,3	12,1	NW	NNE	NE	NE	0,8	2,8	5,3	13,1
24	7,9	5,9	18,0	14,3	7,0	5,2	NNE	NE	NE	»	2,3	10,0	4,8	»
25	6,3	4,5	16,5	12,6	4,7	4,2	NW	»	NNE	NNE	1,0	»	»	16,3
26	4,1	1,9	13,0	9,7	2,9	0,9	ENE	NE	ENE	NNE	4,5	10,8	6,0	15,3
27	5,6	4,9	16,0	12,3	3,8	3,2	NNE	NNE	NNE	»	0,5	8,0	5,0	15,0
28	5,5	3,4	15,1	11,2	4,3	2,2	NNE	»	NE	N	3,0	»	6,0	12,0
29	5,8	6,7	19,1	14,2	4,0	4,6	NW	N	NW	NW	0,5	7,0	3,8	13,4
30	7,0	5,0	19,1	14,7	5,8	4,2	WSW	W	W	NW	3,0	7,1	3,6	9,3
Moy.	7°1	5°9	15°8	11°6	5°5	4°8					2m2	10m1	6m0	16m8

N° 5bis. — *Tableau comparatif des températures du B. C. M. et de la Tour.*

AVRIL 1900.

DATES	DIFFÉRENCES			MOYENNE des maxima et des minima			AMPLITUDES		
	A 7 HEURES DU MATIN	DES MAXIMA	DES MINIMA	B. C. M.	T. E.	DIFFÉRENCE	B. C. M.	T. E.	DIFFÉRENCE
1	1°5	3°8	0°8	2°9	0°6	2°3	6°2	3°2	3°0
2	2,0	4,4	1,5	3,7	0,7	3,0	6,6	3,7	2,9
3	0,5	3,5	2,0	5,2	2,5	2,7	8,7	7,2	1,5
4	1,9	4,2	0,1	7,7	5,6	2,1	10,5	6,4	4,1
5	1,2	4,6	1,2	8,6	5,8	2,8	7,7	4,3	3,4
6	1,8	5,0	1,3	8,9	5,8	3,1	7,9	4,2	3,7
7	2,6	3,7	1,8	7,5	4,7	2,8	6,5	4,6	1,9
8	2,9	3,8	2,3	6,5	3,5	3,0	3,6	2,1	2,5
9	0,3	4,6	2,3	8,8	5,4	3,4	8,3	6,0	2,3
10	1,3	5,2	1,1	8,8	5,8	3,0	8,1	4,0	4,1
11	0,9	5,5	1,9	9,6	5,9	3,7	8,4	4,8	3,6
12	2,3	4,1	0,0	11,7	9,7	2,0	9,4	5,3	4,1
13	2,4	4,3	1,7	12,5	9,7	2,8	6,4	3,8	2,6
14	2,8	3,6	2,1	12,2	9,4	2,8	12,1	10,6	1,5
15	—0,4	3,9	—2,0	16,1	15,1	1,0	16,2	10,3	5,9
16	3,1	4,0	2,2	11,1	8,0	3,1	7,7	5,9	1,8
17	1,4	4,2	1,0	10,3	7,7	2,6	8,7	5,5	3,2
18	2,0	3,5	0,9	11,6	9,3	2,3	9,7	7,1	2,6
19	0,4	3,6	—0,1	11,9	10,2	1,7	11,4	7,7	3,7
20	1,6	3,6	—0,4	14,7	13,1	1,6	13,8	9,8	4,0
21	—0,9	3,9	—3,7	16,7	16,5	0,2	16,7	9,1	7,6
22	—3,5	5,5	—4,1	19,5	18,8	0,7	15,8	6,2	9,6
23	—1,5	4,4	—1,8	17,0	15,7	1,3	13,5	7,3	6,2
24	2,0	3,7	1,8	12,5	9,8	2,7	11,0	9,1	1,9
25	1,8	3,9	0,5	10,6	8,4	2,2	11,8	8,4	3,4
26	2,2	3,3	2,0	7,9	5,3	2,6	10,1	8,8	1,3
27	0,7	3,7	0,6	9,9	7,8	2,1	12,2	9,1	3,1
28	2,1	3,9	2,1	9,7	6,7	3,0	10,8	9,0	1,8
29	—0,9	4,9	—0,6	11,6	9,4	2,2	15,1	9,6	5,5
30	2,0	4,4	1,6	12,5	9,4	3,1	13,3	10,5	2,8
Moyennes.	1°2	4°2	0°7	10°7	8°2	2°5	10°3	6°8	3,5

N° 6. — *Données météorologiques.*

Mai 1900.

DATES	TEMPÉRATURES						DIRECTION DU VENT				VITESSE DU VENT			
	à 7 heures matin		maxima		minima		à 7 heures matin		pour la vitesse maxima		à 7 h. matin		maxima	
	B. C. M.	T. E.	B. C. M.	T. E.	B. C. M.	T. E.	B. C. M.	T. E.	B. C. M.	T. E.	B.C.M.	T. E.	B.C.M.	T. E.
1	12°2	8°6	19°0	15°3	7°0	*8°3*	Calme	NNW	WSW	ESE	0ᵐ0	6ᵐ0	3ᵐ4	10ᵐ7
2	13,2	*14,0*	23,4	19,2	9,1	*10,8*	E	SE	SW	SSW	0,1	6,0	3,1	14,5
3	15,0	12,2	20,0	16,1	10,1	*11,5*	SSW	SSW	SSW	SW	2,0	14,0	7,4	16,4
4	12,1	11,2	20,7	17,6	7,5	*8,1*	W	W	S	S	0,7	4,3	4,2	8,2
5	14,1	*15,0*	26,0	22,2	9,7	*13,4*	ESE	SSE	»	»	0,0	4,4	3,0	»
6	17,8	17,7	28,0	24,2	13,6	*17,2*	»	»	SW	N	0,7	»	7,0	23,0
7	14,1	11,0	19,0	18,5	13,3	11,0	SSW	WNW	NW	SSW	2,3	8,0	4,0	15,3
8	11,6	11,6	15,0	11,6	11,1	*11,6*	WNW	S	SW	W	2,8	12,8	5,3	16,2
9	10,0	5,9	18,9	15,2	8,5	5,5	WSW	WNW	SW	WNW	2,3	8,2	4,5	10,3
10	11,6	10,2	20,3	16,2	8,9	*9,2*	NW	NNE	N	N	0,3	5,8	4,8	9,7
11	9,4	4,7	16,4	13,4	9,2	4,4	NNE	N	NE	N	1,7	1,8	1,6	9,2
12	9,2	3,4	18,0	13,8	7,5	3,4	NE	N	NE	NE	3,9	4,2	5,7	13,5
13	8,2	3,4	15,0	11,5	5,6	1,8	NE	NE	NE	NNE	4,0	9,2	8,5	25,9
14	7,7	5,4	12,2	9,7	7,0	3,4	NE	NNE	ENE	NE	6,7	16,0	10,0	28,0
15	7,7	3,8	14,1	9,2	5,0	2,9	NE	NNE	NE	NNW	4,9	16,0	9,0	21,2
16	7,2	3,8	15,0	10,9	5,8	3,0	NE	NE	NE	NE	2,3	5,1	7,0	16,0
17	8,3	4,6	16,4	12,7	6,0	4,4	NE	NE	NE	NNE	4,0	11,2	5,9	16,0
18	9,0	7,5	19,2	14,6	7,0	4,6	N	NNE	NE	»	1,5	5,7	6,5	12,2
19	8,1	5,0	14,3	10,8	7,7	5,0	NNE	»	NNE	»	6,0	6,7	5,8	10,5
20	5,9	*6,8*	18,0	15,6	5,3	4,8	S	»	E	»	1,5	1,5	3,0	6,6
21	12,9	12,3	21,9	17,8	5,9	7,0	SE	»	SW	»	0,2	6,0	4,9	16,0
22	14,0	11,4	24,0	20,8	11,2	10,5	SSW	»	SSW	WSW	2,2	10,0	6,5	16,0
23	13.9	10,5	20,8	16,3	12,0	10,1	SW	WSW	SW	NW	3,1	6,8	6,7	16,5
24	11,1	8,1	15,9	12,2	10,0	7,7	SSW	WSW	WSW	SSW	2,9	9,0	5,0	13,9
25	10,4	7,8	17,8	12,9	9,3	6,6	WNW	NW	NW	NW	1,0	8,0	6,5	13,6
26	8,4	6,0	17,0	14,7	7,2	6,0	NE	N	NE	NE	2,6	2,2	5,4	11,0
27	11,2	10,8	21,2	17,6	7,9	6,5	NNE	NE	NE	NNE	1,4	5,7	4,2	6,4
28	14,9	*15,0*	24,5	19,5	10,3	9,8	NNE	Calme	NNW	NNW	0,3	0,0	4,7	12,4
29	13,3	10,4	21,7	18,4	9,5	*10,4*	NNE	NNE	NNW	NNW	1,4	5,2	5,5	13,3
30	10,6	7,7	14,5	11,0	10,0	7,1	NNW	N	N	N	3,6	8,2	5,4	11,6
31	11,1	7,8	14,1	10,8	10,0	7,6	NE	NNE	NNW	NNW	4,0	8,3	5,0	12,5
Moy.	11°1	8°8	18°8	15°2	8°7	7°5					2ᵐ3	7ᵐ2	5ᵐ5	14ᵐ2

N° 6ᵇⁱˢ. — *Tableau comparatif des températures du B. C. M. et de la Tour.*

MAI 1900.

DATES	DIFFÉRENCES			MOYENNE des maxima et des minima			AMPLITUDES		
	A 7 HEURES DU MATIN	DES MAXIMA	DES MINIMA	B. C. M.	T. E.	DIFFÉRENCE	B. C. M.	T. E.	DIFFÉRENCE
1	3°6	3°7	— 1°3	13°0	11°8	1°2	12°0	7°0	5°0
2	— 0,8	4,2	— 1,7	16,2	15,0	1,2	14,3	8,4	5,9
3	2,8	3,9	— 1,4	15,0	13,8	1,2	9,9	4,6	5,3
4	0,9	3,1	— 0,6	14,1	12,8	1,3	13,2	9,5	3,7
5	— 0,9	3,8	— 3,7	17,8	17,8	0,0	16,3	8,8	7,5
6	0,1	3,8	— 3,6	20,8	20,7	0,1	14,4	7,0	7,4
7	3,1	0,5	2,3	16,1	14,7	1,4	5,7	7,5	— 1,8
8	0,0	3,4	— 0,5	13,0	11,6	1,4	3,9	0,0	3,9
9	4,1	3,7	3,0	13,7	10,3	3,4	10,4	9,7	0,7
10	1,4	4,1	— 0,3	14,6	12,7	1,9	11,4	7,0	4,4
11	4,7	3,0	4,8	12,8	8,9	3,9	7,2	9,0	— 1,8
12	5,8	4,2	4,1	12,7	8,6	4,1	10,5	10,4	0,1
13	4,8	3,5	3,8	10,3	6,6	3,7	9,4	9,7	— 0,3
14	2,3	2,5	3,6	9,6	6,5	3,1	5,2	6,3	— 1,1
15	3 9	4,9	2,1	9,5	6,0	3,5	9,1	6,3	2,8
16	3,4	4,1	2,8	10,4	6,9	3,5	9,2	7,9	1,3
17	3,7	3,7	1,6	11,2	8,5	2,7	10,4	8,3	2,1
18	1,5	4,6	2,4	13,1	9,6	3,5	12,2	10,0	2,2
19	3,1	3,5	2,7	11,0	7,9	3,1	6,6	5,8	0,8
20	— 0,9	2,4	0,5	11,6	10,2	1,4	12,7	10,8	1,9
21	0,6	4,1	— 1,1	13,9	12,4	1,5	16,0	10,8	5,2
22	2,6	3,2	0,7	17,6	15,6	2,0	12,8	10,3	2,5
23	3,4	4,5	1,9	16,4	13,2	3,2	8,8	6,2	2,6
24	3,0	3,7	2,3	12,9	9,9	3,0	5,9	4,5	1,4
25	2,6	4,9	2,7	13,5	9,7	3,8	8,5	6,3	2,2
26	2,4	2,3	1,2	12,1	10,3	1,8	9,8	8,7	1,1
27	0,4	3,6	1,4	14,5	12,0	2,5	13,3	11,1	2,2
28	— 0,1	5,0	0,5	17,4	14,6	2,8	14,2	9,7	4,5
29	2,9	3,3	— 0,9	15,6	14,4	1 2	12,2	8,0	4,2
30	2,9	3,5	2,9	12,2	9,0	3,2	4,5	3,9	0,6
31	3,3	3,3	2,4	12,0	9,2	2,8	4,1	3,2	0,9
Moyennes.	2°3	3°6	1°2	13°7	11°4	2°3	10°1	7°7	2,4

N° 7. — *Données météorologiques.*

JUIN 1900.

DATES	TEMPÉRATURES						DIRECTION DU VENT				VITESSE DU VENT			
	à 7 heures matin		maxima		minima		à 7 heures matin		pour la vitesse maxima		à 7 h. matin		maxima	
	B. C. M.	T. E.	B. C. M.	T. B.	B. C. M.	T. E.	B. C. M.	T. E.	B. C. M.	T. E.	B.C.M.	T. E.	B.C.M.	T. E.
1	11°3	9°3	15°0	11°5	10°7	7°9	NW	N	N	SE	2ᵐ1	8ᵐ3	4ᵐ7	8ᵐ3
2	15,0	12,0	23,2	19,0	11,5	9,3	ESE	Calme	NW	NNE	0,9	0,0	4,2	11,2
3	16,8	14,0	25,3	22,0	13,0	11,6	NNE	NNE	NNE	NNE	3,1	10,3	7,8	22,8
4	19,0	16,0	28,8	24,1	16,2	14,0	N	N	NE	»	2,5	7,5	5,9	18,4
5	16,3	12,6	26,0	22,0	14,6	12,3	NNW	»	NW	W	3,0	4,8	6,0	14,2
6	14,0	10,5	24,5	20,5	12,5	10,3	NW	W	NNW	W	2,0	6,2	5,0	11,5
7	13,4	10,4	20,2	16,8	11,4	9,6	W	WSW	WSW	WSW	2,7	5,1	4,7	13,4
8	14,2	11,1	21,1	16,4	11,0	10,1	WSW	WSW	WSW	WSW	4,0	9,0	5,4	12,3
9	16,3	15,2	25,0	22,2	12,1	13,2	SW	WSW	SSW	SE	0,5	5,2	4,2	16,3
10	19,4	16,1	30,0	26,6	14,5	14,8	ESE	SE	ESE	SE	2,0	9,3	4,4	11,7
11	21,1	22,0	31,4	28,9	18,5	16,1	ESE	SSE	S	S	1,3	3,5	4,2	12,0
12	21,5	21,0	31,1	26,8	18,7	20,0	S	S	SSW	»	1,5	10,0	5,1	19,5
13	15,0	12,4	21,1	17,8	15,0	11,6	WSW	»	WSW	WSW	2,5	6,2	6,7	16,9
14	15,0	11,9	21,2	17,8	11,7	10,3	SW	W	WSW	SSW	1,5	2,5	4,5	13,2
15	15,7	13,4	22,7	19,2	15,0	13,4	SSW	SW	WSW	SW	2,5	6,5	5,7	16,2
16	17,0	13,1	24,8	24,1	15,0	12,2	W	WSW	W	»	2,3	6,4	4,2	7,1
17	21,0	18,6	27,7	23,5	16,6	13,0	SSE	NW	NNW	NNE	0,5	4,0	4,3	10,4
18	16,2	12,4	25,5	20,7	13,5	12,0	NW	NNE	N	N	1,0	2,0	4,4	11,4
19	20,6	17,5	28,5	24,6	16,2	14,8	SE	SE	WSW	»	0,2	5,0	5,0	13,0
20	18,5	15,6	23,0	19,3	16,3	14,6	WSW	»	WSW	WNW	4,0	7,6	5,4	11,7
21	15,3	13,1	19,9	16,3	15,0	13,1	SSW	SW	WSW	WSW	1,3	3,8	6,0	19,6
22	15,5	12,3	22,8	17,9	13,5	11,4	WSW	WSW	WSW	»	4,0	12,0	6,0	»
23	15,1	11,7	19,3	15,2	13,2	10,3	WSW	»	W	NW	5,0	»	7,0	21,0
24	15,8	12,9	22,5	18,6	11,5	9,2	W	W	WSW	ENE	2,0	»	5,1	15,0
25	15,5	12,6	20,3	16,3	14,2	11,7	SSW	ENE	WSW	»	3,5	13,2	8,0	»
26	14,0	10,6	19,0	14,5	13,0	10,1	W	»	W	»	3,0	»	5,7	15,0
27	14,5	11,4	21,0	17,0	10,1	10,6	NW	»	NW	»	1,7	4,7	4,2	8,2
28	14,4	13,0	22,0	19,0	12,0	12,0	N	»	NE	W	1,4	1,8	3,5	7,6
29	17,2	19,0	27,4	24,8	12,5	15,2	Calme	NNW	SW	WSW	0,0	2,0	4,3	15,0
30	18,1	15,2	20,5	18,4	16,2	15,2	WSW	WSW	SW	WSW	2,8	11,3	6,4	18,4
Moy.	16°4	13°9	23°7	20°1	13°8	12°3					2ᵐ2	6ᵐ2	5ᵐ3	14ᵐ0

N° 7bis. — *Tableau comparatif des températures du B. C. M. et de la Tour.*

JUIN 1900.

DATES	DIFFÉRENCES			MOYENNE des maxima et des minima			AMPLITUDES		
	A 7 HEURES DU MATIN	DES MAXIMA	DES MINIMA	B. C. M.	T. E.	DIFFÉRENCE	B. C. M.	T. E.	DIFFÉRENCE
1	2°0	3°5	2°8	12°8	9°7	3°1	4°3	3°6	0°7
2	3,0	4,2	2,2	17,4	14,2	3,2	11,7	9,7	2,0
3	2,8	3,3	1,4	19,1	16,8	2,3	12,3	10,4	1,9
4	3,0	4,7	2,2	22,5	19,0	3,5	12,6	10,1	2,5
5	3,7	4,0	2,3	20,3	17,0	3,3	11,4	9,7	1,7
6	3,5	4,0	2,2	18,5	15,4	3,1	12,0	10,2	1,8
7	3,0	3,4	1,8	15,8	13,2	2,6	8,8	7,2	1,6
8	3,1	4,7	0,9	16,0	13,2	2,8	10,1	6,3	3,8
9	1,1	2,8	— 1,1	18,5	17,7	0,8	12,9	9,0	3,9
10	3,3	3,4	— 0,3	22,3	20,7	1,6	15,5	11,8	3,7
11	— 0,9	2,5	2,4	24,9	22,5	2,4	12,9	12,8	0,1
12	0,5	4,3	— 1,3	24,9	23,4	1,5	12,4	6,8	5,6
13	2,6	3,3	3,4	18,0	14,7	3,3	6,1	6,2	— 0,1
14	3,1	3,4	1,4	16,4	14,0	2,4	9,5	7,5	2,0
15	2,3	3,5	1,6	18,9	16,3	2,6	7,7	5,8	1,9
16	3,9	0,7	2,8	19,9	18,2	1,7	9,8	11,9	— 2,1
17	2,4	4,2	3,6	22,1	18,2	3,9	11,1	10,5	0,6
18	3,8	4,8	1,5	19,5	16,3	3,2	12,0	8,7	3,3
19	3,1	3,9	1,4	22,3	19,7	2,6	12,3	9,8	2,5
20	2,9	3,7	1,7	19,7	16,9	2,8	6,7	4,7	2,0
21	2,2	3,6	1,9	17,4	14,7	2,7	4,9	3,2	1,7
22	3,2	4,9	2,1	18,2	14,7	3,5	9,3	6,5	2,8
23	3,4	4,1	2,9	16,2	12,7	3,5	6,1	4,9	1,2
24	2,9	3,9	2,3	17,0	13,9	3,1	11,0	9,4	1,6
25	2,9	4,0	2,5	17,3	14,0	3,3	6,1	4,6	1,5
26	3,4	4,5	2,9	16,0	12,3	3,7	6,0	4,4	1,6
27	3,1	4,0	— 0,5	15,6	13,8	1,8	10,9	6,4	4,5
28	1,4	3,0	0,0	17,0	15,5	1,5	10,0	7,0	3,0
29	— 1,8	2,6	— 2,7	19,9	20,0	— 0,1	14,9	9,6	5,3
30	2,9	2,1	1,0	18,4	18,8	— 0,4	4,3	3,2	1,1
Moyennes.	2°5	3°6	1°5	18°7	16°2	2°5	9°9	7°8	2°1

28

N° 8. — *Données météorologiques.*

Juillet 1900.

DATES	TEMPÉRATURES						DIRECTION DU VENT				VITESSE DU VENT			
	à 7 heures matin		maxima		minima		à 7 heures matin		pour la vitesse maxima		à 7 h. matin		maxima	
	B. C. M.	T. E.	B. C. M.	T. R.	B. C. M.	T. E.	B. C. M.	T. E.	B. C. M.	T. E.	B.C.M.	T. E.	B.C.M.	T. E.
1	16°4	14°3	22°5	19°3	15°3	14°3	SW	SW	SSW	W	3ᵐ0	15ᵐ5	5ᵐ6	17ᵐ0
2	19,7	19,2	26,9	23,4	16,4	14,3	SSW	»	SW	»	4,6	11,0	8,0	23,7
3	15,7	12,4	21,7	19,0	13,4	11,7	W	»	NW	»	2,9	7,3	4,5	11,6
4	14,7	12,8	22,7	17,6	11,8	11,9	NW	»	NNW	NW	2,0	4,7	5,0	11,6
5	15,7	14,0	25,0	20,6	11,0	13,0	NW	N	WNW	»	0,2	4,0	4,6	12,6
6	17,0	13,7	21,2	17,0	15,6	13,0	WSW	»	NW	NW	2,9	12,0	6,9	16,7
7	14,5	10,1	18,6	15,2	12,2	9,9	NW	NW	N	»	4,0	10,0	7,4	17,7
8	12,7	9,4	18,6	14,8	9,0	9,0	NNW	»	N	»	2,7	11,8	6,0	13,6
9	14,3	11,4	23,2	18,5	12,5	9,4	SW	»	W	»	1,2	5,5	5,5	10,0
10	17,6	14,2	28,0	23,8	13,0	11,4	WNW	»	ENE	»	1,3	4,8	3,3	14,3
11	20,7	17,1	29,2	24,4	16,3	14,3	SSE	»	E	»	1,2	7,7	5,8	19,0
12	19,1	15,2	30,9	28,1	16,8	14,6	E	»	E	»	3,2	4,3	3,7	12,4
13	21,5	19,7	30,3	26,3	18,3	15,2	W	»	W	»	0,4	2,7	4,6	8,6
14	22,1	18,8	30,7	26,5	18,3	17,0	E	»	ENE	»	1,0	2,0	3,8	11,2
15	21,0	18,2	33,0	28,4	15,3	16,9	ENE	»	ENE	»	3,7	7,9	3,9	10,9
16	26,1	24,5	36,4	32,5	21,5	17,5	ENE	»	SW	»	0,5	4,8	5,4	14,9
17	21,9	19,0	30,9	26,1	20,5	19,0	NNW	»	NE	NE	2,8	5,2	4,6	12,2
18	21,3	20,2	32,0	27,8	18,4	18,0	NE	ENE	ENE	SE	2,6	6,2	3,7	12,4
19	23,6	25,8	36,3	32,3	20,0	19,6	ENE	S	E	E	3,7	2,2	4,1	17,9
20	26,6	25,2	38,3	34,3	23,4	24,5	E	SSE	NW	N	0,7	5,4	6,1	13,8
21	23,6	19,9	33,1	28.8	20,0	19,9	WNW	NNW	NE	N	1,6	6,8	»	13,0
22	21,0	17,4	29,5	24,4	17,8	16,4	NE	E	»	NNW	2,0	2,0	»	10,8
23	18,9	16,5	28,9	25,8	16,5	14,8	NW	NE	»	N	»	2,5	»	9,2
24	20,7	21,4	31,2	26,9	18,9	19,9	»	NE	ENE	SE	»	3,5	4,7	12,3
25	23,6	23,0	35,9	32,6	20,2	19,8	E	SSE	ENE	N	0,6	4,8	3,2	8,4
26	22,1	20,0	33,3	28,4	20,6	19,6	NW	NNW	ENE	N	3,0	7,5	5,3	10,1
27	21,8	21,5	36,1	31,0	19,8	18,2	ENE	E	E	SE	3,9	5,0	7,4	15,8
28	23,8	20,2	30,0	25,9	21,5	19,3	SSW	W	W	S	2,6	3,6	6,5	12,5
29	21,0	20,7	22,4	20,6	17,7	17,1	NE	W	NNW	NW	3,3	5,0	5,3	11,2
30	18,5	15,4	24,3	19,9	15,4	14,2	WSW	NW	WNW	WNW	3,6	6,7	6,2	14,1
31	16,8	13,6	25,9	21,8	14,5	13,6	NW	NNW	NW	S	3,5	5,5	4,0	6,0
Moy.	19°8	17°6	28°6	24°6	16°8	15°7					2ᵐ4	6ᵐ1	5ᵐ2	13ᵐ1

Nº 8bis. — *Tableau comparatif des températures du B. C. M. et de la Tour.*

JUILLET 1900.

DATES	DIFFÉRENCES			MOYENNE des maxima et des minima			AMPLITUDES		
	A 7 HEURES DU MATIN	DES MAXIMA	DES MINIMA	B. C. M.	T. E.	DIFFÉRENCE	B. C. M.	T. E.	DIFFÉRENCE
1	2°1	3°2	1°0	18°9	16°8	2°1	7°2	5°0	2°2
2	0,5	3,5	2,1	21,7	18,9	2,8	10,5	9,1	1,4
3	3,3	2,7	1,7	17,6	15,4	2,2	8,3	7,3	1,0
4	1,9	5,1	—0,1	17,2	14,8	2,4	10,9	5,7	5,2
5	1,7	4,4	—2,0	18,0	16,8	1,2	14,0	7,6	6,4
6	3,3	4,2	2,6	18,4	20,0	—1,6	5,6	4,0	1,6
7	4,4	3,4	2,3	15,4	12,5	2,9	6,4	5,3	1,1
8	3,3	3,8	0,0	13,8	11,9	1,9	9,6	5,8	3,8
9	2,9	4,7	3,1	17,8	23,9	—6,1	10,7	9,1	1,6
10	3,4	4,2	1,6	20,5	17,6	2,9	15,0	12,4	2,6
11	3,6	4,8	2,0	22,8	19,3	3,5	12,9	10,1	2,8
12	3,9	2,8	2,2	23,8	21,3	2,5	14,1	13,5	0,6
13	1,8	4,0	3,1	24,3	20,8	3,5	12,0	11,1	0,9
14	3,3	4,2	1,3	24,5	21,7	2,8	12,4	9,5	2,9
15	2,8	4,6	—1,6	24,2	22,7	1,5	17,7	11,5	6,2
16	1,6	3,9	4,0	28,9	25,0	3,9	14,9	15,0	—0,1
17	2,9	4,8	1,5	25,7	22,5	3,2	10,4	7,1	3,3
18	1,1	4,2	0,4	25,2	22,9	2,3	13,6	9,8	3,8
19	—2,2	4,0	0,4	28,2	25,9	2,3	16,3	12,7	3,6
20	1,4	4,0	—1,1	30,8	29,4	1,4	14,9	9,8	5,1
21	3,7	4,3	0,1	26,5	24,4	2,1	13,1	8,9	4,2
22	3,6	5,1	1,4	23,7	20,4	3,3	11,7	8,0	3,7
23	2,4	3,1	1,7	22,7	20,3	2,4	12,4	11,0	1,4
24	—0,7	4,3	—1,0	25,0	23,4	1,6	12,3	7,0	5,3
25	0,6	3,3	0,4	28,0	26,2	1,8	15,7	12,8	2,9
26	2,1	4,9	1,0	26,9	24,0	2,9	12,7	8,8	3,9
27	0,3	5,1	1,6	27,9	24,6	3,3	16,3	12,8	3,5
28	3,6	4,1	2,2	25,8	22,6	3,2	8,5	6,6	1,9
29	0,3	1,8	0,6	20,0	18,9	1,1	4,7	3,5	1,2
30	3,1	4,4	1,2	19,8	17,0	2,8	8,9	5,7	3,2
31	3,2	4,1	0,9	20,2	17,7	2,5	11,4	8,2	3,2
Moyennes.	2°2	4°0	—0°1	22°7	20°1	2°6	11°8	8°9	2°9

N° 9. — *Données météorologiques.*

.Aout 1900.

| DATES | TEMPÉRATURES | | | | | | DIRECTION DU VENT | | | | VITESSE DU VENT | | | |
| | à 7 heures matin | | maxima | | minima | | à 7 heures matin | | pour la vitesse maxima | | à 7 h. matin | | maxima | |
	B. C. M.	T. E.	B. C. M.	T. E.	B. C. M.	T. E.	B. C. M.	T. E.	B. C. M	T. E.	B.C.M.	T. E.	B.C.M.	T. E.
1	20°4	20°0	30°0	25°5	15°8	13°6	calme	S	SW	W	0ᵐ0	4ᵐ1	5ᵐ6	12ᵐ6
2	17,5	14,2	23,9	19,3	14,7	12,8	WSW	W	WSW	»	3,6	9,0	5,7	13,5
3	16,9	13,9	23,1	20,0	15,6	13,9	WSW	»	SW	»	2,3	11,1	8,4	»
4	15,2	12,4	23,6	15,3	14,1	12,1	WSW	SW	WNW	»	4,5	16,7	7,2	»
5	12,0	10,5	20,0	15,7	11,2	9,8	SW	NNW	SW	»	2,0	2,5	5,0	20,0
6	15,5	11,8	21,0	18,5	11,9	10,5	W	»	SW	»	2,0	2,5	6,3	»
7	15,6	12,3	22,9	18,5	14,5	11,7	SW	SW	NW	NW	2,6	12,0	6,2	20,5
8	14,8	11,9	20,5	16,7	11,6	10,9	SW	SW	WSW	»	2,6	8,4	5,2	»
9	15,8	15,8	22,2	18,2	13,3	13,5	SSE	N	SSW	NW	1,4	»	6,7	18,0
10	15,2	12,3	21,3	18,3	14,0	11,9	SW	NW	NW	NW	2,5	11,0	6,0	16,8
11	14,1	11,7	22,0	17,0	11,0	11,1	NW	NNE	N	ENE	0,5	1,6	3,3	5,9
12	14,4	14,6	25,7	19,9	11,6	11,7	calme	calme	ENE	NE	0,0	0,0	3,4	5,3
13	16,6	16,3	26,0	21,1	13,9	14,7	calme	calme	ENE	E	0,0	0,0	5,5	6,4
14	18,1	16,2	27,0	22,4	15,8	15,7	NE	E	ENE	ENE	2,9	4,6	6,2	15,0
15	15,8	13,2	25,0	20,9	14,7	13,0	NE	NE	ENE	NE	4,0	6,5	7,0	18,8
16	15,3	10,7	25,7	22,3	14,4	10,7	NE	NE	ENE	SSW	2,0	9,0	6,1	12,3
17	18,4	17,8	28,5	23,9	15,3	12,7	calme	ESE	ESE	ENE	0,0	4,0	2,1	2,9
18	20,4	20,5	33,0	27,7	17,0	17,2	calme	S	NE	NNW	0,0	1,2	2,6	3,0
19	20,3	20,3	32,3	28,3	18,0	17,8	NE	N	NW	WNW	1,0	0,2	6,0	21,6
20	15,4	13,9	24,0	21,2	16,0	12,7	NE	NW	WSW	W	3,0	14,0	6,2	19,8
21	15,9	15,9	22,3	18,7	14,0	13,8	SSW	N	SSW	SW	0,4	3,0	4,5	17,0
22	17,1	14,5	23,2	18,6	15,8	14,6	SW	SW	SSW	SW	4,2	13,7	6,1	15,7
23	15,3	14,0	23,3	19,4	13,4	13,2	SSW	SSW	SSW	S	0,6	7,6	4,9	12,7
24	15,8	14,2	21,7	18,0	15,2	13,4	ESE	S	SSW	WSW	0,8	5,5	2,3	14,8
25	15,4	13,8	23,9	19,4	14,0	13,0	SSW	WSW	NE	ENE	0,5	7,2	7,0	13,5
26	15,1	12,3	21,5	17,8	13,5	12,0	NE	ENE	ENE	ESE	5,0	11,5	7,2	19,0
27	15,5	15,3	22,5	19,1	15,0	12,0	ENE	ESE	NE	N	1,5	6,5	3,5	8,4
28	15,1	13,0	18,0	16,0	15,0	13,0	N	NNE	NW	NNE	2,0	6,3	8,2	9,8
29	16,5	14,6	24,0	20,5	15,5	13,6	NNW	N	NE	»	1,0	4,5	2,9	»
30	16,4	17,6	26,1	20,6	14,2	14,6	NE	»	ENE	E	0,7	»	3,4	13,9
31	13,8	11,7	24,4	20,5	12,3	11,7	NNE	E	NNW	»	0,8	2,7	1,5	3,5
Moy.	16°1	14°4	24°1	20°0	14°3	13°0					1ᵐ8	6ᵐ4	5ᵐ2	13ᵐ1

No 9*bis*. — *Tableau comparatif des températures du B. C. M. et de la Tour.*

AOUT 1900.

DATES	DIFFÉRENCES			MOYENNE des maxima et des minima			AMPLITUDES		
	A 7 HEURES DU MATIN	DES MAXIMA	DES MINIMA	B. C. M.	T. R.	DIFFÉRENCE	B. C. M.	T. R.	DIFFÉRENCE
1	0°4	4°5	2°2	22°9	19°5	3°4	14°2	11°9	2°3
2	3,3	4,6	1,9	19,3	16,0	3,3	9,2	6,5	2,7
3	3,0	3,1	1,7	19,4	16,9	2,5	7,5	6,1	1,4
4	2,8	8,3	2,0	18,9	13,7	5,2	9,5	3,2	6,3
5	1,5	4,3	1,4	15,6	12,8	2,8	8,8	5,9	2,9
6	3,7	2,5	1,4	16,4	14,5	1,9	9.1	8,0	1,1
7	3,3	4,4	2,8	18,7	15,1	3,6	8,4	6,8	1,6
8	2,9	3,8	0,7	16,0	13,8	2,2	8,9	5,8	3,1
9	0,0	4,0	0,2	17,7	15,9	1,8	8,9	4,7	4,2
10	2,9	3,0	2,1	17,7	15,1	2,6	7,3	6,4	0,9
11	2,4	5,0	—0,1	16,5	14,0	2,5	11,0	5,9	5,1
12	—0,2	5,8	—0,1	18,7	15,8	2,9	14,1	8,2	5,9
13	0,3	4,9	—0,8	19,9	17,9	2,0	12,1	6,4	5,7
14	1,9	4,6	0,1	21,4	19,0	2,4	11,2	6,7	4,5
15	2,6	4,1	1,7	19,3	16,7	2,4	10,3	7,9	2,4
16	4,6	3,4	3,7	20,0	16,5	3,5	11,3	11,6	—0,3
17	0,6	4,6	2,6	21,9	18,3	3,6	13,2	11,2	2,0
18	—0,1	5,3	—0,2	25,0	22,4	2,6	16,0	10,5	5,5
19	0.0	4,0	0,2	25,2	23,0	2.2	14,3	10,5	3,8
20	1,5	2,8	3,3	20,0	16,9	3,1	8,0	8,5	—0,5
21	0,0	3,6	0,2	18,2	16,2	2,0	8,3	4,9	3,4
22	2,6	4,6	1,2	19,5	16,6	2,9	7,4	4,0	3,4
23	1,3	3,9	0,2	18 3	16,3	2,0	9,9	6,2	3,7
24	1,6	3,7	1,8	18,4	15,7	2,7	6,5	4,6	1,9
25	1,6	4,5	1,0	18,9	16,2	2,7	9,9	6,4	3,5
26	2,8	3,7	1,5	17,5	14,9	2,6	8,0	5,8	2,2
27	0,2	3,4	3,0	18,8	15,5	3,3	7,5	7,1	0,4
28	2,1	2,0	2,0	16,5	14,5	2,0	3,0	3,0	0,0
29	1,9	3,5	1,9	19,8	17,0	2,8	8,5	6,9	1,6
30	—1,2	5,5	—0,4	20,1	17,6	2.5	11,9	6,0	5,9
31	2,1	3,9	0,6	18,3	16,1	2,2	12,1	8,8	3,3
Moyennes.	1°7	4°1	1°3	19°2	16°5	2°7	9°8	7°0	2°8

N°. 10. — *Données météorologiques.*

Septembre 1900.

DATES	TEMPÉRATURES						DIRECTION DU VENT				VITESSE DU VENT			
	à 7 heures matin		maxima		minima		à 7 heures matin		pour la vitesse maxima		à 7 h. matin		maxima	
	B. C. M.	T. E.	B. C. M.	T. E.	B. C. M.	T. H.	B. C. M.	T. E.	B. C. M.	T. E.	B.C.M.	T. E.	B.C.M.	T. E.
1	15°6	17,9	27°9	23°1	13°0	12°5	Calme	»	WNW	WSW	0^{m}0	3^{m}0	4^{m}2	14^{m}2
2	17,4	14,2	21,0	16,6	15.6	13,9	W	W	SE	N	2,2	8,3	4,3	14,2
3	12,1	10,4	18,9	15,5	11,2	9,5	NNE	N	ENE	ENE	2,5	10,4	6,8	14,3
4	11,2	11,2	19,9	15,7	9,0	10,3	NE	ENE	ENE	ENE	3,0	9,8	5,7	10,3
5	11,7	12,0	22,4	18,6	9,3	10,6	Calme	NE	NE	N	0,3	5,3	3,4	6,4
6	11,9	14,5	24,6	20,5	10,9	12,0	Calme	NNE	NNW	SE	0,0	2,9	2,2	6,6
7	11,7	17,2	27,2	23,1	10,5	14,5	Calme	SSW	SW	»	0,0	2,8	2,2	»
8	14,2	19,7	27,5	22,1	11,7	17,2	Calme	»	WNW	»	0,0	»	4.8	14,5
9	10,9	13,4	24,0	19,0	10,9	12,7	NW	»	NW	»	1,8	3,5	2,7	12,6
10	14,6	13,7	21,0	17,7	11,5	13,4	SW	».	SW	NNW	1,4	5,0	3,7	10,2
11	12,7	12,6	20,7	16,7	12,0	12,6	Calme	N	NE	NNE	0,2	3,4	4,4	17,6
12	13,6	10,8	19,0	15,1	12,0	10,6	NE	NE	ENE	ENE	4,4	12,0	6,8	21,0
13	12,4	12,9	22,6	18,8	10,4	11,1	NE	ENE	ENE	ENE	2,0	14,6	6,4	16,2
14	13,2	12,0	24,7	20,1	12,1	12,0	NE	ESE	ENE	NE	2,4	11,0	5,3	14,3
15	16,3	16,9	29,1	24,7	13,2	11,9	Calme	ESE	E	»	0,2	4,0	6,2	14,3
16	17,4	19,8	29,8	25,0	15,4	16,3	Calme	»	NW	»	0,2	7,0	4,0	8,4
17	16,9	17,8	27,0	22,5	16,8	17,0	NW	»	ENE	»	1,9	4,0	2,6	10,2
18	17,6	18,8	29,2	24,6	15,4	16,8	Calme	»	NW	SW	0,0	7,4	5,0	16,4
19	16,1	13,7	19,2	16,3	15,4	13,5	Calme	NNW	NNE	N	2,0	8,8	3,2	18,1
20	11,9	10,7	20,4	16,7	10,0	10,4	Calme	N	NE	NE	0,9	12,3	5,9	13,6
21	11.2	12,8	23,5	19,5	9,0	10,5	Calme	NE	NE	SSE	0,0	6,3	2,5	0,7
22	12,3	15,7	25,7	20,2	10,0	12,2	Calme	Calme	N	»	0,0	0,7	2,0	6,6
23	14,7	18,8	29,0	24,0	11,8	15,7	Calme	»	SSW	»	0,0	6,6	2,6	17,5
24	19,0	19,3	21,2	21,2	14,7	17,1	Calme	»	SW	»	0,2	13,6	5,3	19,3
25	14,7	12,2	16,4	13,4	14,7	12,2	NW	»	NW	»	2,0	6,7	4,2	10,2
26	10,2	11,0	21,3	17,3	8,1	10,4	Calme	»	SSW	SSW	0,0	6,0	2,6	17,0
27	9,4	12,1	21,7	17,8	8,0	10,9	Calme	SSW	SW	SW	0,3	16,5	7,5	17,8
28	14,3	12,0	21,3	16,6	9,4	10,8	Calme	SW	WSW	WNW	0,1	11,7	3,8	10,9
29	11,8	12,0	22,3	17,6	9,8	11,5	Calme	NE	SSW	»	0,0	2,9	2,2	12,8
30	15,3	14,3	22,9	17,5	11,8	12,0	SSW	»	SSW	»	2,2	9,8	5,2	18,3
Moy.	13°7	14°3	23°5	19°3	11°8	12°7					1^{m}0	7^{m}5	4^{m}3	13^{m}2

N° 10bis. — *Tableau comparatif des températures du B. C. M. et de la Tour.*

SEPTEMBRE 1900.

DATES	DIFFÉRENCES			MOYENNE des maxima et des minima			AMPLITUDES		
	A 7 HEURES DU MATIN	DES MAXIMA	DES MINIMA	B. C. M.	T. E.	DIFFÉRENCE	B. C. M.	T. E.	DIFFÉRENCE
1	—2°3	4°8	0°5	20°4	17°8	2,6	14,9	10°6	4°3
2	3,2	4,4	1,7	18,3	15,2	3,1	5,4	2,7	2,7
3	1,7	3,4	1,7	15,0	12,5	2,5	7,7	6,0	1,7
4	0,0	4,2	—1,3	14,4	13,0	1,4	10,9	5,4	5,5
5	—0,3	3,8	—1,3	15,4	14,6	0,8	13,1	8,0	5,1
6	—2,6	4,1	—1,1	17,7	16,2	1,5	13,7	8,5	5,2
7	—5,5	4,1	—4,0	18,9	18,8	0,1	16,7	8,6	8,1
8	—5,5	5,4	—5,5	19,9	19,6	0,0	15,8	4,9	10,9
9	—2,5	5,0	—1,8	17,4	15,8	1,6	13,1	6,3	6,8
10	0,9	3,3	—1,9	16,2	15,5	0,7	9,5	4,3	5,2
11	0,1	4,0	—0,6	16,3	14,7	1,6	8,7	4,1	4,6
12	2,8	3,9	1,4	15,5	12,8	2,7	7,0	4,5	2,5
13	—0,5	3,8	—0,7	16,5	14,9	1,6	12,2	7,7	4,5
14	1,2	4,6	0,1	18,4	16,0	2,4	12,6	8,1	4,5
15	—0,6	4,4	1,3	21,2	18,3	2,9	15,9	12,8	3,1
16	—2,4	4,8	—0,9	22,6	20,7	1,9	14,4	8,7	5,7
17	—0,9	4,5	—0,2	21,9	19,7	2,2	10,2	5,5	4,7
18	—1,2	4,6	—1,4	22,3	20,7	1,6	13,8	7,8	6,0
19	2,4	2,9	1,9	17,3	14,9	2,4	3,8	2,8	1,0
20	1,2	3,7	—0,4	15,2	13,5	1,7	10,4	6,3	4,1
21	—1,6	4,0	—1,5	16,2	15,0	1,2	14,5	9,0	5,5
22	—3,4	5,5	—2,2	17,8	16,2	1,6	15,7	10,0	5,7
23	—4,1	5,0	—3,9	20,4	19,8	0,6	17,2	8,3	8,9
24	—0,3	2,8	—2,4	19,3	19,2	0,1	9,3	4,1	5,2
25	2,5	3,0	2,5	20,5	12,8	7,7	1,7	1,2	0,5
26	—0,8	4,0	—2,3	14,7	13,9	0,8	13,2	6,9	6,3
27	—2,7	3,9	—2,9	14,9	14,3	0,6	13,7	6,9	6,8
28	2,3	4,7	—1,4	15,3	13,7	1,6	11,9	5,8	6,1
29	—0,2	4,7	—1,7	16.0	14,5	1,5	12,5	6,1	6,4
30	1,0	5,4	—0,2	17,3	14,8	2,5	11,1	5,5	5,6
Moyennes.	—0°6	4°2	—0°9	17°7	16°0	1°7	11°7	6°6	5°1

N° 11. — *Données météorologiques.*

OCTOBRE 1900.

DATES	TEMPÉRATURES						DIRECTION DU VENT				VITESSE DU VENT			
	à 7 heures matin		maxima		minima		à 7 heures matin		pour la vitesse maxima		à 7 h. matin		maxima	
	B. C. M.	T. E.	B. C. M.	T. E.	B. C. M.	T. E.	B. C. M.	T. E.	B. C. M.	T. E.	B.C.M.	T. E.	B.C.M.	T. E.
1	15°5	13°4	20°0	16°3	15°1	13,4	SSW	SSW	SW	»	0ᵐ8	11ᵐ6	5ᵐ3	11ᵐ6
2	13,2	11,0	17,9	14,4	13,3	11,0	Calme	»	WSW	W	0,2	3,2	2,0	13,2
3	12,0	10,6	18,9	14,4	11,4	10,6	WSW	W	NW	SE	0,5	13,2	4,8	19,0
4	10,3	11,0	21,0	18,5	9,6	10,6	Calme	SE	WSW	SW	0,2	18,2	6,8	22,8
5	13,4	11,2	21,3	17,3	10,3	10,8	SSW	SW	SW	SW	2,0	13,3	6,0	20,0
6	13,4	12,7	22,0	18,1	12,8	11,3	SSW	WSW	SW	SW	2,0	17,5	4,6	18,0
7	11,2	15,1	25,0	20,5	10,1	14,4	E	S	SW	»	1,0	4,2	1,8	1,0
8	13,5	19,1	27,9	22,2	11,2	15,1	Calme	»	SE	SSW	0,3	8,0	2,2	10,7
9	14,2	17,6	28,0	24,0	12,9	17,0	ESE	SW	SSW	WNW	0,5	6,4	2,9	14,2
10	17,2	16,1	21,9	17,6	14,2	16,1	SW	WNW	NW	N	1.1	11,7	5,0	16,2
11	9,3	8,7	17,4	13,0	7,8	8,1	Calme	Calme	ESE	SE	0,0	0,0	2,5	11,7
12	6,9	7,6	16,6	12,5	6,0	7,0	Calme	NE	ENE	NE	0,4	6,8	4,5	9,9
13	5,9	9,3	18,0	13,0	5,7	6,8	Calme	NNE	WSW	W	0,0	2,9	4,5	19,8
14	11,4	9,1	15,0	11,1	5,9	8,9	WSW	W	NW	NW	1,0	13,8	7,2	21,1
15	6,4	4,5	13,0	13,5	5,2	4,5	WSW	WNW	W	WNW	1,9	14,3	5,0	18,7
16	8,3	7,3	15,9	12,9	6,4	4,0	WSW	WSW	NW	SSE	1,1	12,2	1,8	14,1
17	8,9	9,1	14,1	11,1	8,0	7,1	S	S	WSW	NW	1,0	12,6	2,9	16,5
18	8,6	7,4	15,0	10,8	8,2	7,4	WSW	WNW	»	W	1,9	14,0	»	14,2
19	11,3	9,2	14,3	10,6	8,6	8,0	NW	NNW	NE	N	1,5	10,0	3,9	11,5
20	2,7	6,0	13,6	8,8	2,7	5,5	Calme	NNE	NW	NW	0,0	6,5	3,5	10,7
21	6,8	5,5	12,8	7,6	3,4	5,3	NW	NNW	NW	NW	0,7	7,3	5,7	13,6
22	5,5	2,6	10,5	7,0	3,9	2,6	NE	NNE	NE	SE	3,2	9,0	1,0	13,0
23	1,6	4,4	13,9	8,3	1,1	2,7	Calme	SE	ENE	NW	0,0	5,0	2,1	8,3
24	4,2	8,3	16,6	11,5	3,9	6,5	Calme	NW	NW	»	0,0	5,5	2,4	»
25	9,1	9,1	17,8	14,0	8,3	8,3	ESE	SSW	SSW	SW	1,0	3,8	4,0	19,9
26	9,5	7,7	13,5	10,6	9,0	7,7	SSW	SW	SSW	WSW	2,6	14,0	7,9	23,6
27	7,0	5,5	14,9	9,5	5,3	3,6	WSW	WSW	WSW	WNW	4,0	22,5	8,1	24,7
28	6,0	6,3	14,9	9,6	5,1	4,6	SW	WNW	SW	»	2,5	14,2	7,0	21,1
29	12,8	9,4	15,5	12,1	6,0	6,3	SW	»	WSW	WSW	2,9	16,4	5,6	21,7
30	13,0	10,2	18,0	14,6	12,0	10,0	SSW	SW	WSW	WSW	2,3	13,7	6,5	22,4
31	11,4	12,9	21,0	17,0	10,2	11,9	Calme	S	SE	SW	0,4	9,0	3,5	19,0
Moy.	9°7	9°6	17°6	13°6	8°2	8°6					1ᵐ2	10ᵐ3	4ᵐ4	16ᵐ1

Nº 11bis. — *Tableau comparatif des températures du B. C. M. et de la Tour.*

OCTOBRE 1900.

DATES	DIFFÉRENCES			MOYENNE des maxima et des minima			AMPLITUDES		
	A 7 HEURES DU MATIN	DES MAXIMA	DES MINIMA	B. C. M.	T. E.	DIFFÉRENCE	B. C. M.	T. E.	DIFFÉRENCE
1	2º1	3º7	1º7	17º6	14º8	2º8	4º9	2º9	2º0
2	2,2	3,5	2,3	15,6	12,7	2,9	4,6	3,4	1,2
3	1,4	4,5	0,8	15,1	12,5	2,6	7,5	3,8	3,7
4	—0,7	2,5	—1,0	15,3	14,5	0,8	11,4	7,9	3,5
5	2,2	4,0	—0,5	15,8	14,0	1,8	11,0	6,5	4,5
6	0,7	3,9	1,5	17,4	14,7	2,7	9,2	6,8	2,4
7	—3,9	4,5	—4,3	17,5	17,4	0,1	14,9	6,1	8,8
8	—5,6	5,7	—3,9	19,6	18,6	1,0	16,7	7,1	9,6
9	—3,4	4,0	—4,1	20,4	20,5	—0,1	15,1	7,0	8,1
10	1,1	4,3	—1,9	18,0	16,8	1,2	7,7	1,5	6,2
11	0,6	4,4	—0,3	12,6	10,5	2,1	9,6	4,9	4,7
12	—0,7	4,1	—1,0	11,3	9,8	1,5	10,6	5,5	5,1
13	—3,4	5,0	—1,1	11,9	9,9	2,0	12,3	6,2	6,1
14	2,3	3,9	—3,0	10,4	10,0	0,4	9,1	2,2	6,9
15	1,9	—0,5	0,7	9,1	9,0	0,1	7,8	9,0	—1,2
16	1,0	3,0	2,4	11,1	8,4	2,7	9,5	8,9	0,6
17	—0,2	3,0	0,9	11,1	9,1	2,0	6,1	4,0	2,1
18	1,2	4,2	0,8	11,6	9,1	2,5	6,8	3,4	3,4
19	2,1	3,7	0,6	11,4	9,3	2,1	5,7	2,6	3,1
20	—3,3	4,8	—2,8	8,2	7,1	1,1	10,9	3,3	7,6
21	1,3	5,2	—1,9	8,1	6,4	1,7	9,4	2,3	7,1
22	2,9	3,5	1,3	7,2	4,8	2,4	6,6	4,4	2,2
23	—2,8	5,6	—1,6	7,5	5,5	2.0	12,8	5,6	7,2
24	—4,1	5,1	—2,6	10,2	9,0	1,2	12,7	5,0	7,7
25	0,0	3,8	0,0	13,0	11,1	1,9	9,5	5,7	3,8
26	1,8	2,9	1,3	11,2	9,1	2,1	4,5	2,9	1,6
27	1,5	5,4	1,7	10,1	6,5	3,6	9,6	5,9	3,7
28	—0,3	5,3	0,5	10,0	7,1	2,9	9,8	5,0	4,8
29	3,4	3,4	—0,3	10,7	9,2	1,5	9,5	5,8	3,7
30	2,8	3,4	2,0	15,0	12,3	2,7	6,0	4,6	1,4
31	—1,5	4,0	—1,7	15,6	14,4	1,2	10,8	5,1	5,7
Moyennes.	0º1	4º0	—0º4	12º9	11º1	1º8	9º4	5º0	4º4

N° 12. — *Données météorologiques.*

NOVEMBRE 1900.

DATES	TEMPÉRATURES						DIRECTION DU VENT				VITESSE DU VENT			
	à 7 heures matin		maxima		minima		à 7 heures matin		minima		à 7 h. matin		maxima	
	B. C. M.	T. E.	B. C. M.	T. E.	B. C. M.	T. E.	B. C. M.	T. E.	B. C. M.	T. E.	B.C.M.	T. E.	B.C.M.	T. E.
1	13°8	12°0	20°0	15°5	11°4	11°9	SSW	SW	»	WSW	0ᵐ6	11ᵐ0	6ᵐ9	19ᵐ8
2	11,7	9,5	14,1	11,4	11,0	9,5	»	W	ENE	NNE	2,0	12,0	4,0	:0,0
3	12,2	9,2	13,0	11,1	11,4	9,2	NE	NE	N	N	2,5	6,2	3,9	11,0
4	7,9	5,9	11,6	10.6	7,9	5,9	NNW	N	NE	SSW	0,5	3,6	1,8	12,9
5	10,2	9,0	13,6	10,7	7,2	5,8	S	SSW	SSW	SSW	0,8	9,5	4,3	16,9
6	8,9	8,4	14,7	11,8	8,0	7,8	SSE	SSW	SW	S	1,3	14,8	6,2	23,2
7	10,0	7,1	14,0	9,8	8,9	7,1	SSW	SSW	SW	SSW	4,7	14,8	6,6	16,3
8	6,0	6,7	14,8	9,5	5,3	6,7	Calme	SW	SSW	SW	0,4	6,5	4,3	18,5
9	8,4	5,2	10,1	8,3	5,1	5,2	SSW	SW	SSW	SW	2,2	15,8	5,0	19,8
10	7,3	6,5	12,6	8,0	7,3	5,3	SSW	WNW	SW	SW	2,1	11,2	4,8	14,0
11	5,1	3,5	5,5	4,4	3,0	1,5	Calme	Calme	WNW	NNW	0,2	0,0	3,5	6,0
12	0,6	3,4	8,2	4,5	0,0	0,6	Calme	SW	S	S	0,3	5,4	2,9	19,6
13	6,0	4,0	10,3	8,4	0,6	1,8	SSE	S	W	S	1,9	13,1	4,0	18,0
14	7,9	7,4	14,0	9,8	7,4	3,5	W	W	W	W	3,2	10,6	4,8	16,1
15	7,4	6,1	11,8	8,8	6,7	5,2	WSW	WSW	SSW	S	3,6	11,9	6,2	24,9
16	8,4	6,1	12,3	8,7	7,8	5,6	SSW	SSW	SSW	SSW	3,0	12,5	5,1	19,6
17	8,3	6,1	9,5	6,6	7,5	5,9	NE	NE	N	NE	1,1	5,4	6,3	14,6
18	6,4	3,2	11,1	5,9	5,2	3,0	NE	ENE	NE	NE	1,8	9,6	7,0	20,4
19	4,3	1,7	4,8	1,7	4,3	0,5	NE	NE	NE	NE	3,8	14,0	7,0	20,2
20	4,2	1,7	6,1	3,6	3,8	0,1	ENE	NE	N	N	3,5	7,0	5,5	18,0
21	4,8	2,1	7,0	5,0	4,2	1,0	N	N	N	WNW	3,5	12,0	5,0	15,9
22	6,5	4,3	11,3	7,1	4,8	1,8	WSW	W	WSW	S	2,2	8,8	4,0	12,3
23	4,3	1,9	6,8	7,1	4,2	1,9	SSE	Calme	ESE	SSE	0,5	0,4	3,4	15,8
24	6,0	3,6	9,9	7,4	5,3	1,8	E	SSE	SE	S	1,2	12,4	2,8	1,6
25	8,5	5,8	13,4	8,7	6,9	4,4	SE	WSW	WSW	WSW	1,2	»	6,0	18,0
26	8,8	6,0	12,3	7,2	7,9	5,3	WSW	W	SSW	SSW	1,6	10,8	5,3	16,6
27	9,7	7,1	13,0	8,6	7,3	6,0	SSW	SW	SSW	SE	2,8	10,4	4,5	16,9
28	7,3	4,7	12,3	8,4	6,8	4,7	ESE	SE	ESE	SSE	2,5	14,8	6,4	30,1
29	7,2	4,1	7,9	5,0	6,2	3,6	ESE	SSE	SSW	S	2,3	18,0	4,2	22,0
30	5,2	4,0	7,7	4,7	4,9	4,0	NNW	N	N	N	1,0	9,4	5,0	12,5
Moy.	7°4	5°5	11°1	7°9	6°3	4°6					1ᵐ9	9ᵐ7	4ᵐ9	16ᵐ7

Nº 12bis. — *Tableau comparatif des températures du B. C. M. et de la Tour.*

NOVEMBRE 1900.

DATES	DIFFÉRENCES			MOYENNE des maxima et des minima			AMPLITUDES		
	A 7 HEURES DU MATIN	DES MAXIMA	DES MINIMA	B. C. M.	T. E.	DIFFÉRENCE	B. C. M.	T. E.	DIFFÉRENCE
1	1,8	4,5	—0,5	15,7	13,7	2,0	8,6	3,6	5,0
2	2,2	2,7	1,5	12,6	10,4	2,2	3,1	1,9	1,2
3	3,0	1,9	2,2	12,2	10,2	2,0	1,6	1,9	—0,3
4	2,0	1,0	2,0	9,8	8,2	1,6	3,7	4,7	—1,0
5	1,2	2,9	1,4	10,4	8,3	2,1	6,4	4,9	1,5
6	0,5	2,9	0,2	11,3	9,8	1,5	6,7	4,0	2,7
7	2,9	4,2	1,8	11,4	8,4	3,0	5,1	2,7	2,4
8	0,7	5,3	—1,4	10,0	8,1	1,9	9,5	2,8	6,7
9	3,2	1,8	—0,1	7,6	6,7	0,9	5,0	3,1	1,9
10	0,8	4,6	2,0	9,9	6,6	3,3	5,3	2,7	2,6
11	3,6	1,1	1,5	4,2	2,9	1,3	2,5	2,9	—0,4
12	—2,8	3,7	—0,6	4,1	2,6	1,5	8,2	3,9	4,3
13	2,0	1,9	—1,2	5,4	5,1	0,3	9,7	6,6	3,1
14	0,5	4,2	3,9	10,7	6,7	4,0	6,6	6,3	0,3
15	1,3	3,0	1,5	9,2	7,0	2,2	5,1	3,6	1,5
16	2,3	3,6	2,2	10,0	7,1	2,9	4,5	3,1	1,4
17	2,2	2,9	1,6	8,5	6,2	2,3	2,0	0,7	1,3
18	3,2	5,2	2,2	8,2	4,4	3,8	5,9	2,9	3,0
19	2,6	3,1	3,8	4,5	1,1	3,4	0,5	1,2	—0,7
20	2,5	2,5	3,7	4,9	1,9	3,0	2,3	3,5	—1,2
21	2,7	2,0	3,2	5,6	3,0	2,6	2,8	4,0	—1,2
22	2,2	4,2	3,0	8,0	4,4	3,6	6,5	5,3	1,2
23	2,4	—0,3	2,3	5,5	4,5	1,0	2,6	5,2	—2,6
24	2,4	2,5	3,5	7,6	4,6	3,0	4,6	5,6	—1,0
25	2,7	4,7	2,5	10,2	6,5	3,7	6,5	4,3	2,2
26	2,8	5,1	2,6	10,1	6,3	3,8	4,4	1,9	2,5
27	2,6	4,4	1,3	10,1	7,3	2,8	5,7	2,6	3,1
28	2,6	3,9	2,1	9,6	6,6	3,0	5,5	3,7	1,8
29	3,1	2,9	2,6	7,0	4,3	2,7	1,7	1,4	0,3
30	1,2	3,0	0,9	6,3	4,4	1,9	2,8	0,7	2,1
Moyennes.	1,9	3,2	1,7	8,7	6,2	2,5	4,8	3,3	1,5

N° 13. — *Tableau récapitulatif des moyennes mensuelles et saisonnières.*

MOIS ET SAISONS	TEMPÉRATURES à 7 heures du matin			MAXIMA des 24 heures			MINIMA des 24 heures			NORMALE de Paris (1)	MOYENNES des maxima et des minima			AMPLITUDES		
	B.C.M.	T.E.	DIFFÉRENCE	B.C.M.	T.E.	DIFFÉRENCE	B.C.M.	T.E.	DIFFÉRENCE		B.C.M.	T.E.	DIFFÉRENCE	B.C.M.	T.E.	DIFFÉRENCE
Décembre.	0°4	—0°2	0,6	4"1	2°7	1°4	—1°4	—2°1	0°7	2°9	1,3	0°3	1,0	5°5	4°8	0°7
Janvier . .	4,6	3,5	1,1	7,8	5,7	2,1	3,3	1,9	1,4	2,4	5,5	3,8	1,7	4,5	3,8	0,7
Février .	4,5	2,8	1,7	9,0	6,5	2,5	2,6	1,4	1,2	3,8	5,8	3,9	1,9	6,4	5,1	1,3
Mars. . . .	2,7	1,5	1,2	8,4	4,9	3,5	1,4	0,2	1,2	6,6	4,9	2,5	2,4	7,0	4,7	2,3
Avril . . .	7,1	5,9	1,2	15,8	11,6	4,2	5,5	4,8	0,7	10,1	10,7	8,2	2,5	10,3	6,8	3,5
Mai	11,1	8,8	2,3	18,8	15,2	3,6	8,7	7,5	1,2	13,8	13,7	11,4	2,3	10,1	7,7	2,4
Juin	16,4	13,9	2,5	23,7	20,1	3,6	13,8	12,3	1,5	17,0	18,7	16,2	2,5	9,9	7,8	2,1
Juillet. . .	19,8	17,6	2,2	28,6	24,6	4,0	16,8	15,7	1,1	18,7	22,7	20,1	2,6	11,8	8,9	2,9
Août. . . .	16,1	14,4	1,7	24,1	20,0	4,1	14,3	13,0	1,3	18,2	19,2	16,5	2,7	9,8	7,0	2,8
Septembre.	13,7	14,3	—0,6	23,5	19,3	4,2	11,8	12,7	—0,9	15,2	17,7	16,0	1,7	11,7	6,6	5,1
Octobre. .	9,7	9,6	0,1	17,6	13,6	4,0	8,2	8,6	—0,4	10,6	12,9	11,1	1,8	9,4	5,0	4,4
Novembre.	7,4	5,5	1,9	11,1	7,9	3,2	6,3	4,6	1,7	5,9	8,7	6,2	2,5	4,8	3,3	1,5
Hiver . . .	3°2	2°0	1°2	7°0	5°0	2°0	1°5	0°4	1°1	3°0	4°2	2°7	1,5	5°5	4°6	0°9
Printemps.	7,0	5,4	1,6	14,3	10,6	3,7	5,2	4,2	1,0	10,2	9,7	7,3	2,4	9,1	6,4	2,7
Été	17,4	15,3	2,1	25,5	21,6	3,9	15,0	13,7	1,3	18,0	20,3	17,6	2,7	10,5	7,9	2,6
Automne .	10,3	9,8	0,5	17,4	13,6	3,8	8,8	8,7	0,1	10,6	13,1	11,1	2,0	8,6	5,0	3,6
Année. . .	9,5	8,1	1,4	16,0	12,7	3,3	7,6	6,7	0,9	10,4	11,8	9,7	2,1	8,4	6,0	2,4

§ 3. — Différences de température entre le sol et le sommet.

Le tableau n° 13 donne les différences des moyennes mensuelles, saisonnières et annuelles, soit pour 7 heures du matin, soit pour les minima et les maxima.

Il est intéressant de fournir, en plus de ces moyennes, des chiffres

(1) $\dfrac{\text{Minima} + \text{Maxima}}{2}$.

directement observés et d'indiquer, dans chacun de ces trois cas, les plus grandes valeurs de ces différences ainsi que les inversions.

MOIS	OBSERVATIONS de 7 heures du matin			MAXIMA des 24 heures			MINIMA des 24 heures		
	Valeur moyenne des différences	PLUS GRANDES VALEURS		Valeur moyenne des différences	PLUS GRANDES VALEURS		Valeur moyenne des différences	PLUS GRANDES VALEURS	
		des différences	des inversions		des différences	des inversions		des différences	des inversions
Décembre 1899 . .	0,6	6,5	4,4	1,4	4,0	3,5	0,7	6,4	5,0
Janvier 1900. . . .	1,1	2,7	1,9	2,1	4,1	1,1	1,4	2,8	2,9
Février.	1,7	3,3	0,6	2,5	4,7	1,3	1,2	2,9	1,3
Mars	1,2	2,9	0,6	3,5	6,0	0,3	1,2	2,9	2,1
Avril	1,2	2,9	3,5	4,2	5,5	»	0,7	2,3	4,1
Mai	2,3	5,8	0,9	3,6	5,0	»	1,2	4,8	3,6
Juin	2,5	3,9	0,9	3,6	4,9	»	1,5	3,6	1,3
Juillet	2,2	5,3	2,2	4,0	5,1	»	1,1	4,0	2,0
Août	1,7	3,7	0,2	4,1	8,3	»	1,3	3,7	0,8
Septembre	—0,6	3,2	5,5	4,2	5,4	»	—0,9	2,5	5,5
Octobre	0,1	3,4	5,6	4,0	5,4	»	—0,4	2,4	4,3
Novembre	1,9	3,2	2,8	3,2	5,3	»	1,7	3,9	1,4

Les différences de température atteignent donc le matin de 3° à 6° environ. Les différences des maxima sont généralement plus élevées que ces dernières et vont de 4° à 8° environ. Celles des minima sont très analogues à celles du matin.

Quant aux inversions, elles s'élèvent de 3° à 5°5 environ, de septembre à décembre. Nous verrons plus loin que c'est en ces mois qu'elles sont le plus fréquentes.

Si, en revenant au tableau n° 13, on examine la moyenne des maxima et des minima, qui représente très approximativement la température moyenne au sol et au sommet, et si l'on en fait la différence, on remarquera que cette différence est très sensiblement constante à un demi-degré près, et que chacune de ces valeurs se rapproche beaucoup de leur moyenne 2°1. On peut donc dire d'une manière générale que la température moyenne du B. C. M. est de 2°1 supérieure à celle de la Tour.

Enfin, si l'on compare les températures de l'ensemble de l'année à la *normale* de Paris, on trouve que l'année 1900 est supérieure de 1°6 à cette normale et qu'elle peut être considérée comme une année chaude.

Les trois valeurs moyennes de l'année sont donc les suivantes :

Normale de Paris (1)................... 10°4
Moyenne au B. C. M................... 12,0
Moyenne au sommet de la Tour 9.7

§ 4. — Inversions de température

On ne peut, sur les seules données de ces tableaux, établir le nombre complet des inversions de température qui se sont produites pendant l'année : la comparaison des courbes pour le sol et pour le sommet est indispensable. — Nous ferons seulement la comparaison des valeurs maxima et minima, qui donnent d'ailleurs à peu près toutes les inversions.

(1) Nous croyons intéressant de donner ci-dessous la normale de Paris adoptée au Bureau central météorologique pour le 1er et le 15 de chaque mois, en regard avec la moyenne.

MOIS	LE 1er	LE 15	MOYENNE mensuelle
Décembre	4°0	2°8	2°9
Janvier	2,2	2,3	2,4
Février	2,9	3,8	3,8
Mars	5,0	6,4	6,6
Avril	8,3	10,0	10,1
Mai	12,0	13,7	13,8
Juin	15,6	17,0	17,0
Juillet	18,2	18,8	18,7
Août	18,8	18,3	18,2
Septembre	17,0	15,3	15,2
Octobre	13,0	10,7	10,6
Novembre	7,9	5,9	5,9

Inversions de température entre le B. C. M. et la Tour.

MOIS	NOMBRE D'INVERSIONS	
	pour la température maximum	pour la température minimum
Décembre 1899	8	12
Janvier 1900	3	5
Février	1	4
Mars	1	5
Avril	0	7
Mai	0	10
Juin	0	5
Juillet	0	5
Août	0	6
Septembre	0	22
Octobre	1	16
Novembre	1	5
Totaux	15	102
Rapport p. 100 pour 365 jours	4,1	18

Il ressort de ce tableau que les inversions de température entre le sol et le sommet constituent un phénomène très fréquent et qu'elles se produisent surtout au moment des minima, c'est-à-dire pendant la nuit et aux premières heures du matin : leur nombre est de 18 p. 100 par rapport à celui des jours de l'année. Elles se sont surtout produites en septembre et octobre.

Les inversions au moment des maxima, c'est-à-dire pendant la journée, sont beaucoup plus rares et on ne les rencontre guère que pendant l'hiver.

§ 5. — Amplitudes.

Quant aux amplitudes, c'est-à-dire aux différences existant pour chacun des deux points considérés entre les maxima et les minima, les tableaux montrent que d'une manière générale cette différence est moindre au sommet qu'au Bureau, c'est-à-dire que la température a une tendance à y être plus uniforme.

Pour l'année entière l'amplitude moyenne est de 8°,4 au B. C. M. et seulement de 6° à la Tour, soit une différence de 2°,4.

Si on examine le détail de ces chiffres dans les tableaux n°ˢ 1 *bis* à 12 *bis*, on voit cependant qu'il se présente de nombreuses exceptions à la règle générale, surtout pendant les mois froids et brumeux. Le nombre de *ces inversions d'amplitude*, marquées du signe — dans ces tableaux, est le suivant :

Décembre. .	14	Mars	1	Juin.	2	Septembre . . 0
Janvier . . .	5	Avril	0	Juillet.	1	Octobre. . . . 1
Février . . .	4	Mai	5	Août	2	Novembre . . 8
Totaux.	23		6		5	9

Quant aux valeurs de ces amplitudes, suivant les mois, comme l'intervention des amplitudes négatives vient masquer les amplitudes normales, il est préférable de les éliminer.

Ces moyennes des amplitudes normales, c'est-à-dire déduction faite des amplitudes négatives, sont les suivantes :

Moyennes mensuelles des amplitudes normales au B. C. M.
et à la T. E.

MOIS	B.C.M.	T. E.	MOIS	B.C.M.	T. E.	MOIS	B.C.M.	T. E.	MOIS	B.C.M.	T. E.
Décembre.	5°5	2°7	Mars . . .	6°9	4°5	Juin. . . .	10°0	7°6	Septembre.	11°7	6°5
Janvier . .	4,1	2,8	Avril . . .	10,3	6,8	Juillet. . .	11,7	8,7	Octobre . .	9,5	4,9
Février . .	6,3	4,5	Mai	10,8	7,5	Août . . .	9,9	6,8	Novembre.	5,7	3,3
Moyenne par saison.	5°3	3°3		9°3	6°3		10°5	7°7		9°0	4°9

Moyenne annuelle. . . . { B. C. M. . . . 8°5 / T. E. . . . . . 5°5 } Différence. . . . 3°0

Les plus grandes moyennes des amplitudes ont donc lieu en été au B. C. M. comme à la Tour.

Il est intéressant de donner pour chaque mois les maxima de ces amplitudes qui sont résumés dans le tableau suivant.

Maxima mensuels des amplitudes observées au B. C. M.
et à la Tour.

MOIS	B.C.M.	T. E.	MOIS	B.C.M.	T. E.	MOIS	B.C.M.	T. E.	MOIS	B.C.M.	T. E.
Décembre.	8°4	11°4	Mars . . .	15°0	11°8	Juin. . . .	15°5	12°8	Septembre.	17°2	12°8
Janvier . .	10,6	16,0	Avril . . .	16,7	10,6	Juillet. . .	17,7	15,0	Octobre . .	16,7	9,0
Février . .	11,7	14,6	Mai	16,3	11,1	Août . . .	16,0	11,9	Novembre.	9,7	6,6

Il ressort de ce tableau que les amplitudes maxima de la Tour restent en général très inférieures à celles du B. C. M., sauf en hiver, où le contraire se produit.

§ 6. — Direction du vent.

En faisant le dépouillement des différentes directions du vent, données par les tableaux 1 à 12, on peut établir les nouveaux tableaux ci-dessous, donnant, pour chaque mois, la fréquence des différentes directions du vent au B. C. M. et à la Tour, limitée bien entendu aux deux observations journalières, l'une de 7 heures du matin, l'autre au moment du maximum de vitesse.

Ces observations sont rapportées à chacune des 16 divisions du cercle. Nous les avons groupées également par quadrant, pour rendre les comparaisons plus faciles.

Direction du vent au B. C. M.

MOIS	CALME	N	NNE	NE	ENE	E	ESE	SE	SSE	S	SSW	SW	WSW	W	WNW	NW	NNW	QUADRANTS N.E.	E.S.	S.W.	W.N.	CALMES	NOMBRE total d'observations
Décembre 1899.	5	2	»	9	5	6	2	3	1	2	7	10	4	»	1	3	1	16	12	23	5	5	61
Janvier 1900 . .	2	3	2	2	1	1	2	»	2	1	8	11	9	5	2	4	7	8	5	29	18	2	62
Février	»	1	»	11	5	3	2	1	1	4	5	9	11	»	»	1	2	17	7	29	3	»	56
Mars.	1	9	4	8	4	6	3	»	3	2	2	3	3	4	7	3	»	25	12	10	14	1	62
Avril	1	1	7	7	6	1	1	»	»	»	2	6	7	8	3	9	»	21	2	15	20	1	59
Mai	1	3	5	17	2	2	1	1	»	2	6	7	3	1	2	4	3	27	4	18	10	1	60
Juin	1	4	2	2	»	»	4	1	1	2	11	4	11	7	»	7	3	8	6	28	17	1	60
Juillet	»	2	»	5	11	8	»	»	1	»	3	4	2	5	4	10	4	18	9	9	23	»	59
Août	5	2	1	11	8	»	2	»	1	»	8	9	6	1	1	5	2	22	3	23	9	5	62
Septembre . . .	19	1	2	8	6	1	»	1	»	»	5	5	1	1	2	7	1	17	2	11	11	19	60
Octobre	10	»	»	3	2	1	3	2	»	1	8	8	13	1	»	9	»	5	6	30	10	10	61
Novembre. . . .	3	5	»	7	2	1	5	2	2	2	14	3	5	3	1	»	2	14	10	24	6	3	57
Totaux. . . .	48	33	23	90	52	30	25	11	12	16	79	79	75	36	23	62	25	198	78	249	146	48	719
Rapport p. 100.																		29,5	11,5	37,0	22,0		

Direction du vent à la Tour Eiffel.

MOIS	CALME	N	NNE	NE	ENE	E	ESE	SE	SSE	S	SSW	SW	WSW	W	WNW	NW	NNW	QUADRANTS N.E.	E.S.	S.W.	W.N.	CALMES	NOMBRE total d'observations
Décembre 1899.	»	1	»	2	2	1	3	5	2	4	1	1	»	»	2	4	7	5	11	6	13	»	35
Janvier 1900 . .	2	7	»	»	»	1	»	»	»	6	3	4	6	5	7	1	1	7	1	19	14	2	43
Février	»	»	3	6	»	6	8	1	1	9	4	9	3	4	2	»	»	9	16	25	6	»	56
Mars.	»	9	8	1	1	6	»	2	3	3	4	4	3	4	2	5	7	19	11	14	18	»	62
Avril	»	6	7	4	2	»	3	»	2	1	1	7	2	9	6	4	2	19	5	11	21	»	56
Mai	1	8	9	8	»	»	1	1	1	2	4	1	3	3	2	3	5	25	3	10	13	1	52
Juin	1	3	5	»	2	»	»	5	1	2	1	3	12	6	1	2	1	10	6	18	10	1	45
Juillet	»	6	»	3	1	3	»	3	2	3	»	1	»	3	1	5	4	10	8	4	13	»	35
Août.	2	5	3	4	5	4	3	»	»	4	2	6	2	3	1	5	2	17	7	14	11	2	51
Septembre . . .	1	6	2	6	6	»	2	1	1	»	3	3	1	1	»	»	3	20	4	7	4	1	36
Octobre	1	2	3	2	»	»	»	5	1	3	3	9	6	5	10	3	2	7	6	21	20	1	55
Novembre. . . .	2	6	1	7	1	»	»	2	4	8	9	8	4	5	2	»	1	15	6	29	8	2	60
Totaux. . . .	10	59	41	43	20	21	20	25	18	45	35	56	42	48	36	32	35	163	84	178	151	10	586
Rapport p. 100.																		28,4	14,6	30,6	26,4		

Il résulte de ces tableaux qu'il y a de très fréquentes différences de direction dans le vent régnant au sol et au sommet de la Tour; souvent même, cette différence dépasse 90°. Cependant, en considérant le phénomène dans son ensemble, on peut dire : 1° que le nombre des calmes est très différent au B. C. M. et à la Tour. Ces calmes, qui correspondent aux observations de 7 heures du matin (lesquelles sont à très peu près complètes), sont de 48 au B. C. M. et de 10 à la Tour, c'est-à-dire 5 fois moins fréquents au sommet qu'au sol ;

2° Que, déduction faite des calmes, les vents au B. C. M., de même qu'à la Tour, sont rangés dans l'ordre de leur fréquence suivant le quadrant S-W, celui N-E, celui W-N, et enfin celui E-S, où la fréquence est minima.

En d'autres termes, sauf quelques variations accidentelles, le régime général du vent, comme direction, semble à peu près le même près du sol qu'au sommet.

§ 7. — **Vitesse du vent.**

Pour établir le rapport des vitesses du vent au B. C. M. et à la Tour, nous ne considérerons que les vents dépassant 6 *m* au B. C. M., et de plus nous ne tiendrons compte que de ceux dont les directions sont comprises dans un même quadrant.

Nous admettrons que ces vents sont comparables et correspondent à un mouvement général de l'atmosphère. Il est certain au contraire que pour des vents faibles ou de directions très différentes, il n'y a aucun lien à établir entre les vitesses de ces courants.

Des tableaux 1 à 12, nous avons donc extrait les données météorologiques des vents réunissant ces conditions et nous avons établi le rapport des vitesses au sommet et au sol. C'est ce qui fait l'objet des tableaux ci-après :

Tableau des rapports des vitesses du vent au B. C. M.
et à la Tour.

HIVER 1900

DATES	DIRECTION du vent au sommet (quadrant)	VITESSES DU VENT (supérieures à 6 m au B. C. M.)		RAPPORT	MOYENNE mensuelle
		B. C. M.	T. R.		
Décembre.					
30 »	S	7ᵐ8	24ᵐ8	3,18	3,18
Janvier.					
10 »	WN	6,5	20,3	3,12	
11 »	WN	6,0	19,2	3,25	
15 »	SW	6,0	23,3	3,87	
17 »	SW	6,0	21,9	3,65	
18 »	WN	6,5	21,3	3,27	
24 »	SW	6,2	25,8	4,15	
26 »	WN	6,0	17,4	2,80	
27 »	SW	6,5	21,2	3,25	
29 »	NE	6,0	18,4	3,07	3,38
Février.					
6 »	NE	6,3	16,9	2,69	
8 »	ES	6,1	13,3	2,18	
9 »	NE	6,0	10,7	1,78	
11 »	WN	8,4	24,2	2,88	
13 »	SW	12,0	39,2	3,26	
14 »	WN	10,7	34,0	3,18	
15 »	SW	7,5	27,4	3,65	
16 »	SW	9,0	25,0	2,74	
17 »	SW	10,7	12,7	3,05	
18 »	SW	7,0	25,6	3,68	
19 »	SW	9,9	30,7	3,10	
20 »	SW	6,6	20,7	3,05	2,94

PRINTEMPS 1900

DATES	DIRECTION du vent au sommet (quadrant)	VITESSES DU VENT (supérieures à 6 m au B. C. M.)		RAPPORT	MOYENNE mensuelle
		B. C. M.	T. R.		
Mars.					
1 »	NE	7ᵐ9	12ᵐ7	1,60	
3 »	NW	6,0	16,1	2,68	
4 »	NE	8,0	14,0	1,75	
5 »	NE	6,0	12,4	2,05	
13 »	WN	6,0	19,9	3,32	
15 »	SW	6,0	16,1	2,68	
16 »	SW	7,0	19,5	2,68	
17 »	WN	6,2	13,4	2,16	
21 »	ES	7,0	26,4	3,76	
25 »	NE	6,0	14,0	2,33	
31 »	NE	6,6	17,6	2,66	2,51
Avril.					
3 »	SW	6,5	23,2	3,56	
11 »	SW	7,5	25,9	3,45	
13 »	WN	9,5	25,0	2,62	
15 »	WN	7,0	24,0	3,42	
16 »	WN	8,4	30,2	3,60	
17 »	WN	6,0	15,2	2,53	
19 »	ES	6,9	19,0	2,76	
26 »	NE	6,0	15,3	2,52	
28 »	NE	6,0	12,0	2,00	2,94
Mai.					
3 »	SW	7,4	16,4	2,19	
14 »	NE	10,0	28,0	2,80	
15 »	WN	9,0	21,2	2,35	
16 »	NE	7,0	16,0	2,29	
22 »	SW	6,5	16,0	2,96	
23 »	WN	6,7	16,5	2,31	
25 »	WN	6,5	13,6	2,08	2,42

Tableau des rapports des vitesses du vent au B. C. M.
et à la Tour.

ÉTÉ 1900						AUTOMNE 1900					
DATES	DIRECTION du vent au sommet (quadrant)	VITESSES DU VENT (supérieures à 6 m au B. C. M.)		RAPPORT	MOYENNE mensuelle	DATES	DIRECTION du vent au sommet (quadrant)	VITESSES DU VENT (supérieures à 6 m au B. C. M.)		RAPPORT	MOYENNE mensuelle
		B. C. M.	T. E.					B. C. M.	T. E.		
Juin.						Septembre.					
3 »	NE	7ᵐ8	22ᵐ8	2,92		3 »	NE	6ᵐ8	14ᵐ3	2,10	
5 »	WN	6,0	14,2	2,37		12 »	NE	6,8	21,0	2,59	
13 »	SW	6,7	16,9	2,52		13 »	NE	6,4	16,2	2,53	
21 »	SW	6,0	19,6	3,25		26 »	SW	7,5	17,8	1,47	2,17
23 »	WN	7,0	21,0	3,00		Octobre.					
30 »	SW	6,4	18,4	2,88	2,82	4 »	SW	6,8	22,8	3,35	
Juillet.						5 »	SW	6,0	30,0	3,33	
6 »	NW	6,9	16,7	1,88		14 »	NW	7,2	21,1	2,93	
20 »	NW	6,1	13,8	2,26		26 »	SW	7,9	23,6	3,00	
26 »	SE	7,4	15,8	2,14		27 »	NW	8,1	24,7	3,05	
28 »	S	6,5	12,5	1,93		30 »	SW	6,5	22,4	3,46	3,19
30 »	NW	6,2	14,1	2,27	2,09	Novembre.					
Août.						6 »	S	6,2	23,2	3,74	
7 »	NW	6,2	20,5	3,23		7 »	SW	6,6	16,3	2,47	
10 »	NW	6,0	16,8	2,80		15 »	S	6,2	24,9	4,01	
14 »	NE	6,2	15,0	2,43		17 »	NE	6,3	14,6	2,32	
15 »	NE	7,0	18,8	2,70		18 »	NE	7,0	20,4	2,91	
19 »	NW	6,0	21,6	3,60		19 »	NE	7,0	20,2	2,89	
20 »	W	6,2	19,8	3,20		25 »	SW	6,0	18,0	3,00	
22 »	SW	6,1	15,7	2,58		28 »	SE	6,4	30,1	4,70	3,25
25 »	NE	7,0	13,5	3,13							
26 »	SE	7,2	19,0	2,64							
28 »	NE	8,2	9,8	1,19	2,75						

Les valeurs moyennes des rapports par saison sont les suivantes :

Hiver. 3,17
Printemps 2,61
Été 2,55
Automne 2,87
Moyenne générale. 2,80

Il n'est pas douteux, d'après l'examen des tableaux, que la valeur de ce rapport est notablement plus élevée par les vents forts de l'hiver que pendant les autres saisons, et qu'elle est minima en été.

§ 8. — Fréquence des vents forts au sommet de la Tour.

Les tableaux n°s 1 à 12 nous permettent également de déterminer la fréquence des vents forts au sommet de la Tour. Par vents forts, nous entendons les vents ayant les vitesses de 20 m, 25 m, 30 m et au-dessus.

Ces nombres sont les suivants :

SAISONS		VENTS de 20 à 25 m		VENTS de 25 à 30 m		VENTS au-dessus de 30 m	
Hiver	Décembre 1899	2		1		1	
	Janvier 1900	11		1		0	
	Février	7		2		4	
Total de l'hiver.			20		4		5
Printemps	Mars.	1		2		0	
	Avril.	4		1		1	
	Mai	2		2		0	
Total du printemps			7		5		1
Été	Juin	2		0		0	
	Juillet	1		0		0	
	Août.	3		0		0	
Total de l'été.			6		0		0
Automne	Septembre	1		0		0	
	Octobre	8		0		0	
	Novembre.	5		0		1	
Total de l'automne.			14		0		1
Total de l'année			47		9		7

Le nombre total des vents dépassant 20 *m* est donc :

```
Hiver . . . . . . . . . . . . . . . . . . . . . . . . . .    29
Printemps . . . . . . : . . . . . . . . . . . . . . . .    13
Été  . . . . . . . . . . . . . . . . . . . . . . . . .     6
Automne . . . . . . . . . . . . . . . . . . . . . . .     15
                    Total . . . . . . . . . . . . . .    63
```

Cette fréquence est donc relativement grande et se produit surtout en janvier et en février.

Les vents de 25 *m* à 30 *m* sont beaucoup plus rares et se produisent neuf fois en hiver et au printemps.

Ceux de 30 *m* et au-dessus sont encore plus rares et ne se produisent que sept fois et presque uniquement en hiver.

§ 9. — Résumé.

En résumé, les observations de l'année 1900 ont confirmé les résultats généraux des observations antérieures. C'est-à-dire que :

Au point de vue de la température :

1° La température moyenne au sommet de la Tour, mesurée par la moyenne des maxima et des minima, est inférieure de 2°,3 à celle du Bureau central météorologique.

2° Les différences de température entre le sol et le sommet varient : le matin de 3° à 6°; au moment des maxima, de 4° à 8°; au moment des minima, comme le matin.

3° Les inversions de température sont très fréquentes, 22 p. 100 environ; elles se produisent surtout au moment des minima et pendant les mois de septembre et d'octobre. Leur valeur s'élève de 3° à 5°,5.

4° Les amplitudes, c'est-à-dire les différences entre les maxima et les minima, sont en moyenne, pour l'année, de 8°,5 pour le Bureau central météorologique, et de 5°,5 pour la Tour, qui jouit ainsi d'une température plus uniforme, sauf en hiver, où au contraire les amplitudes sont plus fortes au sommet qu'au Bureau.

Au point de vue du vent :

1° Le régime général des vents, comme direction, diffère peu au sommet et au Bureau.

2° Comme vitesse, le nombre des calmes est cinq fois moindre au sommet qu'au Bureau. En outre, le rapport des vitesses au sommet et au sol est de 2,80 en moyenne. Ce rapport, qui dépasse souvent 3, est notablement plus élevé pour les vents forts de l'hiver que pendant les autres saisons.

3° La fréquence des vents dépassant 20 m de vitesse est de soixante-trois jours dans l'année : elle se produit surtout en janvier et en février.

Après avoir exposé les faits généraux qui précèdent, il est intéressant d'examiner plus en détail certains faits particuliers à l'aide des diagrammes tracés sur les appareils enregistreurs, que nous reproduisons dans les planches ci-contre. Ces diagrammes nous ont été communiqués par M. A. Barbé, aide-météorologiste au Bureau central météorologique, chargé plus spécialement de recueillir les observations faites à la Tour.

Nous parlerons d'abord de la tempête des 13-14 février 1900.

§ 10. — Tempête des 13-14 février 1900.

(Voir Pl. IV, fig. 1, 2, 3, 4.)

Cette tempête, dont nous possédons tous les diagrammes, est particulièrement intéressante, et son examen nous conduira à faire quelques remarques sur le vent.

Voici d'abord les faits :

Le 13 février, vers 6 heures du soir, un centre de dépression important, 731 mm, se trouvait à l'Ouest de Brest; il a passé près de Paris vers 3 heures du matin et il a atteint Bruxelles vers 7 heures. Le passage de cette dépression a donné lieu à des vents violents dont la direction au B. C. M., qui était d'abord au S.-E. le 13 vers 4 heures, a successivement viré au S., au S.-W. et à l'W., pour revenir au S.-E. le lendemain matin vers 10 heures.

Un peu avant 8 heures du soir, le vent soufflait avec violence et en même temps éclatait un orage sur Paris, très rare en cette saison, accompagné d'éclairs, de coups de tonnerre prolongés et d'une pluie abondante. La température au Bureau était très voisine de 0, mais s'est extraordinairement relevée sur le passage de cette dépression (10° à 11 h. du soir), pour revenir 12 heures après à son point de départ. Le vent a cessé de

TEMPÊTE DU 13-14 FÉVRIER 1900.

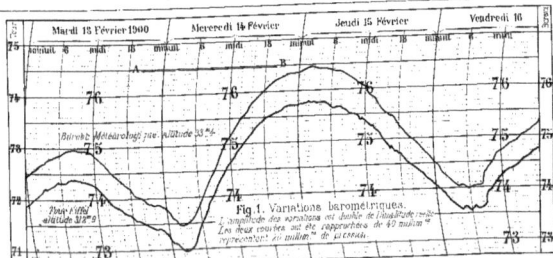

Fig.1. Variations barométriques.

Comparaison au Bureau météorologique et à la Tour Eiffel :
des variations barométriques .... Fig.1 } La Fig.4 donne la vitesse
des variations de température .... Fig.2 } absolue du vent à la Tour
des différences de vitesse moyenne du vent. Fig.3 le 14 de 0ʰ20' à 0ʰ30'

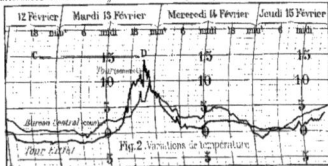

Fig.2. Variations de température.

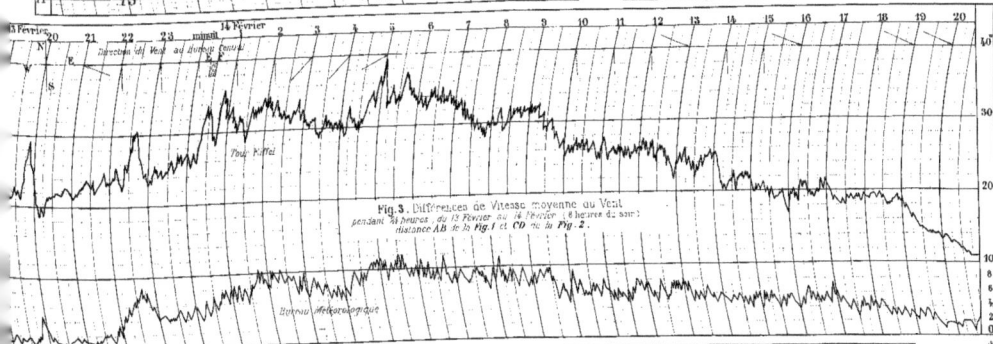

Fig.3. Différences de Vitesse moyenne du Vent
pendant 24 heures, du 13 Février au 14 Février (8 heures du soir)
distance AB de la Fig.1 et CD de la Fig.2.

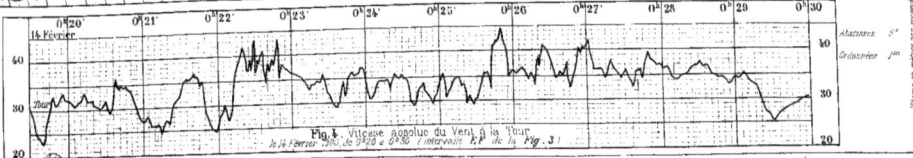

Fig.4. Vitesse absolue du Vent à la Tour
le 14 Février 1900, de 0ʰ20 à 0ʰ30 ; intervalle EF de la Fig.3.

souffler en tempête dans l'après-midi du 14 et le calme complet s'est
établi vers 8 heures du soir.

Examinons maintenant les diagrammes que nous reproduisons en vraie
grandeur, tels que les donnent les appareils. Le premier est celui des
variations barométriques à amplitude doublée, ainsi que nous l'avons indiqué précédemment (Pl. 4, fig. 1).

Les courbes qui y sont tracées, et qui se rapportent l'une au B. C. M.,
l'autre à la Tour, sont frappantes par leurs grandes et rapides variations,
ainsi que par leur non-parallélisme. Elles sont d'autant moins distantes
que la pression est plus près de son minimum. (Pour la commodité de la
figure, on les a rapprochées de 4 *cm*, représentant 20 *mm* de pression, ainsi
que l'indiquent les échelles à droite et à gauche).

Courbes barométriques.

Le dépouillement de ces courbes (fig. 1) donne les chiffres du
tableau ci-dessous, après qu'on leur a fait subir les corrections déterminées par la comparaison avec les observations ramenées à 0° du
baromètre à mercure.

DATES	PRESSION A 0°		TEMPÉRATURES		DIFFÉRENCES de pression	VARIATIONS (— baisse, + hausse)		
	B. C. M.	T. E.	B. C. M.	T. E.	B. C. M. — T. E.	B. C. M.	T. E.	Diffé-rences
	mm	mm			mm	mm	mm	mm
Le 13 à 8 h. (maxim.) .	749,9	724,0	0°1	—2°3	25,9			
Le 14 à 3 h. (minim.) .	734,8	709,3	5,1	3,6	25,5	—15,1	—14,7	—0,4
Le 15 à 2ʰ30 (maxim.) .	764,9	738,1	—0,9	0,0	26,8	+30,1	+28,8	—1,3
Le 16 à 6 h. (minim.) .	740,3	715,8	10,5	9,0	24,5	—24,6	—22,3	—2,3

La différence normale des pressions étant de 25 *mm*, celles
ci-dessus sont très sensiblement différentes :

Elles sont plus grandes au B. C. M. qu'à la Tour ; pour la courbe
dont le maximum a lieu le 15 au matin, la différence, qui n'est que de
1 *mm* 3 à la montée, atteint 2 *mm* 3 à la descente.

31

Température.

Les variations de température indiquées par les courbes de la figure 2 sont extrêmement intéressantes.

Le relevé des diagrammes donne les chiffres suivants :

DATES	B. C. M.	T. E.
Le 12 février à 18 heures	0°4	—1°9
Le 13 — minuit.	0,4	—1,5
— — 3 heures.	0,5	—1,4
— — 7 h. 30.	—1,0	—1,7
— — 12 heures	2,5	—0,8
— — 17 —	3,0	3,0
— — 21 —	8,0	11,0
— — 21 h. 30	6,0	14,0
— — 23 heures	10,0	11,3
Le 14 — 8 —	2,8	1,0

Ainsi, au passage de la bourrasque, la température au B. C. M. est montée, entre 7 h. 30 du matin et 23 heures, de — 1°0 à 10°0, soit de 11°.

A la Tour, de 7 h. 30 à 21 h. 30, elle est montée de — 1°7 à 14°0, soit de 15°7.

Pendant ce temps, au B. C. M., le vent, qui soufflait d'entre N. et E. vers 8 heures du matin, passait successivement à l'E. à midi, au S.-E. à 18 heures, et enfin au S. à 23 heures, moment du maximum de température; il passait de là au S.-W., puis au N.-W.

Vitesses du ent.

Quant aux vitesses du vent, les courbes de la figure n° 3, relatives l'une au sommet, l'autre au Bureau, proviennent de deux anémo-ciné-mographes Richard, dont l'un est installé sur la terrasse du Bureau, et dont l'autre, placé dans le laboratoire spécial, correspond électriquement avec le sommet de la Tour.

Nous avons déjà dit que ces appareils ne peuvent donner que des *moyennes*. Mais comme celles-ci sont assez mal définies, ils ne se prêtent pas à la mesure précise d'un phénomène à variations aussi discontinues et aussi instantanées que l'est un vent violent. Il ne faut donc voir dans les courbes que nous reproduisons que le tracé d'une allure générale comparative, mais non la notation de vitesses réelles.

Elles peuvent cependant servir à établir approximativement les rapports de *vitesse moyenne* au sol et au sommet.

Il faut observer que cette comparaison n'a de sens que si l'on a affaire à un même courant, c'est-à-dire si les directions en haut et en bas sont semblables. Il y a très fréquemment des différences, même très notables, mais, malheureusement, pour cette tempête, nous ne pouvons les apprécier, la girouette du sommet ayant accidentellement mal fonctionné.

On voit par le simple examen des courbes que, dans l'ensemble, leur allure est peu différente ; les maxima se correspondent à peu près, mais avec des reliefs plus accentués pour la courbe du sommet.

Comme rapport des vitesses, au moment de l'orage du 13, à 19 h. 52, la vitesse en bas est représentée par le nombre 4,6, et celle d'en haut par le nombre 29, dont le rapport est 6,3. A la fin de la tempête, c'est-à-dire le 14, à 20 heures, la vitesse en bas est représentée par 1,7, celle du haut par 13, soit un rapport de 7,6. Pour les autres vitesses intermédiaires et d'une manière générale, le rapport est de 3 à 4.

De l'examen de cette courbe, il résulte que la vitesse moyenne du vent à la Tour a atteint une première fois 29 m par seconde à 19 h. 52, au moment du grand orage; après s'être brusquement abaissée au-dessous de 20 m, elle a repris une marche ascendante jusque vers 2 heures du matin, avec une pointe ascendante à 35 m à minuit 52. Elle s'abaisse ensuite à 30 m pour atteindre une vitesse d'environ 39 m par seconde vers 5 heures du matin, deux heures après le minimum barométrique.

Au B. C. M., le vent a atteint un maximum de 12 m par seconde en vitesse moyenne, à 5 h. 30 du matin, soit un peu moins de 1/3 du maximum de la Tour. A ce moment, le vent à la Tour était d'environ 36 m, ce qui donne également le rapport de 3.

C'est pour atténuer cette insuffisance des indications de vitesse de l'anémo-cinémographe employé, que j'ai fait don au B. C. M. de l'anémo-cinémographe dit à *indications instantanées*, et dèstiné à mesurer la vitesse *absolue* du vent, par la notation sur un papier qui se déroule avec une vitesse de 30 *mm* par minute. (Il faut, bien entendu, comprendre que ces qualifications données usuellement à l'appareil ne sont que relatives.)

Dans cet anémomètre, on émet un contact par mètre de vent parcouru, c'est-à-dire que le cinémographe fonctionnant de la même façon avec le contact d'établissement du circuit et avec la rupture de ce circuit, on obtient deux indications chaque fois que le vent a parcouru l'espace de un mètre. Dans l'appareil des moyennes, on n'a un contact que tous les 50 *m*, ce qui fait, avec la rupture, une indication tous les 25 *m*.

Le moulinet étant calibré pour faire un tour par mètre parcouru par le vent, on a donc 2 pointés par tour pour l'anémomètre à vitesses absolues, et 2 pointés par 50 tours pour l'anémomètre à vitesses moyennes.

L'approximation est donc beaucoup plus considérable qu'avec l'appareil ordinaire, quoique, en réalité, on ne puisse considérer ses résultats comme *absolus*.

Pour comparer les indications des deux appareils, nous donnons la courbe 4 se rapportant à un intervalle de 10′ compris entre o h. 20 et o h. 30. Il n'y a aucun rapport entre les deux tracés.

En moins de 1′, on a, dans l'un, des variations de vitesse de 35 *m* à 45 *m* qui ne sont aucunement décelées par l'appareil ordinaire, lequel indique seulement une vitesse de 26 *m* avec marche ascendante ; le maximum indiqué dans cette période ne dépasse pas 34 *m*.

§ 11. — Maxima et minima de température de 1900.
(Pl. 5, fig. 5 et 6)

Ils sont représentés dans les figures 5 et 6 de la Pl. 5. — Le 20 juillet, on a enregistré 34°,7 au sommet de la Tour et 36° dans la cour du Bureau. Il y a à noter les inversions du matin des 18, 19 et 20 juillet, celle du 19 atteignant 4°,5 à 4 heures du matin, au moment du minimum diurne. — On retrouve encore le 16 juillet, à 5 h. 30 du soir, un abaissement brusque de la température (de 35° à 29°, soit 6°) près du sol, qui ne se produit pas à la Tour. D'une manière générale pendant cette période, l'amplitude

16 Juill. 1900 | Mardi 17 | Mercredi 18 | Jeudi 19 | Vendredi 20 | Samedi 21 | Dimanche 22

Mercredi 7 Février | Jeudi 8 | Vendredi 9 | Samedi 10

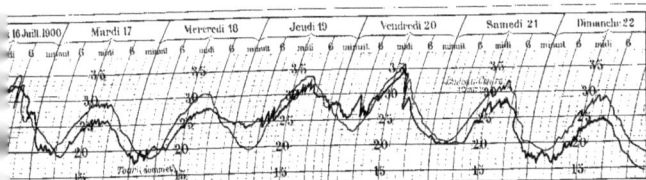

Fig. 5. Maxima de température de 1900.
(Inversions dans les minima amplitudes plus faibles à la Tour)

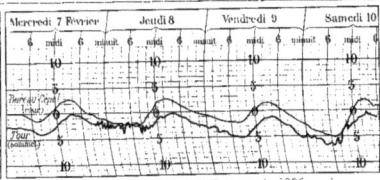

Fig. 6. Minima de température de 1900.
(Amplitudes sensiblement égales)

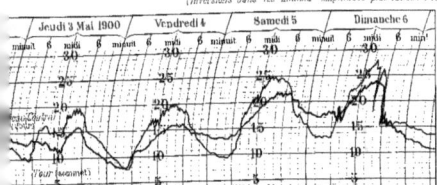

Jeudi 3 Mai 1900 | Vendredi 4 | Samedi 5 | Dimanche 6

Jeudi 16 Août 1900 | Vendredi 17 | Samedi 18 | Dimanche 19 | Lundi 20 | Mardi 21

Fig. 7. Inversions de température précédant l'Orage du 6 Mai (6 h. du soir)
et abaissement de température au moment de l'orage. Abaissement au BCM à 4 h., non observé à la Tour)

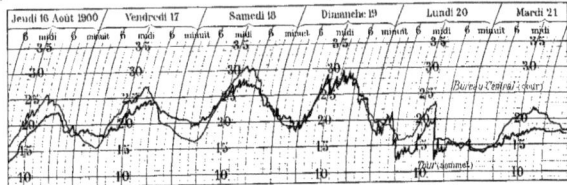

Fig. 9. Inversions de température précédant l'Orage du 20 Avril
(grand abaissement de température au moment de l'orage, entre 5 h. et 6 h. du matin, et entre 3 h. 30 et 4 h. du soir)

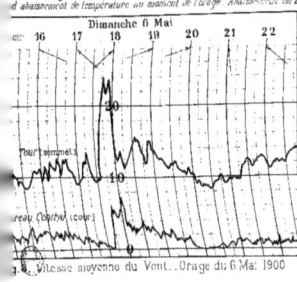

Dimanche 6 Mai

Lundi 20 Août

Fig. 8. Vitesse moyenne du Vent. Orage du 6 Mai 1900

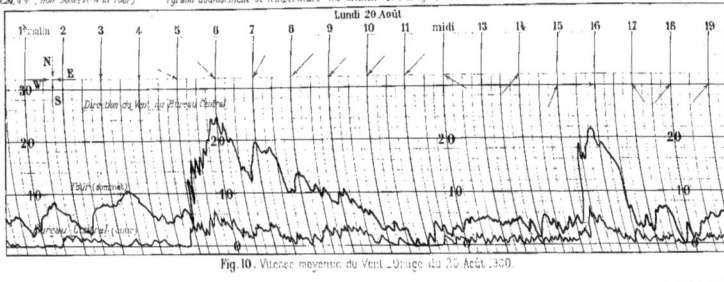

Fig. 10. Vitesse moyenne du Vent. Orage du 20 Août 1900.

est bien moindre à la Tour qu'au sol (du 18 au 19, 5° à la Tour, 11° au sol).

Le minimum de température en 1900, observé le 10 février, a été de — 7° à la Tour et — 5°,1 au Bureau central (figure 6). Les amplitudes pendant cette période sont sensiblement égales. Il n'y a qu'une seule inversion très faible, le 8.

§ 12. — Inversions de température précédant des orages.

(Pl. 5, fig. 7 à 10.)

Orage du 6 mai (fig. 7 et 8) et orage du 20 août 1900 (fig. 9 et 10). — La figure 7 présente une série remarquable d'inversions presque quotidiennes précédant un orage violent qui a éclaté le dimanche 6 mai, entre 6 et 7 heures du soir. Pendant cette période et à partir du 3 mai, les amplitudes sont beaucoup plus faibles au sommet que près du sol. On remarquera le 6 mai, à 3 h. 30, un abaissement considérable de la température au sol (de 26° à 18°) qui ne se produisit pas au sommet de la Tour.

La figure 8 donne la vitesse moyenne du vent, de 15 heures à 22 heures. Vers 18 heures, le vent est de 7 m au sol et de 24 m à la Tour, soit un rapport de 3,5. Le maximum au Bureau n'est atteint que vers la fin de l'orage. Le vent revient au calme complet deux heures après, alors qu'à la Tour on enregistre encore un vent de 8 à 10 m.

La figure 9 donne la marche de la température pendant les trois jours qui précédèrent le 20 août, où eurent lieu deux orages successifs, l'un de 5 à 6 heures du matin, l'autre à 15 h. 30. Celui de la nuit fut le plus violent; il fut précédé d'un léger réchauffement de la température au sommet, suivi d'une chute assez remarquable.

La figure 10 montre que le vent s'élève à la Tour, par une série régulière d'à-coups de la vitesse de 4 m à celle de 24 m; plus d'un quart d'heure avant, le Bureau avait atteint son maximum de 7 m. Le second orage éclata plus brusquement, et, en moins d'une demi-heure, passa de 4 m à 22 m.

Il est à observer que pendant tous les orages, la direction du vent s'est tout à fait modifiée, et qu'il a tourné d'au moins 90°.

§ 13. — **Courbes des vitesses de vent pendant ces dernières années.**
(Pl. 6, fig 11 à 15.)

Nous croyons intéressant de reproduire dans la planche n° 6 quatre courbes de vitesses du vent, sur lesquelles nous avons quelques remarques à faire.

Fig. 11 *et* 12. — Ces courbes correspondent à une dépression barométrique profonde (739 *mm*). Les courbes de vitesses moyennes sont à peu près parallèles : maxima vers 2 h. 25 de l'après-midi. Le maximum de vitesse moyenne est de 31,5 *m*; le maximum de vitesse absolue, de 39 *m*.

Fig. 13. — Cette courbe se rapporte à la journée moyenne du 16 juin, où une trombe a ravagé la banlieue nord de Paris, notamment Asnières et Saint-Ouen. Vers 6 h. 30 du soir, moment de passage du cyclone, la vitesse moyenne au Bureau n'a pas dépassé 7,8 *m* et la vitesse absolue à la Tour est allée à 34 *m* seulement. L'effet de ce cyclone était donc tout à fait local.

Fig. 14. — Ce que cette courbe présente d'intéressant est l'abaissement brusque à la Tour de la vitesse de 21 *m* à celle de 4 *m*, au moment où les vents étaient animés de direction très variables, souvent même opposées, et au contraire, le relèvement rapide de la vitesse, une fois qu'une direction générale s'est établie dans le courant.

Fig. 15. — Ces courbes ont été obtenues pendant un violent orage qui a éclaté sur la région de Paris, le 6 septembre 1899.

L'allure de la courbe de vitesse moyenne indique nettement la violence du coup de vent, qui commence exactement à 8 h. 52 m. du soir, où la vitesse du vent s'élève brusquement de 4 *m* par seconde à 42 *m* ; elle s'y maintient pendant 2 à 3 minutes et diminue ensuite progressivement. Ce coup de vent, qui soulevait des tourbillons épais de poussière et occasionna quelques dégâts à Paris, avait été précédé de nombreux et violents éclairs qui illuminaient le ciel depuis 7 heures du soir ; il fut accompagné d'une chute très intense de pluie et de grêle, qui donna 38 *mm* aux pluviomètres du Bureau.

L'enregistrement de vitesse absolue a accusé un maximum de 44 *m* par seconde entre 9 heures et 9 h. 1 m. du soir : c'est la plus grande vitesse absolue qui ait pu être enregistrée jusqu'alors au sommet de la Tour.

COURBES DES VITESSES DE VENT PENDANT QUELQUES ORAGES DES DERNIÈRES ANNÉES

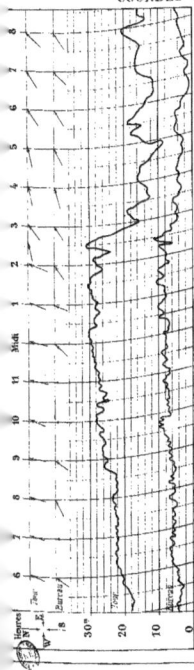

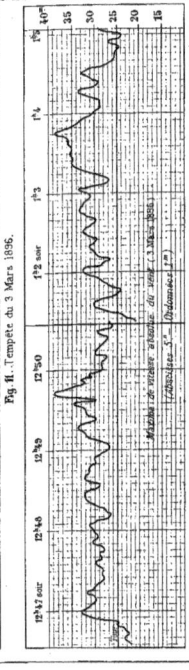

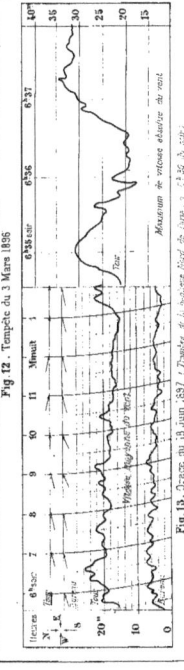

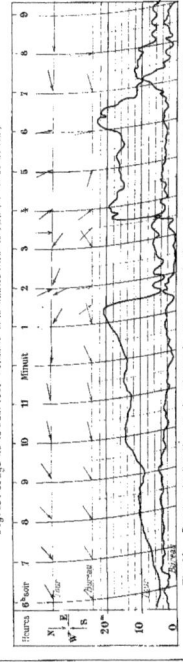

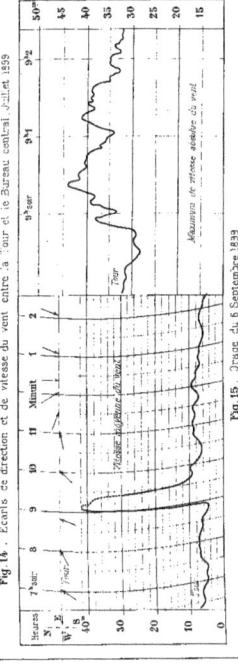

Fig. 11. Tempête du 3 Mars 1896.

Fig. 12. Tempête du 3 Mars 1896.

Fig. 13. Orage du 13 Juin 1897.

Fig. 14. Écarts de direction et de vitesse du vent entre a tour et le Bureau central Juillet 1899.

Fig. 15. Orage du 6 Septembre 1899.

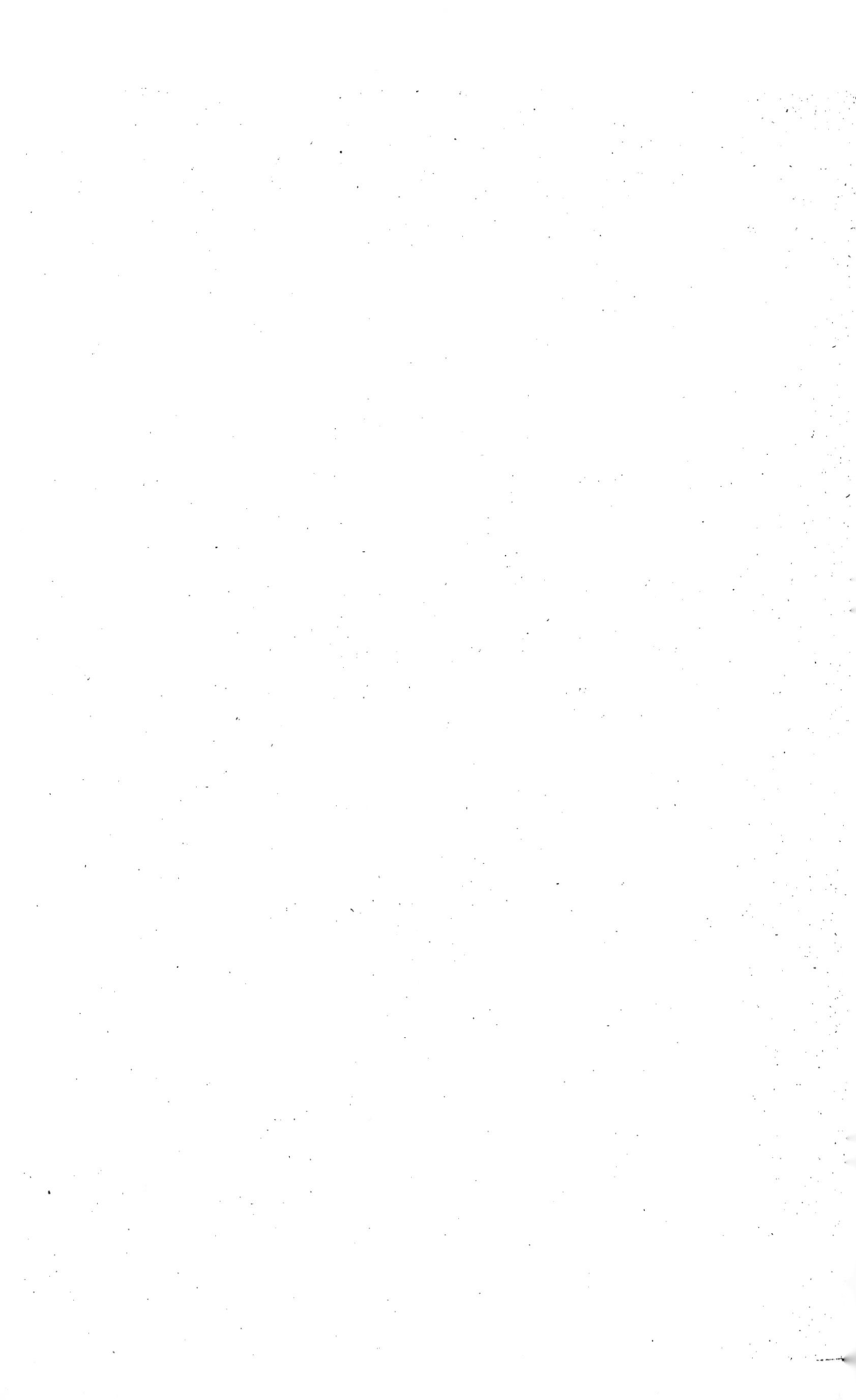

§ 14. — Travaux de M. Langley.

Pour éclaircir ce que j'ai dit plus haut sur la vitesse du vent, et puisque j'ai cité le nom de M. Langley, je ne puis résister au désir de rapprocher ces résultats de ceux que renferme le Mémoire publié par M. S. P. Langley, secrétaire de l'Institut Smithson de Washington (*Revue de l'Aéronautique*, 1893). Ce Mémoire a pour titre : *Le travail intérieur du vent.*

M. Langley s'est servi pour ses expériences d'anémomètres Robinson particulièrement légers (1) dans lesquels l'enregistrement électrique se faisait, à chaque demi-révolution, sur un chronographe astronomique ordinaire, lequel était placé dans le bas de la Tour de 47 m de hauteur servant aux observations. Voici ce que dit M. Langley au sujet des diagrammes qui figurent dans son Mémoire :

« Ces diagrammes mettent en lumière cette particularité remarquable que les fluctuations du vent sont d'autant plus accentuées que la vitesse absolue de celui-ci est plus considérable.

« Ainsi, par un vent violent, l'air se meut en une masse tumultueuse où la vitesse peut s'élever à un moment donné jusqu'à 64,4 km à l'heure (17,90 m par seconde), pour tomber presque instantanément jusqu'au calme, reprendre ensuite, etc.

« Ce fait, qu'un calme local absolu peut se produire momentanément par un vent fort prédominant, m'a vivement frappé pendant les observa-

---

(1) L'anémomètre ordinaire Robinson de l'Institution Smithsonienne, avec coupes en aluminium, était construit sur les données suivantes :

Diamètre entre les centres des coupes opposées. . .   0,34 m
Diamètre des coupes. . . . .   10,16 cm
Poids des bras et des coupes . . . .   241 g
Moment d'inertie. . . . .   40.710 gcm²

On en fit construire un autre de mêmes dimensions, mais beaucoup plus léger. Le poids était de 48 g et le moment d'inertie de 11.946 gcm², ce qui est déjà un résultat satisfaisant.

Celui qui finalement a été construit par M. Langley lui-même, a un diamètre moitié moindre que le modèle habituel, soit 0,17 m. Les hémisphères sont remplacés par des cônes du poids total de 5 g. Le moment d'inertie est seulement de 300 gcm², ce qui est tout à fait remarquable pour un appareil ayant résisté aux vents de tempête.

tions du 4 février. En levant les yeux vers le léger anémomètre, dont la rotation était si rapide qu'on ne pouvait distinguer séparément les coupes, je vis tout à coup celles-ci s'arrêter un instant, puis reprendre leur grande vitesse de rotation, le tout en moins d'une seconde; cette remarque confirma mes soupçons sur l'insuffisance de l'enregistrement chronographique des indications d'un anémomètre, même exceptionnellement léger, pour exprimer la rapidité réelle de ces variations intérieures. Puisque la vitesse est comptée d'après l'intervalle mesuré entre deux contacts électriques, un arrêt instantané, comme celui que j'ai observé fortuitement, sera représenté sur l'enregistreur comme un simple ralentissement du vent, et des faits, aussi significatifs que ceux que je viens de citer, passeront nécessairement inaperçus, même avec l'appareil le plus sensible de ce genre.

» On conçoit cependant que plus les contacts seront fréquents, plus l'enregistrement s'approchera de la réalité; aussi ai-je eu soin d'établir un contact par chaque demi-révolution du moulinet, ce qui donne lieu en général à plusieurs enregistrements par seconde.

« J'appelle maintenant l'attention sur des enregistrements effectifs de variations rapides, et, pour en donner une idée précise, je prendrai comme exemple les premières cinq minutes et demie du diagramme représenté figure 51.

« Le trait fort passant par les points A, B, C, est le tracé obtenu avec un anémomètre ordinaire du Bureau météorologique pour le passage de deux milles de vent (3.220 m). La vitesse qui, au début de la période considérée, était d'environ 37 km à l'heure (10,28 m par seconde), tombe, pendant le premier mille, à un peu plus de 32,2 km à l'heure (8,95 m/s). C'est là l'enregistrement anémométrique ordinaire à cette hauteur (47 m au-dessus du sol), où le vent est soustrait aux perturbations résultant du voisinage immédiat des inégalités terrestres, et où l'on admet communément que sa direction seule est soumise à des variations occasionnelles, ainsi que le montre en effet la girouette, tandis que son mouvement serait assez régulier pour qu'on puisse le considérer, pour un court intervalle de deux à trois minutes, et dans les circonstances ordinaires, comme approximativement uniforme. C'est donc là ce qu'on appelle « le vent », c'est-à-dire le vent conventionnel des traités d'aérodynamique, où on ne le considère que sous l'aspect d'un courant pratiquement continu.

« Mais il en est tout autrement, si l'on examine le tracé enregistré dans le même temps, de seconde en seconde, avec un anémomètre excep-

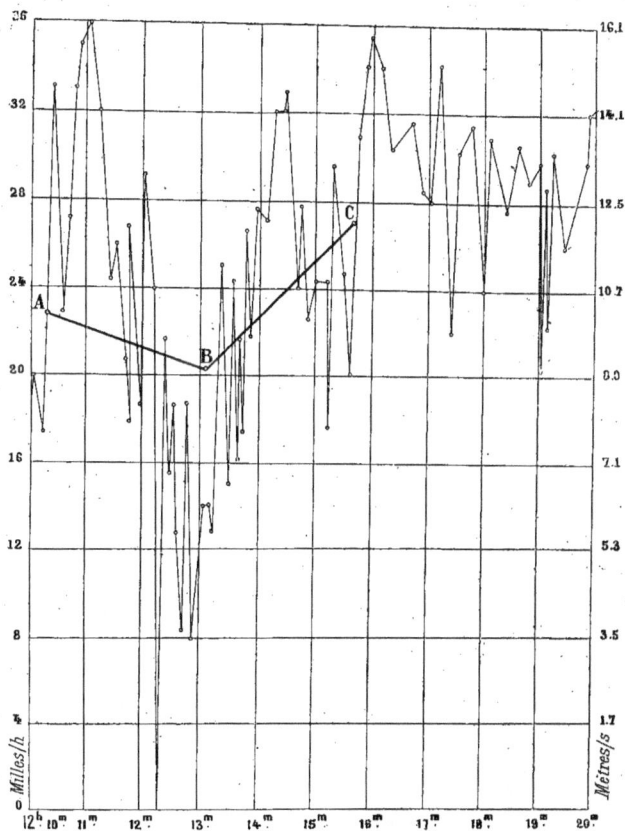

Fig. 51. — *Diagramme des vitesses de vent observées par M. Langley.*

tionnellement léger. La vitesse initiale de 37 *km* à l'heure (10,28 *m/s*) à midi 10′18″ s'élève en 10 secondes à 53 *km* (14,70 *m/s*), revient, dans les 10 secondes suivantes, à sa valeur primitive, remonte ensuite en 30 secondes jusqu'à 58 *km/h* (16,10 *m/s*) et ainsi de suite avec des alternatives

32

analogues comprenant même, à un certain moment, un calme absolu.

« On voit aussi que la vitesse a passé par 18 maxima notables et par autant de minima, l'intervalle moyen entre un maximum et un minimum étant d'un peu plus de 10 secondes et la moyenne des changements de vitesse, pendant ce temps, d'environ 16 *km* par heure (4,45 *m/s*). »

§ 15. — Comparaison des résultats trouvés au B. C. M. avec ceux donnés par M. Langley.

On me permettra, en raison de l'importance capitale qu'a le vent, au point de vue de la stabilité des constructions, d'entrer encore dans quelques développements à ce sujet, quoiqu'ils s'éloignent un peu du cadre de cet ouvrage, parce qu'ils se rattachent à l'une de mes constantes préoccupations pendant ma carrière d'ingénieur.

Le très intéressant extrait qui précède des travaux de M. Langley met bien en lumière un fait très connu des aéronautes et des marins, c'est que le vent, surtout quand il est violent, agit par rafales soudaines qui n'offrent aucune constance, ni en intensité, ni en direction.

Il est aussi une confirmation des résultats déjà constatés au Bureau central météorologique avec l'anémo-cinémographe Richard à indications, sinon instantanées, mais, au moins, très rapides. Cet appareil donne, par le tracé de ses courbes, des variations très analogues à celles que fournissent les instruments de M. Langley.

Ainsi, si l'on considère les courbes de la tempête du 3 mars 1896 (voir fig. 11 à 14, pl. 6), on lit sur le quadrillage tracé en prenant 1 *m* comme ordonnées et 5 secondes comme abcisses, les résultats suivants :

1° En une minute, le tracé indique 4 à 5 maxima et autant de minima; l'intervalle entre 2 maxima, c'est-à-dire entre deux pulsations du vent, est d'environ 10 secondes;

2° La montée d'un minimum à un maximum peut être indiquée en moins de 5 secondes pour une variation de vitesse de 9 *m*. (soit de 30 *m* à 39 *m* à 12ʰ 49′ 35″);

3° La descente de ce même maximum au minimum de 28 *m*, soit une variation de 11 *m*, s'est produite en 15 secondes avec deux à-coups intermédiaires parfaitement marqués ;

Fig. 51 bis. — Tempête du 3 mars 1896, à l'échelle de la figure 51.

4° Un remarquable coup de vent avec vitesse ascendante progressive se produit de 1ʰ 1′ 22″ à 1ʰ 3′ 45″. Dans cet intervalle de 2′ 23″, le vent monte de 21 m à 38,50 m en passant par un nombre de 10 maxima et autant de minima intermédiaires.

Pour rendre plus manifeste encore l'analogie des résultats enregistrés au Bureau central météorologique, et ceux fournis par M. Langley, nous donnons ci-contre (fig. 51 *bis*) le tracé de cette même courbe de tempête à l'échelle de la figure 51.

On voit qu'il y a une grande analogie entre ces deux figures pour des variations égales dans la vitesse.

Mais il ne faut pas se dissimuler que l'indication de la vitesse elle-même est très incertaine, puisque l'on n'a pas réalisé une vérification directe des appareils pour les grandes vitesses. Peut-on déduire du nombre de contacts la vitesse correspondante du vent, et admettre que le rapport égal à l'unité entre la vitesse du vent et le nombre de tours du moulinet, admis pour les faibles vitesses, se maintient pour un nombre de tours qui va jusqu'à 2,500 ou 3,000 par minute? La chose est plus que douteuse, et les résultats donnés par les moulinets dans ces circonstances ne peuvent guère inspirer confiance. En outre, ces nombres de tours si considérables montrent combien il est difficile de construire des appareils résistant sans se briser à de pareilles vitesses de rotation.

On a donc cherché dans un autre ordre d'idées, et M. Dines a construit un anémomètre à tube de pression, très employé en Angleterre, et dont il existe un spécimen au Bureau central. Cet appareil, qui a quelque analogie avec le tube de Pitot, employé en hydraulique, consiste essentiellement en un flotteur immergé sous une cloche, et dont les déplacements verticaux correspondent aux variations dans la pression, due à la vitesse du vent. Nous avons vu au Bureau central des tracés en hachures très remarquables obtenus par cet appareil.

Quoique l'heure ne soit représentée sur ces diagrammes que par la largeur tout à fait insuffisante de 15 *mm*, on peut lire cependant sur l'un d'eux, pour un intervalle de 3 minutes, une variation de vitesse de vent de 14 *m* en baisse avec l'indication de 5 à-coups diminuant progressivement, ce qui donne une approximation supérieure à celle de l'anémo-cinémographe ordinaire.

Il est à désirer que, soit à l'aide de cet anémomètre rendu plus sensible comme indications, soit par des moulinets à rotation dont on puisse contrôler les résultats, on poursuive ces expériences sur la vitesse réelle du vent.

On pourra alors se représenter ce phénomène si peu connu et d'un si grand intérêt qu'est le vent et dont nous ne mesurons avec quelque certitude ni la vitesse ni encore moins la pression. Les moyennes données par les instruments actuels n'ont, tout au moins au point de vue de l'ingénieur et de la stabilité des constructions, qu'un médiocre intérêt.

Les *pulsations* du vent, avec leurs intensités réelles à chaque instant, ont, au contraire, une importance capitale, et elles sont encore à déterminer.

CHAPITRE XII

---

§ 1. — Réceptions et Visites.

La Tour a été pendant l'Exposition de 1900 le centre de nombreuses visites de corps savants. Nous citerons tout d'abord celles faites, le 21 juin et le 5 juillet, par les ingénieurs étrangers délégués aux fêtes données par la Société des Ingénieurs civils de France.

Ces ingénieurs se sont particulièrement intéressés à la nouvelle installation mécanique des ascenseurs, et à l'aménagement de la deuxième plate-forme.

A la suite de chacune de ces visites, M. Eiffel a offert à ces ingénieurs délégués un déjeuner à la première plate-forme, afin de les réunir une fois de plus à M. Canet, président de la Société des Ingénieurs civils de France, et aux membres du Comité. Plus de cent ingénieurs assistaient à chacun de ces banquets où les toasts les plus cordiaux furent échangés.

On nous permettra de relater des extraits de quelques-uns d'entre eux, non par un sentiment de vanité personnelle, mais afin de montrer de quelle estime exceptionnelle la Tour jouit à l'étranger.

Allocution de M. DE JONKER J. B. VAN MERLEN
de l'Institut Royal des Ingénieurs néerlandais.

« Ainsi qu'un marin, qui s'approche de la terre, tâche de découvrir un phare, les yeux des pèlerins cherchent la Tour Eiffel, le phare de la civilisation de Paris.

« M. Eiffel, avec une science et un courage hors ligne, a saisi le drapeau français, l'a élevé dans les nuages et l'y maintient avec une main de fer.

« A M. Eiffel je puis dire que, de l'unanimité du monde entier, la Tour Eiffel, qui fut le clou de la précédente Exposition, est et reste le clou de l'Exposition actuelle.

Allocution de M. M. MANGOUBY,
membre de la Société des Ingénieurs des voies de communication de Russie.

« En qualité de délégué de la Société des Ingénieurs des voies de communication de Russie, et en même temps comme membre de la Société Impériale de Russie, je porte un toast à la précieuse santé de notre aimable amphitryon, en le remerciant le plus chaleureusement de l'accueil si amical qu'il nous manifeste aujourd'hui, sur la place même où il a érigé le monument unique et séculaire qui porte son nom et lequel, nous en sommes certains, portera son nom à la postérité la plus lointaine. »

Allocution de M. LUIS SALAZAR,
de l'Association des Ingénieurs et Architectes de Mexico.

« Le Pont Alexandre, le Grand et le Petit Palais des Beaux-Arts, le Palais du Génie civil, etc., sont autant d'échantillons du progrès de la France; quelques-uns de ces travaux sont certainement des clous; mais je le dis avec conviction, rien ne me semble réunir les préférences comme étant le vrai clou de l'Exposition de 1900. Voilà la différence que je trouve avec l'Exposition de 1889, où, sans contradiction, le travail du fer avait emporté le prix de l'enthousiasme public, c'est-à-dire, la Galerie des

Machines et la Tour Eiffel, cette Tour qui, malgré ce qu'on a dit, reste encore, onze ans après, le clou qui en 1889 rendit célèbre le nom du savant ingénieur M. Eiffel. »

Allocution de M. Ziino,
du Collège des Ingénieurs et des Architectes de Palerme.

« Les chefs-d'œuvre qui remplissent votre Exposition universelle, au milieu desquels se dresse dans toute sa splendeur l'imposante et magnifique Tour Eiffel, sont le témoignage de la science profonde, de l'art florissant et du mouvement industriel de votre grand pays.

Je bois donc au génie des ingénieurs français sous toutes ses formes, et à la santé de M. Eiffel, dont le nom est connu du monde entier. »

Allocution de M. Hiorth, du Polytechnicum Forening (Norvège).

« Au nom de mes collègues de Norvège, je tiens à présenter mes remerciements à M. Eiffel, pour l'aimable invitation qu'il nous a adressée. Il nous a été extrêmement intéressant de visiter en détail cette superbe construction, et de contempler du sommet l'ensemble de l'Exposition, cette Ville admirable, et ses environs charmants. Nous avons vu tous les monuments, élégants et immenses, mais aucun d'eux n'arrive à la moitié du Géant. Sa pointe s'élève bien au-dessus d'eux vers le ciel, montrant à toutes les nations ce qu'un homme de génie peut produire avec l'industrie et l'art français. Ce monument conservera la mémoire de M. Eiffel aussi longtemps que Paris existera.

Allocution de M. J. Davidsen, de la Société des Ingénieurs civils danois.

« Grâce à l'invitation de notre hôte, si aimable et si éminent, nous avons pu ce matin visiter en détail l'un des plus grands chefs-d'œuvre français, et jouir du magnifique panorama qui se déroule du sommet de la Tour Eiffel.

« Panorama vraiment grandiose !

« On aperçoit, se groupant autour de sa base, l'Exposition universelle, qui a réuni, condensé, pour ainsi dire, dans un espace relativement restreint, les résultats de toute l'activité humaine dans toutes ses branches, et de tous les points du globe.

« On voit se déroulant autour de l'Exposition, et comme son cadre naturel et splendide, la Ville de Paris ! la Ville lumière ! Messieurs !

« Le grand succès de l'Exposition universelle de 1900, cette œuvre d'art, si dignement, si heureusement enchâssée dans Paris, le bien-être de la population parisienne, sont dus pour la grande part à vos études si savantes et si profondes, à vos travaux si beaux et si pratiques, et je me permets, au nom de la Société des Ingénieurs civils danois, de vider mon verre à la prospérité toujours grandissante des Ingénieurs civils de France !

Allocution de M. J. MAGERY,
membre de l'Association des Ingénieurs sortis de l'École de Liége.

« En 1885, la fabrication du fer fondu par le procédé Thomas était encore dans l'enfance et les qualités de ce métal fort peu connues. Quelques essais malheureux, faits à cette époque en Hollande, dans des constructions avec de l'acier Bessemer dur, paraissaient devoir faire exclure des constructions métalliques, telles que ponts ou charpentes, le métal portant le nom d'acier. C'est alors que M. Eiffel, pressentant ce que pouvait valoir, du moment qu'on pouvait le produire d'une qualité régulière et constante, cet acier nouveau-né, l'acier Thomas, plus exactement appelé maintenant « le fer fondu », fit dans nos usines des essais très nombreux et des plus variés sur une foule d'échantillons pris au hasard. Il nous apprit alors beaucoup de choses, et entre autres les conditions auxquelles ce nouveau métal devait répondre, pour lui permettre d'être employé, d'une manière régulière et sans crainte de déboires, dans toute espèce de constructions métalliques. Il s'agissait alors de ponts de différentes portées, légers et solides à la fois, facilement transportables et montables. Ces essais furent pour nous une excellente leçon dont nous avons largement profité, en même temps que nous constations avec joie que le grand constructeur des Ponts du Douro et d'autres remarquables travaux, admettait l'emploi du fer fondu pour ses nouvelles constructions. D'autres, rassurés par son exemple, le suivirent dans la même voie, et de nombreux débouchés s'ouvrirent à ce nouveau produit métallurgique. C'est donc, en partie, à M. Eiffel que nous le devons; aussi suis-je heureux de profiter de l'occasion pour l'en remercier au nom des fabricants de fer fondu, devenus si nombreux en France comme ailleurs. »

Les mêmes sentiments à l'égard de la Tour étaient exprimés dans d'autres nombreux toasts des membres de l'Association des Ingénieurs allemands, de la Société des Ingénieurs et Architectes de Vienne, de l'Institution of Mechanical Engineers de Londres, qui a décerné à M. Eiffel le titre de Membre honoraire, et enfin de l'American Society of Mechanical Engineers de New-York (dont il est également Membre honoraire).

Parmi les autres réunions, nous citerons :

Celle de la Société amicale des Ingénieurs des Ponts et Chaussées et des Mines, présidée par M. Huet, inspecteur général en retraite. Cette réunion a eu lieu le 16 juin, sous la présidence de M. le Ministre des Travaux publics.

Enfin, celle du Congrès international de Météorologie, dont les membres, après la visite de la Tour, se sont réunis le 13 septembre dans un banquet présidé par M. le Ministre de l'Instruction publique.

M. Mascart, président du Congrès, a précisé en quelques mots les progrès accomplis en météorologie dans ces dernières années. Il a notamment rappelé que les météorologistes ne se contentent plus d'observer les phénomènes à la surface du sol ; sur les plus hautes montagnes comme au sommet de la Tour Eiffel, ils ont établi des stations qui, dégagées des influences locales, fournissent les plus précieuses indications.

Les personnages de marque qui ont visité la Tour pendant l'Exposition de 1900 ont été peu nombreux ; nous citerons seulement :

S. A. R. l'archiduc Charles-Ferdinand d'Autriche.

Tiao Maha Ouparat, second roi de Luang-Prabang, avec sa suite.

Le Fama Aguibou, roi du Macina, accompagné du prince Mocktar, son plus jeune fils.

S. E. Simon Tran-Dai-Hoc, chef de la mission envoyée par le

Gouvernement général d'Indo-Chine, et S. E. J. Nguyen-Hun-Nhieu, membre de cette mission.

LL. AA. le grand-duc et la grande-duchesse de Mecklembourg.

M. Krüger, le vénérable Président de la République Sud-Africaine.

En 1901, l'album des visiteurs porte le nom de Ranavalona, ex-reine de Madagascar, et ceux des ambassadeurs marocains Abdel Kerim ben Sleinan, Ben Nasser Ghannam et Mohammed ben el Kaab, qui y ont écrit les phrases dont nous donnons ci-dessous la traduction :

« *Gloire à Dieu.* — Lorsque celui qui a écrit ces lignes est arrivé à cet
« endroit merveilleux, qui est un témoignage d'un génie unique, il a été
« convaincu par sa propre vue de ce que la renommée avait fait parvenir
« jusqu'à lui, et qu'il résume ainsi : cet endroit est la preuve que celui
« qui l'a élevé et l'a conçu n'a pas de pareil dans la science de l'in-
« génieur et qu'il est une des gloires de la nation, qui est elle-même
« unique.

« Fait le 6 Rabi-et-thani 1309 par l'Ambassadeur de sa Majesté
« chérifienne le Sultan du Maroc, auprès du Gouvernement de la République
« Française. »

§ 2. — Le prix Henry Deutsch et M. Santos-Dumont.

Le 24 mars 1900, M. Henry Deutsch institua, de concert avec l'Aéro-Club, un grand-prix de 100.000 *fr.* destiné à favoriser les progrès de l'aérostation par ballons dirigeables.

Les conditions de l'épreuve imposée ont été définies par la Commission de l'Aéro-Club ainsi qu'il suit :

« Partir du Parc d'aérostation de l'Aéro-Club (situé sur les coteaux de Saint-Cloud, à 5,5 *km* de la Tour Eiffel); décrire, sans toucher terre et par les seuls moyens du bord, une courbe fermée de façon que l'axe de la Tour Eiffel soit à l'intérieur du circuit ; revenir au point de départ dans le temps maximum d'une demi-heure. »

Il avait paru au fondateur de ce prix, qui est à la tête de l'industrie des pétroles en France, que les progrès considérables récemment réalisés dans la fabrication des moteurs à essence de pétrole et l'emploi de ce combustible si léger et si riche en énergie, donnaient lieu de penser qu'on se trouvait désormais en possession du moteur tant désiré pour la direction des ballons. A la fois puissant et léger, il permettait de renouveler, dans des conditions plus favorables, les belles expériences de MM. Renard et Krebs, faites avec des moteurs électriques et de tenter davantage qu'un commencement de solution pour le problème tant cherché, et dont les difficultés sont si grandes, non seulement en raison de l'action considérable de la pression du vent sur un mobile flottant dans l'air, mais encore en raison de l'irrégularité de sa vitesse et de sa direction.

Le seul concurrent qui tenta l'épreuve indiquée fut M. Santos-Dumont, dont les expériences successives dans le courant de l'année 1901 ont attiré l'attention du monde entier.

Dès 1898, M. Santos-Dumont avait fait une série d'essais de ballons dirigeables, en leur donnant la forme habituelle de fuseau, c'est-à-dire celle d'une enveloppe cylindrique terminée par des cônes, et en les munissant d'un moteur à pétrole de Dion-Bouton. Le *Santos-Dumont* n° 1 avait une largeur de 25 m et un rayon de 1,75 m ; son cube était seulement de 180 m, et son moteur, qui était un moteur d'automobile, de 3 1/2 chevaux. L'hélice en aluminium avait 1 m d'envergure. Nacelle et machine, tout compris, pesaient 64 kg, soit moins de 20 kg par cheval-vapeur, ce qui constituait déjà un grand progrès sur les appareils Giffard.

Ces essais se poursuivirent sans discontinuer, et, au milieu de péripéties de toute nature, avec une ténacité et un courage absolument dignes d'éloges, M. *Santos-Dumont* construisit successivement trois autres ballons portant les nᵒˢ 2, 3, 4, et enfin le « Santos-Dumont n° 5 » en 1901. Ce ballon avait une longueur de 34 m et un cube de 550 m. Son volume était engendré par un segment de cercle ayant 77° d'angle au centre. Une légère poutre armée, servant de quille, était suspendue directement à l'enveloppe en soie, imperméabilisée à l'huile de lin, qui renferme le gaz hydrogène. Elle portait à l'intérieur, soutenu à l'aide de fils d'acier, un moteur à essence à 4 cylindres de 16 chevaux de force ; en un autre point de cette poutre armée, était disposée la nacelle, d'où l'aéronaute dirigeait le moteur avec des cordelettes et actionnait la voile-gouvernail placée à l'arrière. Le moteur lui-même faisait mouvoir une hélice en toile agissant à l'arrière par propulsion. Cette hélice avait un diamètre de 4,00 m, une vitesse de 140 tours, et était capable de donner une traction de 60 *kg* aux essais sur un point fixe.

Avec ce ballon, le 13 juillet 1901, parti du Parc d'aérostation, M. Santos-Dumont doubla la Tour Eiffel (voir figure ci-contre), et revint à son point de départ en 40 minutes. Ce succès était sans précédent, parce que c'était la première fois qu'on se trouvait en présence d'un programme de parcours nettement déterminé.

Le 8 août, eut lieu un nouveau voyage : le ballon doubla la Tour Eiffel à la hauteur de la troisième plate-forme, après un parcours très rapide de 5,5 *km* en 9' 7". Malheureusement, au retour, une déformation de l'enveloppe et l'enchevêtrement de l'hélice dans les cordages de suspension amenèrent une chute violente sur l'hôtel du Trocadéro. L'aérostat fut complètement brisé, mais M. Santos-Dumont eut le bonheur de s'en tirer sain et sauf.

M. Emmanuel Aimé décrit ainsi cet accident dans la Revue mensuelle *l'Aérophile*, numéro d'août 1901.

« Les conditions atmosphériques attendues depuis quinze jours paraissent assez favorables. Le ciel, lavé par une semaine de pluies, resplendit sous les feux du soleil. Cependant du côté de l'Orient quelques nuages ternissent encore l'azur et présagent le vent qui trop souvent succède à l'accalmie du matin.

« Du haut des coteaux de Saint-Cloud, la Tour Eiffel émerge de la brume matinale avec son drapeau qui pend en plis rassurants à 300 *m*, tandis que, plus bas, les arbres du Bois de Boulogne se partagent la fine mousseline du brouillard en lambeaux.

« Si la Tour Eiffel n'existait pas, il faudrait l'inventer pour les besoins de l'aérostation. Son drapeau, à 5 *km* à la ronde, donne spontanément le signal des ascensions et pour l'aéronaute qui cherche, dans la molle inclinaison de ses trois couleurs, l'augure parfois trompeur d'un beau temps et pour les Parisiens qui l'interrogent avant de risquer une promenade sur la rive gauche de la Seine, entre Suresnes et Saint-Cloud.

« Le matin du 8 août, il semble se pencher pour dire : venez au Parc d'aérostation. Et deux cents personnes, avant que soient parus les journaux annonçant, pour varier leur cliché quotidien, la remise de l'ascension à plus tard, accourent à pied, à cheval, à bicyclette, en fiacre et en automobile.

Fig. 51 *ter.* — *Santos-Dumont doublant la Tour Eiffel le 13 juillet 1901, à 6 h. 55 du matin.*
(D'après un cliché communiqué par la Revue *l'Aérophile.*)

« Très acclamé, Santos-Dumont commande le départ à 6ʰ 21′30″. Le ballon, comme un oiseau géant effarouché par le tonnerre des applaudissement qui éclatent en bas, semble hésiter un instant et cherche sa route à droite et à gauche.

« Une bouffée de vent l'écarte au-dessus de la Seine dans la direction de Meudon. Mais, après quelques embardées vite corrigées, il pointe directement vers la Tour Eiffel. Il arrive au poteau à 6ʰ 21′ 37″, opère un virage rapide sur une circonférence d'une vingtaine de mètres de rayon au niveau du troisième étage de la Tour et achève de doubler le but à 6ʰ 21′ 50″, soit 9ᵐ 7″ pour une distance de 5,5 *km* à vol d'oiseau.

« Du Parc d'aérostation, on le voit revenir à toute vitesse et personne ne doute de son heureux retour, en moins de temps qu'il n'en faut pour remplir les conditions du Grand-Prix, bien qu'il ait à ce moment vent contraire, et que le drapeau de la Tour, relevé horizontalement, indique un courant assez rapide à l'altitude de 300 *m*.

« Cependant, vue à la jumelle, l'enveloppe du ballon paraît se dégonfler et la pointe avant se replier contre la résistance de l'air. La faute en est au mauvais fonctionnement du ballonnet à air et à la faiblesse des ressorts des soupapes automatiques.

« Tout à coup, au-dessus des fortifications de Paris, vers la Muette, l'hélice s'arrête dans une agitation désordonnée de tout le système.

« Ses ailes viennent de toucher les suspensions flottantes du ballon en partie dégonflé, et l'aéronaute, forcé d'arrêter son moteur, s'en va à la dérive directement vers la Tour Eiffel, sans autre moyen d'éviter le terrible écueil que de briser son ballon sur les toits du quartier du Trocadéro.

« Avec une grande présence d'esprit, il ouvre la soupape de manœuvre, brise d'un coup de corde le panneau de déchirure, et abat son ballon qui, à 6ʰ 30′, choque, à 32 *m* de hauteur, avec un bruit d'explosion, la corniche du Grand Hôtel du Trocadéro, rue Alboni.

« L'étoffe vole en lambeaux et le ballon subitement vidé tombe comme une masse dans la cour de l'hôtel, où il demeure suspendu à 15 *m* du sol ; la nacelle d'osier est renversée presque horizontalement, mais reste supportée par la poutre armée qui, malgré le poids du moteur et le choc effroyable, résiste merveilleusement. »

Enfin, sans se décourager, l'intrépide aéronaute construit en 22 jours un nouveau ballon, le n° 6, à peu près semblable au n° 5 que nous venons de décrire.

Nous extrayons du numéro d'août de l'*Aérophile* le schéma ci-dessous et les caractéristiques du nouveau ballon :

Sa forme est celle d'un ellipsoïde allongé de 33 *m* de grand axe et

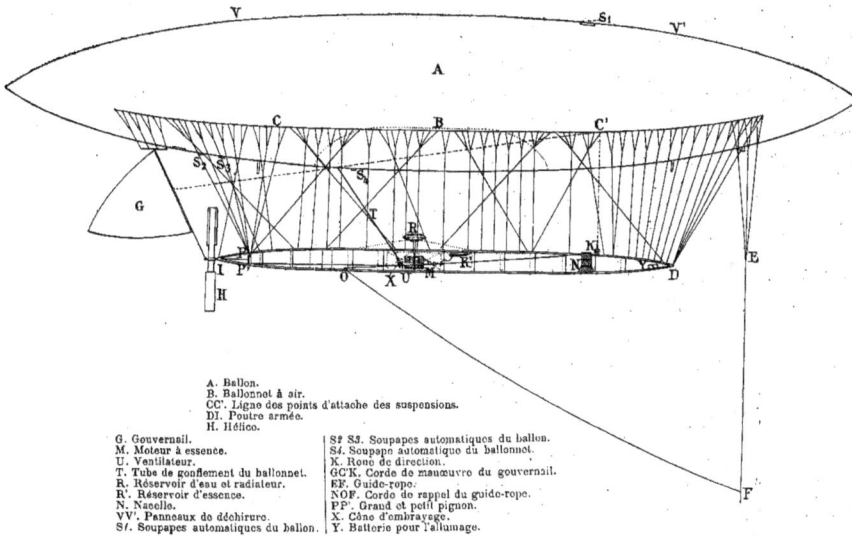

A. Ballon.
B. Ballonnet à air.
CC'. Ligne des points d'attache des suspensions.
DI. Poutre armée.
H. Hélico.

G. Gouvernail.
M. Moteur à essence.
U. Ventilateur.
T. Tube de gonflement du ballonnet.
R. Réservoir d'eau et radiateur.
R'. Réservoir d'essence.
N. Nacelle.
VV'. Panneaux de déchirure.
S*f*. Soupapes automatiques du ballon.

S*2* S*3*. Soupapes automatiques du ballon.
S*4*. Soupape automatique du ballonnet.
K. Roue de direction.
GC'K. Corde de manœuvre du gouvernail.
EF. Guide-rope.
NOF. Corde de rappel du guide-rope.
PP'. Grand et petit pignon.
X. Cône d'embrayage.
Y. Batterie pour l'allumage.

Dessin schématique du Santos-Dumont *n° 6. (Échelle de 1/185°.)*

de 6 *m* de petit axe. Il est terminé en avant et en arrière par deux cônes. Son tonnage est de 622 *mc*. Il déplace 800 *kg* d'air. Si on retranche de ce chiffre le poids de l'enveloppe (120 *kg*), du moteur (98 *kg*), de l'aéronaute (50 *kg*), des 622 *mc* d'hydrogène (120 *kg*) et de divers accessoires ou agrès, il reste 150 *kg* pour le lest de sûreté. Le moteur est de 20 chevaux.

Après quelques avaries vite réparées, et malgré un vent qui était de 6 *m* par seconde au sommet de la Tour, le départ officiel devant la Commission avait lieu le 19 octobre à 2ʰ 42′, le virage était pointé à 2ʰ 51′, soit 9 minutes après le départ, ce qui représentait une vitesse d'environ 38 *km* à l'heure. Le ballon remontait ensuite dans le vent et, à 3ʰ 11′ 30″, soit 29′ 30″ après le départ, il passait au zénith du parc d'aérostation. La vitesse de propulsion a été évaluée à 7 *m*.

Le prix était gagné. C'est ce que décida la Commission scientifique réunie le 4 novembre, après la clôture du concours prononcée le 31 octobre. Le montant du prix de 100.000 *fr* fut versé à M. Santos-Dumont, qui en attribua généreusement la moitié aux pauvres de Paris et l'autre moitié à ses collaborateurs.

L'Administration de la Tour Eiffel, qui avait mis à la disposition de l'Aéro-Club le salon réservé du quatrième étage, adressa à M. Santos-Dumont une médaille d'or commémorative. C'était la quatrième frappée à l'intention d'illustres visiteurs de ce monument. Les trois premières médailles avaient été affectées au Tsar, à la Tsarine et à l'amiral Avellan.

M. Santos-Dumont a répondu, le 26 octobre, à cet envoi par la lettre suivante :

« Je vous remercie de votre lettre si flatteuse pour moi et de la « magnifique médaille d'or que vous m'avez offerte au nom de la Société « de la Tour Eiffel.

« Je conserverai avec reconnaissance, comme premier et précieux « souvenir de mon voyage du 19 octobre, l'image si artistique du plus « haut monument du globe, appelé à jouer un rôle dans les régates « aériennes.

« Agréez, etc... »

SANTOS-DUMONT.

On annonce en ce moment (novembre 1901) que M. Santos-Dumont va continuer ses expériences à Monaco, où, grâce à l'intérêt que porte le prince de Monaco au progrès des sciences, il sera mis à sa disposition un hangar, une usine à hydrogène et enfin un yacht pour le suivre dans ses excursions. Il se propose, en effet, d'aller en Corse, à Calvi, et de revenir à son point de départ.

Le Santos-Dumont n° 7 différera assez notablement du n° 6 par ses dimensions et sa puissance. Suivant les renseignements publiés, le nouveau ballon aura un cube de 1.200 m. (Longueur 49 m, diamètre au maître couple 7 m).

La poutre armée sera portée de 18 m de longueur à 28 m. La nacelle sera placée au milieu. Les deux moteurs, situés l'un à l'avant, l'autre à l'arrière, actionneront chacun une hélice de 5 m de diamètre placée aux extrémités de la poutre armée. Ces moteurs pèsent chacun 160 kg et développent ensemble une force de 90 chevaux.

On ne peut que faire des vœux pour la réussite de ces belles expériences.

Les aperçus que j'ai exposés précédemment sur le vent sont confirmés dans une note publiée dans l'*Aérophile* (mars 1901) par M. le comte Jules Carelli.

Je crois qu'on en lira avec intérêt les extraits suivants :

« On peut dire que le vent agit toujours par *rafales*. On peut dire encore exactement qu'un courant aérien se subdivise en plusieurs autres courants plus minces, qui agissent à leur tour par intermittence, par rafales, conservant ou changeant leur obliquité relative et marchant avec des vitesses différentes.

« Celui qui, comme moi, par exemple, a étudié le vent, a remarqué qu'il commence doucement et prend une vitesse progressive, puis qu'il devient très violent. Aussitôt après, il diminue d'intensité et devient un zéphir, qui fait bientôt place au calme *parfait*. Et ainsi de suite alternativement : tantôt vous sentez le vent en pleine figure; tantôt vous le sentez oblique, à droite ou à gauche, et toujours par *rafales*, d'une durée plus ou moins longue.

« La direction générale existe, mais avec intermittence, avec gradation ou sans gradation, avec des moments d'accalmie, avec des impétuosités soudaines; mais vous remarquerez toujours les subdivisions de ce courant général, qui s'entre-croisent, horizontales, ascendantes et même descendantes.

« Lorsqu'un ballon dirigeable est transporté par un courant aérien, il n'est pas du tout *exact* de dire qu'*il n'existe pas de vent pour lui* et qu'il n'est pas soumis à des mouvements giratoires horizontaux.

« Nous avons vu que le ballon, ayant été transporté régulièrement pendant quelques minutes, le vent cesse tout d'un coup de souffler, puis revient par *rafales*; ou bien il cesse de souffler, graduellement, et puis il revient. Trois, quatre rafales, légèrement obliques entre elles, *s'entre-croisent* et agissent sur le ballon, avec des vitesses différentes. Le ballon ne peut pas être transporté par toutes à la fois dans la direction de chacune! Ce seront plusieurs forces qui solliciteront le mobile *ballon*, qui se trouve déjà sollicité par la force propulsive du moteur. Or, nous savons qu'en mécanique existe le grand principe suivant :

« Quand un mobile est sollicité par deux ou plusieurs forces « différentes, il obéit à l'action de chacune de ces forces : sa vitesse « et sa trajectoire sont les *résultantes* des vitesses et des trajectoires qui « correspondent aux différentes forces auxquelles il est soumis. »

« On voit donc par là que le ballon, pris entre les forces différentes de deux ou plusieurs rafales, doit *pirouetter*, décrire des courbes. Sa marche, quoique sa vitesse soit supérieure à la vitesse de tous ces courants d'air, sera la *résultante* de toutes ces forces, et non la ligne qu'il voudra suivre.

« Dans le récit de son expérience, M. Tissandier dit : « L'aérostat « tenait tête au courant aérien et restait immobile. Malheureusement « il ne restait pas longtemps dans cette position favorable; il se trouvait « soumis, tout à coup, à des mouvements giratoires que le jeu du gou- « vernail était impuissant à maîtriser. »

« L'aérostat de M. le comte Zeppelin n'a exécuté que des courbes et des zigzags, tout en oscillant énormément dans le sens vertical. On voit donc combien se trompent ceux qui prétendent assimiler le ballon dirigeable à un bateau transporté par un courant d'eau.

« Ce qui a dérouté et découragé les inventeurs, c'est précisément la *facilité* extrême de diriger un ballon dans l'atmosphère calme, et la *difficulté* extrême de diriger un ballon dans l'air agité. »

Il n'est pas inutile de remarquer que cet air *agité* est d'une grande fréquence dès que l'on atteint des hauteurs de 300 m, pour lesquelles la vitesse du vent est environ trois fois plus grande que celle au niveau du sol (moyenne exacte 2.80). En consultant les statistiques dressées par M. Angot, d'après les observations horaires faites à la Tour pendant sept années, et en se limitant aux vents ayant une vitesse supérieure, soit à 8 m, soit à 10 m, on voit que ces fréquences, variables suivant les saisons, sont maxima en Janvier et minima en Juin. Elles sont données mensuellement par le tableau suivant :

Fréquence pour 100 observations des vitesses de vent enregistrées à la Tour Eiffel et supérieures à :

	8 m	10 m		8 m	10 m
Janvier.	66	53	Juillet.	47	28
Février.	62	47	Août	50	32
Mars . . . . : . .	59	44	Septembre	42	26
Avril	50	31	Octobre	59	45
Mai	47	29	Novembre	58	44
Juin	41	23	Décembre	56	44

Sans aucun doute, ces fréquences doivent être beaucoup plus grandes soit dans le voisinage de la mer, soit à des hauteurs supérieures à 300 m.

Aussi, il ne faut pas se dissimuler que les périodes de calmes relatifs, favorables aux expériences de direction de ballons, sont assez rares; elles le deviendront davantage encore si le voyage est d'une certaine durée.

Quant à l'avenir du rôle que la Tour Eiffel est destinée à jouer dans les expériences de ballons dirigeables, il ne peut manquer d'être considérable. Ainsi que nous le faisait observer M. Wilfrid de Fonvielle, dont la compétence est indiscutable, la Tour est, pour la délimitation exacte du parcours, une bouée aérienne ou un poteau de virage incomparable, permettant de sortir du vague et de l'imprécision des données recueillies jusqu'à ce jour. Certainement, un des plus grands mérites de M. H. Deutsch, dans la fondation de son prix, est d'avoir eu l'intuition du caractère de précision que le choix de cette bouée de virage introduisait dans l'appréciation des résultats du concours qu'il instituait et qui est si grand que l'on est arrivé à discuter sur des fractions de seconde.

En deuxième lieu, le sommet de la Tour, relié aux appareils anémométriques du Bureau central météorologique, est le point *unique* permettant d'avoir, d'une façon continue, la vitesse et la direction du vent régnant à l'altitude de 300 m. C'est un point capital pour discuter les résultats scientifiques d'un voyage d'aérostat dirigeable.

Enfin, ce sommet, où serait installé un *dromographe*, permet d'observer, jusqu'à une très longue distance, toutes les positions successives de l'aérostat pendant sa course et de la déterminer rigoureusement, à la condition, bien entendu, que l'on ait à bord un baromètre enregistreur donnant l'altitude.

Il permet également, par la télégraphie sans fil, d'envoyer des messages aux ballons, pour guider leur marche, avec un rayon d'action en rapport avec la hauteur exceptionnelle du point d'émission des ondes.

« Si, conclut M. de Fonvielle, l'on possédait, embarqués à bord des « ballons dirigeables, des appareils récepteurs, dont le poids est insi- « gnifiant, on verrait ces ballons obéir aux ordres qui seraient lancés « de la plate-forme de la Tour. Ils évolueraient comme d'immenses « oiseaux privés traversant l'atmosphère dans la direction indiquée par « leurs maîtres.

« Est-ce qu'un si curieux spectacle n'inspirerait point une idée « grandiose de la ville où on pourrait le donner au monde ? »

ANNEXE

CALCULS DYNAMIQUES DES ASCENSEURS

ANNEXE

CHAPITRE PREMIER

ASCENSEUR SYSTÈME FIVES-LILLE

---

§ 1. — **Résumé des données numériques et des calculs dynamiques de l'ascenseur.**

I. — Véhicule.

Poids du véhicule vide	9.500 *kg*
Charge de 100 voyageurs à 70 *kg*	7.000
Poids total du véhicule en charge	16.500 *kg*
Course du sol au 1ᵉʳ étage	68,410 *m*
Course du 1ᵉʳ au 2ᵉ étage	60,200
Course totale	128,610 *m*

Angles, sinus et cosinus du chemin de roulement de l'ascenseur . . . .

Rez-de-chaussée .	54°35′	sin	0,815
		cos	0,579
1ᵉʳ étage. . . .	68°00′	sin	0,927
		cos	0,375
2ᵉ étage	77°30′	sin	0,976
		cos	0,216

Composante tangentielle du véhicule plein . . . . . .

Rez-de-chaussée	16.500 *kg* × 0,815 =	13.450 *kg*
1ᵉʳ étage.	16.500 × 0,927 =	15.300
2ᵉ étage	16.500 × 0,976 =	16.100

Composante tangentielle du véhicule vide . . . .

Rez-de-chaussée	9.500 × 0,815 =	7.750
1ᵉʳ étage.	9.500 × 0,927 =	8.800
2ᵉ étage	9.500 × 0,976 =	9.280

Composante normale du véhicule plein . . . . . .
- Rez-de-chaussée . . . .   16.500   × 0,579 =   9.550
- 1er étage. . . . .   16.500   × 0,375 =   6.180
- 2e étage . . . .   16.500   × 0,216 =   3.560

Composante normale du véhicule vide. . . . .
- Rez-de-chaussée . . . .   9.500   × 0,579 =   5.500
- 1er étage. . . . .   9.500   × 0,375 =   3.570
- 2e étage . . . .   9.500   × 0,216 =   2.050

Diamètre D des galets de roulement de la cabine . . . .   650 mm

—   d des axes de ces galets.   70

Rapport $\dfrac{d}{D}$ . . . .   0,107 environ.

Coefficient de frottement des axes dans les boîtes à graisse   0,08

—   de roulement des galets   0,003

—   total dont il faut affecter la composante normale, pour avoir la résistance passive due au roulement 0,107 × 0,08 + 0,003 = 0,01156, soit.   0,012

Coefficient dont nous estimons qu'on doit affecter *la charge* de la cabine pour tenir compte de la résistance provoquée par le mécanisme de redressement. (Ce coefficient est nul pour la cabine vide, laquelle est en complet équilibre sur ses axes de rotation.). . . .   0,005

En tenant compte de ces coefficients, les efforts développés par le véhicule à la montée ou à la descente, indépendamment du poids des câbles, sont les suivants :

Effort à la montée.
- Cabine pleine.
  - Rez-de-chaussée. $13.450 + 9.550 \times 0,012 + 7.000 \times 0,005 = 13.600$ kg
  - 1er étage. $15.300 + 6.180 \times 0,012 + 7.000 \times 0,005 = 15.410$
  - 2e étage. $16.100 + 3.560 \times 0,012 + 7.000 \times 0,005 = 16.180$
- Cabine vide.
  - Rez-de-chaussée. $7.750 + 5.500 \times 0,012$ $= 7.820$
  - 1er étage. $8.800 + 3.570 \times 0,012$ $= 8.840$
  - 2e étage. $9.280 + 2.050 \times 0,012$ $= 9.305$

Effort à la descente.
- Cabine pleine.
  - Rez-de-chaussée. $13.450 - (9.550 \times 0,012 + 7.000 \times 0,005) = 13.300$
  - 1er étage. $15.300 - (6.180 \times 0,012 + 7.000 \times 0,005) = 15.190$
  - 2e étage. $16.100 - (3.560 \times 0,012 + 7.000 \times 0,005) = 16.020$
- Cabine vide.
  - Rez-de-chaussée. $7.750 - 5.500 \times 0,012$ $= 7.680$
  - 1er étage. $8.800 - 3.570 \times 0,012$ $= 8.760$
  - 2e étage. $9.280 - 2.050 \times 0,012$ $= 9.255$

II. — CABLES.

Nombre des câbles de traction   6
Poids au mètre courant d'un câble . . . .   2,6 *kg*
Poids au mètre courant des 6 câbles   15,6
Partie constante du poids des câbles, pour la longueur de 140 *m*, allant des
   presses aux poulies de renvoi du 2ᵉ étage, 140 × 15,6, soit. 2.180
Poids réduit, obtenu en multipliant le poids réel par 0,970 pour tenir compte
   de l'inclinaison du câble (0,970 étant le sinus de l'inclinaison sur l'horizontale de la direction du câble à la partie supérieure, soit 75°50′) . . .   2.120

Longueur variable des câbles allant des poulies du 2ᵉ étage au véhicule.	Véhicule au rez-de-chaussée. . . .	138 *m*
	— au 1ᵉʳ étage : 138 — 68 =	70
	— au 2ᵉ étage : 138 — 129 =	9
Poids réduit (coefficient de réduction : 0,970)	Véhicule au rez-de-chaussée	2.090 *kg*
	— au 1ᵉʳ étage	1.060
	— au 2ᵉ étage	120

III. — MOUFLAGE A 8 BRINS.

Coefficient de frottement et d'incurvation des câbles pour les poulies supérieures de renvoi.

1° *Montée de la cabine.* — Soit t_0 la tension du câble du côté de la cabine entraînée, et à l'entrée dans la gorge de la poulie, t_1 la tension de ce même câble à la sortie de la gorge du côté du moteur. Entre t_0 et t_1, on a la relation :

$$(1) \qquad t_1 = t_0 + QP + Ît_1,$$

dans laquelle QP représente le frottement sur les fusées de la poulie, Ît₁ la raideur du câble et I le coefficient d'incurvation résultant de l'expérience et tenant compte de la raideur des câbles.

La valeur de Q est :

$$Q = f\frac{d}{D} = 0,07 \times \frac{0,225}{4,000} = 0,004.$$

d, diamètre des portées des poulies sur l'arbre = 0,225 *m*.
D, diamètre moyen d'enroulement = 4 *m*.
f, coefficient de frottement des fusées = 0,07.

La valeur de P est

$$P = t_1 + t_0 + P_m,$$

dans laquelle P_m est le poids propre de la poulie à une gorge du câble considéré
$P_m = 1.100$ *kg* environ.

Portons cette valeur de P dans l'équation (1), qui devient alors :

$$(2) \qquad t_1 = t_0\frac{(1 + Q)}{1 - (Q + 1)} + \frac{QP_m}{1 - (Q + 1)}.$$

Calcul de I. — Soit I_t la résistance absolue due à l'incurvation du câble sur la poulie, et t la tension du câble soumis à cette incurvation.

On a pour le coefficient I :

$$I = \frac{I_t}{t}.$$

La valeur de I_t est donnée par la formule suivante, déduite des expériences de M. Murgue, pour un câble en acier, après une lubrification complète, laquelle réduit sa raideur primitive de 40 p. 100 (*Annales des Ponts et Chaussées*, 1887, 2ᵉ semestre, et Mémoire de M. de Longraire, à la Société des Ingénieurs civils, année 1899) :

$$I_t = (2 + 0,002\,t)\frac{p}{D},$$

dans laquelle :

p, désigne le poids du câble par mètre courant, soit 2,6 kg.

D, le diamètre de l'incurvation, soit 4 m.

t, la tension moyenne du câble, qui, pour un seul câble, est le 6ᵉ de la tension totale moyenne, soit environ $\frac{16.180}{6} = 2.700\ kg$.

On trouve :

$$I_t = 4,81 \qquad \text{et} \qquad I = \frac{4,81}{2.700} = 0,0018$$

d'où :

$$1 + Q = 1,004, \qquad 1 - (Q + I) = 0,994 \qquad \text{et} \qquad t_t = t_0 \times 1,01 + 4,4.$$

On voit que la valeur numérique 4,4 du dernier terme de l'équation (2) $\frac{QP_m}{1 - (Q + I)}$ est négligeable. La formule se réduit à :

$$t_t = t_0 \frac{(1 + Q)}{1 - (Q + I)}.$$

Et dans le cas des données numériques ci-dessus, le coefficient cherché $\frac{1 + Q}{1 - (Q + I)}$ tenant compte, pour la montée du véhicule, du frottement des poulies et de l'incurvation des câbles, est donc égal à 1,01.

2° *Descente de la cabine.* — Dans ce cas on a :

$$t_t = t_0 - QP - It_0 \qquad \text{et} \qquad P = t_0 - t_t + P_m;$$

d'où en négligeant P_m, comme plus haut,

$$t_t = t_t \frac{1 - (Q + I)}{1 - Q}.$$

I a sensiblement la même valeur que ci-dessus, car la tension moyenne totale est dans ce cas 16.020 au lieu de 16.180. Le coefficient cherché $\frac{1 - (Q + I)}{1 - Q}$ a donc pour valeur :

$$\frac{0,994}{0,996} = 0,99.$$

Avec ces deux coefficients de 1,01 pour la montée, 0,99 pour la descente et les poids de câbles donnés plus haut, on peut calculer l'effort du garant du moufle à l'entrée dans la poulie de renvoi inférieure. Cet effort, dans les différentes hypothèses, est le suivant :

Effort *à la montée* du garant du moufle à l'entrée dans la poulie de renvoi inférieure . . . . .

Cabine pleine.
- Rez-de-chaussée. $13.600 \times 1,01 + 2.090 - 2.120 = 13.700$ kg
- 1er étage. $15.410 \times 1,01 + 1.060 - 2.120 = 14.500$
- 2e étage. $16.180 \times 1,01 + 120 - 2.120 = 14.340$

Cabine vide.
- Rez-de-chaussée. $7.820 \times 1,01 + 2.090 - 2.120 = 7.870$.
- 1er étage. $8.840 \times 1,01 + 1.060 - 2.120 = 7.870$
- 2^n étage. $9.305 \times 1,01 + 120 - 2.120 = 7.400$

Effort *à la descente* du garant du moufle à l'entrée dans la poulie de renvoi inférieure . . . . .

Cabine pleine.
- Rez-de-chaussée. $13.300 \times 0,99 + 2.090 - 2.120 = 13.140$
- 1er étage. $15.190 \times 0,99 + 1.060 - 2.120 = 13.979$
- 2^n étage. $16.020 \times 0,99 + 120 - 2.120 = 13.860$

Cabine vide.
- Rez-de-chaussée. $7.680 \times 0,99 + 2.090 - 2.120 = 7.570$
- 1er étage. $8.760 \times 0,99 + 1.060 - 2.120 = 7.610$
- 2e étage. $9.255 \times 0,99 + 120 - 2.120 = 7.163$

Ces chiffres sont applicables aux poulies du haut; quand le garant entre dans le moufle, les poulies de celui-ci n'ont que 3 *m*; par suite, les coefficients de résistance sont différents et un calcul analogue au précédent donnerait :

Pour la montée . . . . $1,012$

Pour la descente . . . . $0,988$

Coefficient par lequel il faut multiplier l'effort dans le garant pour avoir l'effort dans le brin mort . . . .
- Montée . . . . . $\overline{1,012}^7 = 1,087$
- Descente . . . . $\overline{0,988}^7 = 0,919$

Coefficient par lequel il faut multiplier l'effort dans le garant pour avoir l'effort total dans le moufle . . . .
- Montée . . . . . $\dfrac{\overline{1,012}^8 - 1}{1,012 - 1} = 8,34$
- Descente . . . . $\dfrac{1 - \overline{0,988}^8}{1 - 0,988} = 7,66$

(Somme d'une progression géométrique.)

Effort sur le brin mort *à la montée* . . . .
Cabine pleine.
- Rez-de-chaussée . . $13.700 \times 1,087 = 14.900$ kg
- 1er étage . . . . . $14.500 \times 1,087 = 15.780$
- 2e étage . . . . . . $14.340 \times 1,087 = 15.600$

Cabine vide .
- Rez-de-chaussée . . $7.870 \times 1,087 = 8.560$
- 1er étage . . . . . $7.870 \times 1,087 = 8.560$
- 2e étage . . . . . . $7.400 \times 1,087 = 8.050$

Effort total sur le mouflage à 8 brins *à la montée* . . . .
- Cabine pleine.
  - Rez-de-chaussée . . $13.700 \times 8,34 = 114.200$
  - 1er étage . . . . . $14.500 \times 8,34 = 120.900$
  - 2e étage. . . . . . . $14.340 \times 8,34 = 119.500$
- Cabine vide. . .
  - Rez-de-chaussée . . $7.870 \times 8,34 = 65.600$
  - 1er étage . . . . . $7.870 \times 8,34 = 65.600$
  - 2e étage. . . . . . . $7.400 \times 8,34 = 61.700$

Effort sur le brin mort *à la descente* . . . . . .
- Cabine pleine.
  - Rez-de-chaussée . . $13.140 \times 0,919 = 12.100$
  - 1er étage . . . . . $13.979 \times 0,919 = 12.800$
  - 2e étage. . . . . . . $13.860 \times 0,919 = 12.720$
- Cabine vide. . .
  - Rez-de-chaussée . . $7.570 \times 0,919 = 6.950$
  - 1er étage . . . . . $7.610 \times 0,919 = 7.000$
  - 2e étage. . . . . . . $7.163 \times 0,919 = 6.580$

Effort total sur le mouflage à 8 brins *à la descente* . . . . . .
- Cabine pleine.
  - Rez-de-chaussée . . $13.140 \times 7,66 = 100.650$
  - 1er étage . . . . . $13.979 \times 7,66 = 106.900$
  - 2e étage. . . . . . . $13.860 \times 7,66 = 106.000$
- Cabine vide. . .
  - Rez-de-chaussée . . $7.570 \times 7,66 = 58.000$
  - 1er étage . . . . . $7.610 \times 7,66 = 58.300$
  - 2e étage. . . . . . . $7.163 \times 7,66 = 54.800$

IV. — TENDEURS.

Effort maximum sur un tendeur *à la montée* . . . . $\dfrac{15.780}{6} = 2.630 \ kg$

Section annulaire de la face avant d'un tendeur . . . . $78,32 \ cm^2$

Pression en kg par cm^2 . . . . $34,00 \ kg$

Effort maximum sur un tendeur *à la descente* . . . . $\dfrac{12.800}{6} = 2.130 \ kg$

Pression en kg par cm^2 . . . . $27,30 \ kg$

V. — EFFORT MOTEUR A LA MONTÉE. PRESSES ET ACCUMULATEURS A HAUTE PRESSION.

1° *Pression fournie par les accumulateurs à haute pression.*

Poids de la partie mobile des accumulateurs à haute pression :

Poids propre . . . . $34.145 \ kg$ ⎫
Lest . . . . 174.855 ⎭ $209.000 \ kg$

Diamètre du piston d'un accumulateur. . . . . $700 \ mm$

Section correspondante . . . . $3.848 \ cm^2$

Pression de l'eau correspondante en kg par cm^2 . . . . $54 \ kg$

Perte de charge pratique, des accumulateurs aux presses, pour la vitesse de $2,50 \ m$ et en kg par cm^2. . . . . $2 \ kg$

2° *Effort effectif des pistons moteurs, à la montée.*

Pression effective sur les plongeurs en kg par cm^2 . . . . $52 \ kg$

Section des deux plongeurs $2 \dfrac{\pi \times 0,\overline{402}^2}{4}$ . . . . $2.538 \ cm^2$

Effort hydraulique des deux plongeurs sans tenir compte des frottements. $131.976 \ kg$

Ces frottements sont les suivants :

Poids du chariot de tête, du quart des câbles mouflés et de la moitié du piston	16.000 *kg*
Résistance au roulement, et frottements du chariot, 1 p. 100 du poids roulé, soit 160, et pour les deux	320 »
Frottement des garnitures, 2 p. 100, sur 131.976.	2.640 »
Résistances passives totales des presses.	2.960 »
Effort effectif maximum des pistons moteurs	129.016 »
Effort résistant au 1ᵉʳ étage	120.900 »
Excès de puissance motrice pour la vitesse de 2,50 *m* du véhicule	8.116 »

VI. — Effort de traction du véhicule a la descente. Accumulateurs a basse pression.

Dans le cas le plus défavorable, c'est-à-dire le véhicule étant vide et aux environs du 2ᵉ étage, l'effort de ce dernier doit être suffisant pour soulever l'accumulateur à basse pression.

Effort total minimum du véhicule sur le moufle	54.800 *kg*
Frottement des garnitures et roulement des chariots de tête. (Roulement, 320. Frottement des garnitures, 2 p. 100 sur 54.800 = 1.100.).	1.420 »
Effort réel.	53.380 »
Pression correspondante dans les presses par *cm*²	21 »
Perte de charge pratique par *cm*² jusqu'à l'accumulateur à basse pression et pour la vitesse de 2,50 *m*	2 »
Pression effective par *cm*² sous le piston de l'accumulateur BP : 21 — 2. .	19 »
Diamètre du piston de l'accumulateur	1,100 *m*
Section correspondante	9.503 *cm*
Pression totale de soulèvement	180.557 *kg*
Poids de la partie mobile. . . . { Poids propre . . . . . . 35.328 *kg* / Lest. . . . . 135.672 }	171.000 »

Cette charge donne dans l'accumulateur une pression d'environ 18 *kg*.

Excès de puissance motrice du véhicule, pour une vitesse de 2,50 *m* de celui-ci.	9.557 »

CHAPITRE DEUXIÈME

ASCENSEUR OTIS DU PILIER NORD

— · —

§ 1. — Distributeur.

Les deux extrémités du cylindre hydraulique sont reliées par un tuyau, dit de communication, de 0,225 *m* de diamètre intérieur, sur lequel on a intercalé l'appareil de distribution.

Pour que l'ascenseur fonctionne à la montée, il est nécessaire d'admettre l'eau sous pression en haut du cylindre, en même temps que l'on ouvre l'orifice de décharge.

Pour la descente, au contraire, il faut établir la communication entre le haut et le bas du cylindre, de sorte que l'eau ne fait que passer d'un côté à l'autre du piston par le tuyau de communication.

Enfin, pendant l'arrêt, l'eau ne doit ni circuler ni s'introduire dans le cylindre.

Ces trois phases de la manœuvre sont obtenues (voir le schéma, fig. 52, qui représente les parties essentielles de l'appareil) au moyen d'un cylindre en fonte portant une bague en bronze de 0,229 *m* de diamètre intérieur, dans laquelle se meut un piston double P avec cuirs emboutis.

Le cylindre porte trois tubulures : celles situées du même côté correspondent, par le tuyau de communication, avec le haut et le bas du cylindre hydraulique; la troisième tubulure, sur le côté opposé, reçoit le tuyau d'amenée d'eau sous pression.

Le haut de l'appareil est terminé par une partie cylindrique d'un diamètre de 0,279 *m*, un peu plus grand que celui de la partie contenant

36

le piston double P, et dans lequel se meut un second piston simple P',
fixé à la même tige et dont la face supérieure peut être successivement
mise en communication avec l'eau sous pression, être complètement isolée
et enfin être mise en relation avec l'évacuation. Ces divers régimes sont

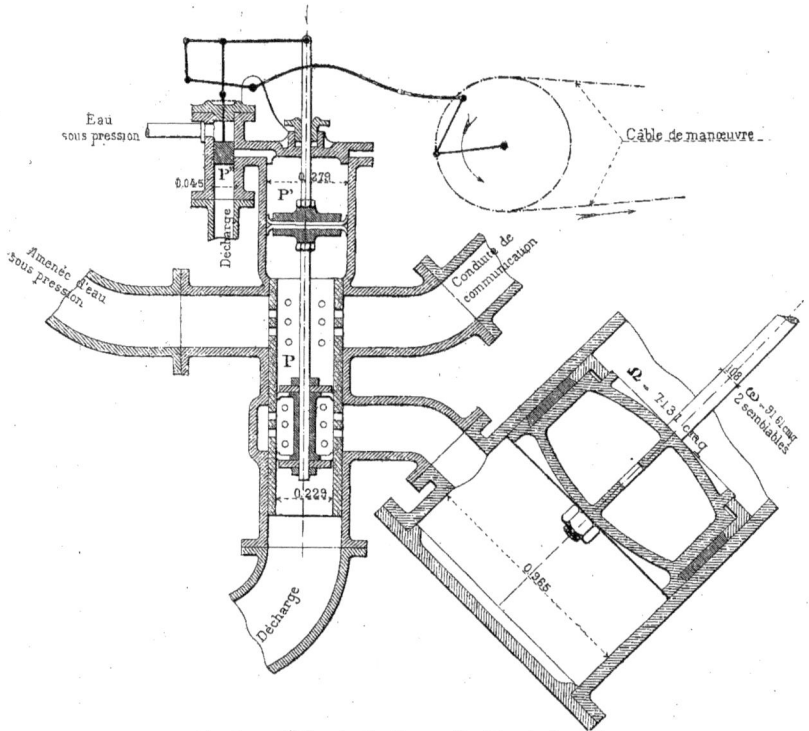

Fig. 52. — *Schéma du distributeur.* (Position de l'arrêt.)

produits à l'aide d'un servo-moteur constitué par un petit piston cylindrique
P", de 44,5 *mm* de diamètre, dont le mouvement est intimement lié à celui
des pistons P et P', au moyen des leviers représentés dans la figure 52.

Dans la position des pistons qui y est indiquée, la cabine se trouve
arrêtée, puisque le piston P empêche l'eau de s'échapper du cylindre.

Si l'on produit une rotation dans le sens de la flèche, le piston P" est soulevé ; l'eau au-dessus de P' s'échappe, et les deux pistons P et P', en s'élevant à cause de l'excédent de surface de P' par rapport à P, découvrent l'échappement du bas du cylindre moteur ; à ce moment, l'eau sous pression pesant sur la face supérieure du piston moteur, celui-ci descend, et la cabine est entraînée de bas en haut.

Si, en abaissant P" par une rotation inverse, on met le dessus de P' en communication avec l'eau sous pression, le piston P, pressé à sa partie supérieure, descend en entraînant le système et met en communication les deux faces du piston moteur. La cabine descend alors sous l'action de son poids, en entraînant le piston et les poulies mobiles, l'eau ne faisant que circuler à travers le tuyau de communication, de dessus en dessous.

Dans l'exécution, les choses ne se passent pas tout à fait aussi simplement, et l'appareil réalisé est un organe extrêmement perfectionné, puisqu'il commande la mise en marche du piston moteur, et par conséquent des cabines, par un déplacement très faible (25 mm) d'un piston qui n'a que 44,5 mm de diamètre, et cela à l'aide d'un effort presque insignifiant. Cet organe est vraiment l'âme de l'appareil, et, pour ce motif, nous en parlerons avec quelque détail ; il est représenté fig. 53.

Le piston P du schéma précédent se compose de deux parties, qui sont : un piston plein inférieur de 0,233 m de hauteur, et un piston annulaire situé à 0,137 m au-dessus du premier et ayant la même hauteur. L'effet de ce dernier piston, qui forme vanne et qui n'empêche pas la transmission de la pression au-dessus du cylindre, est de s'opposer à l'afflux trop rapide de l'eau sous pression ; son effet est donc d'éviter un démarrage trop brusque.

En outre, l'admission de l'eau sous pression se produit dans des espaces ménagés par une série de cloisons brisant la vitesse de l'eau, qui est obligée de contourner leurs parois ; de plus, le renflement supérieur permet à l'eau de s'introduire des deux côtés à la fois ; cette eau se rend dans la conduite du cylindre par deux nouveaux orifices (1).

De plus, pour permettre le passage des cuirs emboutis du piston plein inférieur sur l'ouverture communiquant avec le bas du cylindre,

(1) L'eau, arrivant par le tuyau A dans la cavité H, est arrêtée par les cloisons et par le piston annulaire et est obligée de remonter en H₁, de contourner le cylindre du distributeur, d'y rentrer par le renflement H₂ et de s'en échapper par les deux ouvertures H₃ pour se rendre à la partie supérieure du cylindre moteur par la tubulure H₄.

cette ouverture est munie d'une grille formée par une chemise en bronze percée de 671 trous de 9 mm de diamètre. Une couronne extérieure permet à l'eau de s'introduire sur tout le pourtour.

La course du distributeur est de 330 mm.

Enfin, le piston du servo-moteur est double et se trouve ainsi

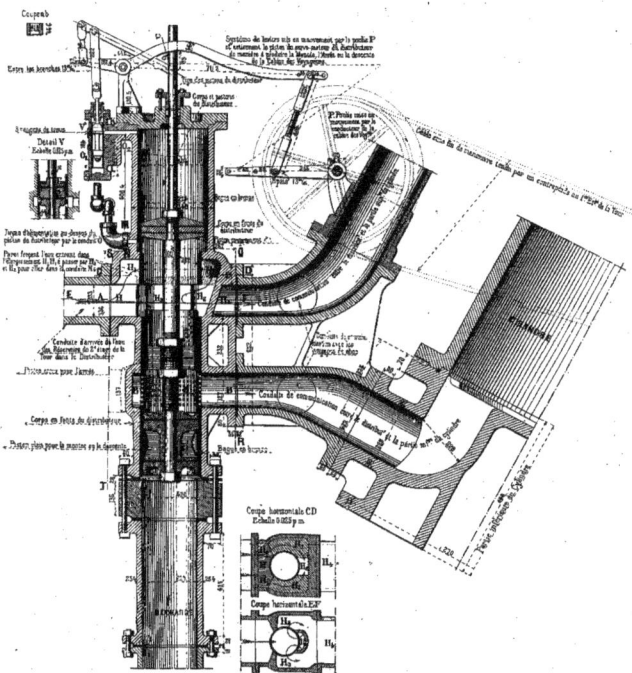

Fig. 53. — *Coupe longitudinale du distributeur.* (Echelle $\frac{1}{2} = 0{,}05$ m p. m.)
Position correspondant à la descente de la cabine.

équilibré de manière à réduire l'effort sur le câble de manœuvre. La figure 54 montre comment ce servo-moteur est mis en relation avec l'eau sous pression et la décharge.

Les leviers qui réunissent la tige du servo-moteur et celle des pistons distributeurs sont agencés de telle sorte que le piston du servo-moteur revient à sa position initiale, dès que les pistons du distributeur sont arrivés à la position voulue pour produire l'arrêt, la montée ou la descente, au gré du conducteur.

Les schémas figures 55, 56 et 57 indiquent les positions du distributeur correspondant à la descente, à l'arrêt et à la montée, suivant la position du piston du servo-moteur par rapport aux trous de la chemise en bronze, dans laquelle il se déplace. La course de ce piston est de 25 *mm* et les trous ont un diamètre de 4,8 *mm*.

D'après ces explications, il est facile de suivre le fonctionnement de l'appareil.

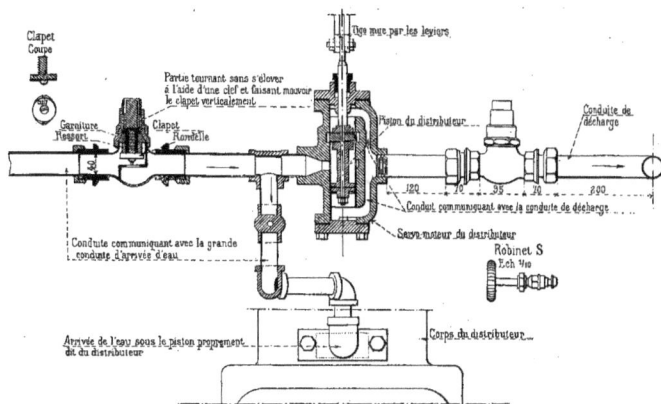

Fig. 54. — *Tuyauterie du distributeur.*

Prenons la cabine au bas de sa course, ce qui correspond au piston moteur en haut du cylindre.

a. *Montée.* — Le système étant arrêté, le piston du servo-moteur bouche tous les trous supérieurs en V (fig. 53) communiquant soit avec l'eau sous pression, soit avec la décharge, suivant la position du piston; le piston double R, S, du distributeur obstrue les conduites O_1 et O_2 reliant le distributeur au haut et au bas du cylindre moteur (fig. 56).

Le conducteur agit sur le câble sans fin de manière à abaisser le piston *p* du servo-moteur.

Ce mouvement a pour but de découvrir les trous supérieurs en V, et, par conséquent, de faire communiquer le dessus du piston Q avec la

décharge, tandis que le dessous communique avec l'eau sous pression.
Le piston S supporte, au-dessus, le régime de l'eau sous pression, et,
au-dessous, il est en relation avec la décharge; par conséquent, le
piston Q, ayant une surface supérieure à celle du piston S, tout l'équipage
du distributeur remontera jusqu'à la position indiquée par la figure 57,
où il s'arrêtera, car le piston du servo-moteur, par l'effet de la conju-
gaison des leviers qui le relient à celui du distributeur, reviendra boucher
les trous supérieurs en V.

En effet, le piston Q, en remontant, entraîne l'extrémité du levier *d*,
lequel tourne autour de l'extrémité du levier *e*, comme point fixe et produit
une ascension du piston *p* par l'intermédiaire de la tige *f*; on a donc la
fermeture des trous en V.

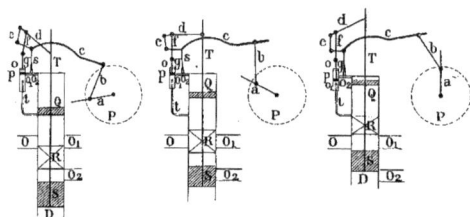

Fig. 55. — *Descente.*   Fig. 56. — *Arrêt.*   Fig. 57. — *Montée.*
Schémas des différentes positions du distributeur.

On voit qu'un mouvement donné du piston du servo-moteur produit
un déplacement proportionnel de l'équipage du distributeur. Cette
propriété est d'ailleurs la caractéristique des servo-moteurs.

Dans cette position du distributeur (fig. 57), le haut du cylindre
moteur communique avec l'eau sous pression, et le bas avec la décharge;
le piston descendra donc en entraînant le chariot des poulies mobiles,
et produira la montée de la cabine.

b. *Arrêt.* — Le piston du cylindre moteur arrivant au bas de sa
course, l'oreille fixée au-dessous de celui-ci commence à obstruer la
communication avec la décharge, et par conséquent la cabine se ralentit.

Pour obtenir l'arrêt, le conducteur agit sur le câble de manœuvre de
manière à produire l'élévation du piston *p* et par conséquent l'ouverture
des trous inférieurs en V (fig. 55). Le piston Q reçoit l'action de l'eau sous
pression sur ses deux faces. Le piston S communique au-dessus avec

l'eau sous pression, au-dessous avec la décharge; donc il se produira un mouvement de haut en bas qui amènera les pistons R et S en regard des orifices O_1, O_2 (fig. 56). Dans le cylindre moteur, les orifices d'admission et d'évacuation étant fermés, on aura l'arrêt du piston et par conséquent l'arrêt de la cabine. Si cet arrêt a été brusque, des soupapes de choc, placées sur les conduites principales, se soulèvent pour amortir le coup de bélier.

c. *Descente.* — Pour la descente (voir fig. 55), le conducteur agit sur le câble de manœuvre dans le même sens que précédemment et détermine le soulèvement du piston p et, par conséquent, l'ouverture des trous supérieurs en V. Il se produit le même régime que précédemment; l'équipage du distributeur s'abaisse et arrive dans la position de la figure. Dans le cylindre moteur, le dessus et le dessous du piston communiquent, et la cabine, par son poids, remonte le piston et le chariot des poulies mobiles; il se produit un courant d'eau de dessus en dessous à travers la conduite de circulation, ce qui réalise la descente de la cabine.

§ 2. — Distributeur de sûreté.

Il existe, à la partie supérieure du tuyau de communication avec le haut du cylindre, un distributeur spécial destiné à arrêter le mouvement de la cabine, quand le conducteur se trouve dans l'impossibilité de le faire.

Un employé, placé sur une petite plate-forme couverte, est à poste fixe pour faire, en cas de besoin, cette manœuvre, qui est du reste très rare. Elle était commandée primitivement d'une façon automatique par un servo-moteur spécial, qui a été supprimé.

Ce distributeur est représenté dans la figure 58.

Si l'on veut arrêter la cabine en interrompant la communication entre le haut et le bas du cylindre, on ferme le robinet à manette de gauche placé sur le tuyau de décharge et on ouvre le robinet à manette de droite, permettant l'arrivée de l'eau sous pression à la partie supérieure du distributeur. Le piston supérieur est pressé également sur ses deux faces, et le piston inférieur placé dans le même cylindre détermine la descente du système et l'obturateur inférieur disposé sur le même axe vient fermer les ouvertures situées dans le plan AB : la communication est ainsi interrompue et le piston moteur s'arrête.

Pour rétablir la communication, on ouvre le robinet du tuyau de décharge et l'on ferme le robinet de l'eau sous pression; le système

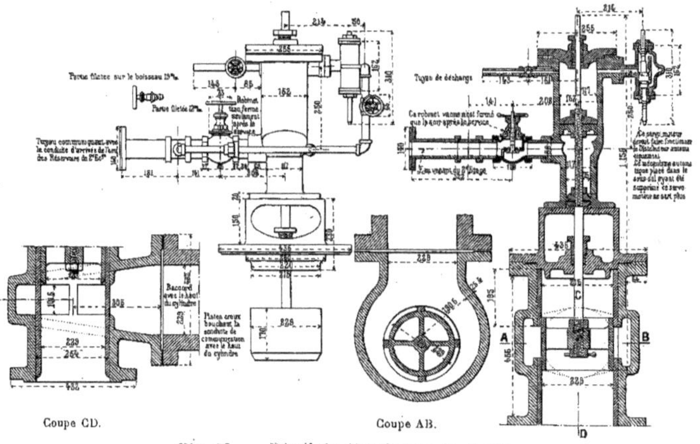

Fig. 58. — *Détail du distributeur de sûreté.*

s'élève en raison de la différence de diamètre des pistons supérieur et inférieur, et les ouvertures deviennent libres.

§ 3. — Câble et appareil de manœuvre de la cabine.

Le câble de manœuvre qui sert au conducteur pour régler la marche de l'ascenseur est un câble sans fin dont la tension est assurée par un contrepoids placé au premier étage.

Ces câbles ont un diamètre de 13 *mm* et sont formés de 8 torons de 12 fils n° 2 de 0,7 *mm* avec âme en chanvre. Leur poids par mètre courant est de 0,43 *kg* et leur effort de rupture 5.000 *kg*.

A la partie inférieure, les deux brins entourent une poulie, dont l'axe porte un levier agissant sur le servo-moteur (voir diagramme fig. 59 et 60) et s'engagent ensuite dans les poulies de l'appareil de manœuvre porté par la cabine.

Chaque brin de câble passe d'abord sur une première poulie de renvoi

.B, puis sur une poulie C, dont l'axe est légèrement oblique sur la verticale. Il repasse ensuite sur une deuxième poulie de renvoi B', ayant le même

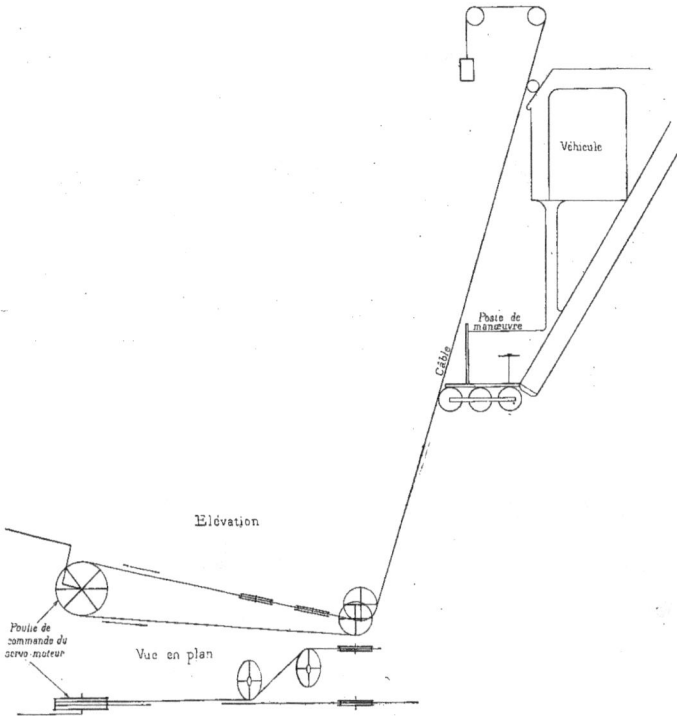

Fig. 59. — *Schéma du câble de manœuvre.*

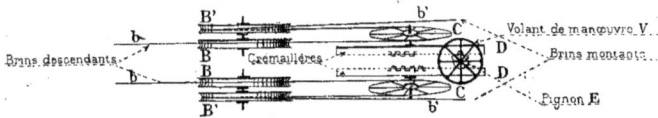

Fig. 60. — *Vue en plan de l'appareil de manœuvre du véhicule.*

axe que la première, et remonte au premier étage guidé par des poulies dont la première est sur le toit de la cabine.

Les axes des poulies obliques C,C sont fixés sur deux crémaillères D,D commandées par le même pignon E. Celui-ci engrène avec un petit pignon placé sur l'axe du volant de manœuvre V, à la main du conducteur. Il obtient ainsi, suivant le sens de la rotation, une traction sur l'un ou l'autre brin du câble et, par conséquent, le mouvement du servo-moteur correspondant à l'arrêt, la montée ou la descente.

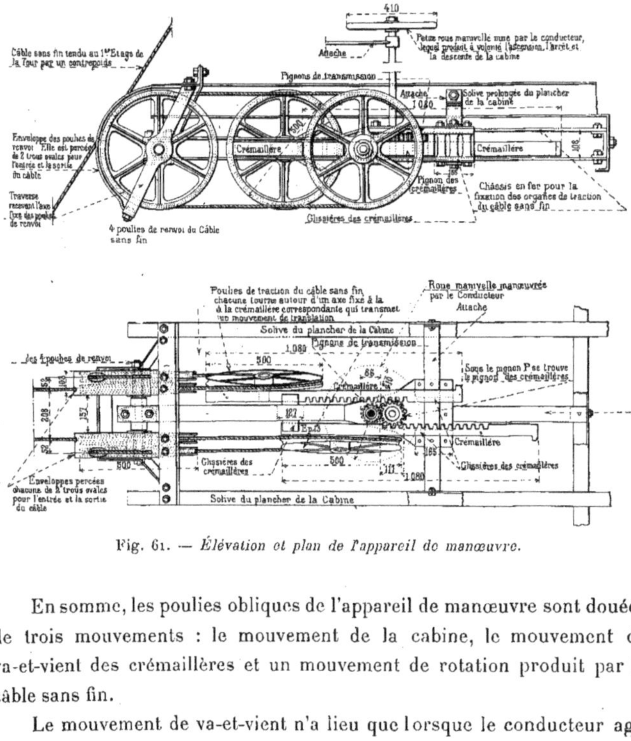

Fig. 61. — *Élévation et plan de l'appareil de manœuvre.*

En somme, les poulies obliques de l'appareil de manœuvre sont douées de trois mouvements : le mouvement de la cabine, le mouvement de va-et-vient des crémaillères et un mouvement de rotation produit par le câble sans fin.

Le mouvement de va-et-vient n'a lieu que lorsque le conducteur agit sur le volant de manœuvre; les deux autres mouvements existent tant que la cabine est en marche.

Les détails de construction de cet appareil sont représentés dans la figure 61.

§ 4. — Étude dynamique de l'ascenseur.

I. — Tensions exercées par le contrepoids sur la cabine.

Le contrepoids pèse 13.500 kg, dont les composantes sont les suivantes :
Composante tangentielle :

$$X_0 = 13.500 \times 0,815 = 11.000 \ kg.$$

Composante normale :

$$Y_0 = 13.500 \times 0,579 = 7.800 \ kg.$$

Le diamètre D des galets de roulement est de 0,530 m. Celui des fusées D de 0,092 m.

Adoptons comme coefficient de frottement f de la fusée dans ses coussinets la valeur 0,07, et comme coefficient de roulement la valeur 0,003, lesquelles conviennent à des mécanismes soigneusement entretenus.

La traction totale S exercée par le contrepoids sur les brins du moufle est donnée par la composante X_0 augmentée ou diminuée des frottements.

a) *La cabine s'abaisse et le contrepoids monte :*

$$S = X_0 + Y_0 \left(0,003 + \frac{d}{D} f \right) = X_0 + 0,015 \ Y_0 = 11.120 \ kg.$$

b) *La cabine s'élève et le contrepoids descend :*

$$S' = X_0 - 0,015 \ Y_0 = 10.880 \ kg.$$

1° **Tensions des différents brins du moufle près du contrepoids.** — Les deux valeurs de la tension totale S et S' permettent de déterminer les tensions T_0, T_1, T_2 des brins du moufle (voir fig. 62).

a) *La cabine s'abaisse et le contrepoids monte.* — La tension t_1 *d'un seul des deux câbles* du brin situé du côté mort est donnée en fonction de la tension t_0 du brin situé du côté courant, par la formule :

$$t_1 = t_0 - QP - It_0$$

dans laquelle QP représente les frottements des fusées et It_0 la raideur des câbles.
La valeur de Q est de :

$$Q = f \frac{d}{D} = 0,0061,$$

d, diamètre de la fusée de la poulie mobile = 160 mm.
D, diamètre de cette poulie = 1.830 mm.
P, force d'application de la poulie sur ses coussinets, est donné par la relation :

$$P = t_0 - t_1 + P_m$$

dans laquelle P_m est le poids propre de la poulie relatif à un câble du brin, soit

$$\frac{1}{2} 640 \, kg = 320 \, kg.$$

I est le coefficient qui tient compte de la raideur des câbles.

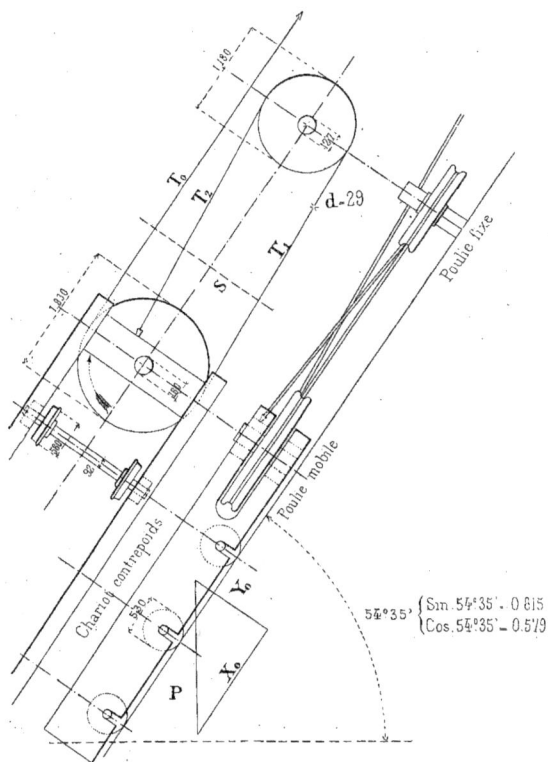

Fig. 62. — *Plan et élévation du chariot contrepoids (schema).*

Portant la valeur de P dans la formule précédente, il vient :

$$t_1 = t_0 \frac{1 - (Q + 1)}{1 - Q} - P_m \frac{Q}{1 - Q} \qquad (1)$$

Calcul de I. — Désignons par I_1 la résistance absolue due à l'incurvation du

câble sur la poulie, et par t la tension du câble soumis à cette incurvation.
On a, pour le coefficient I :

$$I = \frac{I_t}{t}.$$

Nous avons vu, à propos des calculs de l'ascenseur Fives-Lille (Chapitre premier),
la valeur de ce coefficient I_t, laquelle est donnée par la formule suivante :

$$I_t = (2 + 0,002\,t)\frac{p}{D}$$

dans laquelle :

p désigne le poids du câble par mètre courant, soit $2,7\ kg$;

D, le diamètre de l'incurvation, $1,830\ m$;

t, la tension moyenne du câble, $\frac{11.120}{3 \times 2} = 1.853\ kg$.

On trouve :

$$I_t = 8,42 \qquad \text{et} \qquad I = \frac{8,42}{1.853} = 0,0045$$

d'où :

$$Q + 1 = 0,0106 \qquad 1 - (Q + I) = 0,9894 \qquad t_t = t_0 \times 0,994 - 1,95.$$

La valeur numérique de ce dernier terme est négligeable; en laissant donc de côté
le terme $P_m \dfrac{Q}{1 - Q}$ de la formule (1), cette dernière se réduira dans la suite des
calculs à :

$$t_t = t_0\,\frac{1 - (Q + I)}{1 - Q}.$$

On aura de même comme valeur de t_2 en fonction de t_t :

$$t_2 = t_t\,\frac{1 - (Q + I)}{1 - Q}$$

dans cette expression :

$$Q = 0,07\,\frac{127}{1.180} = 0,0075 \qquad I = \frac{(2 + 0,002 \times 1.853)\dfrac{2,7}{1,18}}{1.853} = 0,007.$$

On en déduit :

$$1 - Q = 0,9925 \qquad Q + I = 0,0145 \qquad 1 - (Q + I) = 0,9855$$

et

$$t_2 = 0,992\,t_t = 0,986\,t_0.$$

Or, nous avons :

$$\frac{S}{2} = \frac{11.120}{2} = t_0 + t_t + t_2 = 2,980\,t_0$$

d'où :

$$t_0 = 1.866 \qquad t_t = 1.855 \qquad t_2 = 1.840$$

et

$$T_0 = 3.732 \qquad T_t = 3.710 \qquad T_2 = 3.680$$

b) *La cabine s'élève et le contrepoids descend :*

Dans ce cas, on a :

$$t_t = t_0 + QP + It_t \qquad \text{et} \qquad P = t_t + t_0 + P_m$$

d'où en négligeant P_m :

$$t_i = t_o \frac{1 + Q}{1 - (Q + I)}.$$

Avec une tension moyenne du câble de $\frac{10.880}{3 \times 2} = 1.813$, les valeurs numériques sont :

$$Q = 0,07 \frac{160}{1.830} = 0,0061 \qquad \text{et} \qquad I = \frac{(2 + 0,002 \times 1.813) \frac{2,7}{1,83}}{1.813} = 0,0046$$

$$1 + Q = 1,0061 \qquad Q + I = 0,0107 \qquad 1 - (Q + I) = 0,9893$$

$$t_i = 1,017 \, t_o$$

On a de même :

$$t_s = t_i \frac{1 + Q}{1 - (Q + I)}$$

$$Q = 0,07 \frac{127}{1.180} = 0,0075 \qquad I = \frac{(2 + 0,002 \times 1.813 \frac{2,7}{1,18}}{1.813} = 0,0071$$

d'où :

$$1 + Q = 1,0075 \qquad Q + I = 0,0146 \qquad 1 - (Q + I) = 0,9854$$

et

$$t_s = 1,022 \, t_i = 1,039 \, t_o.$$

Or nous avons :

$$\frac{S'}{2} = \frac{10.880}{2} = t_o + t_i + t_s = 3.056 \, t_o$$

d'où :

$$t_o = 1.780 \, kg \qquad t_i = 1.810 \, kg \qquad t_s = 1.850 \, kg$$

et

$$T_o = 3.560 \, kg \qquad T_i = 3.620 \, kg \qquad T_s = 3.700 \, kg.$$

$2°$ **Traction exercée par les câbles de contrepoids sur la cabine.**

a) *Ascension de la cabine.* — Considérons d'abord le cas où *la cabine commence au rez-de-chaussée son mouvement ascensionnel* (voir fig. 63). La traction en (1) est $T_o = 3.560 \, kg$. En (2) elle est $T_o' = 2 \, t_o'$, telle que l'on ait :

$$\frac{3.560}{2} = 1.780 = t_o' \frac{1 + Q}{1 - (Q + I)}.$$

Le diamètre de la poulie étant de $1,372 \, m$ et celui de la fusée $0,101 \, m$, on a :

$$Q = 0,07 \frac{101}{1.372} = 0,0051 \qquad I = \frac{(2 + 0,002 \times 1.780) \frac{2,7}{1,37}}{1.780} = 0,0061$$

$$1 + Q = 1,0051 \qquad Q + I = 0,0112 \qquad 1 - (Q + I) = 0,9888$$

$$\frac{1 + Q}{1 - (Q + I)} = 1,016 \qquad t_o' = \frac{1.780}{1,016} = 1.752 \qquad \text{et} \qquad T_o' = 3.504 \, kg$$

que nous admettrons être l'effort T agissant sur la cabine en négligeant le poids des câbles compris entre la poulie supérieure et la cabine (1).

Lorsque la cabine sera arrivée en haut de sa course (voir fig. 63), ces tensions seront

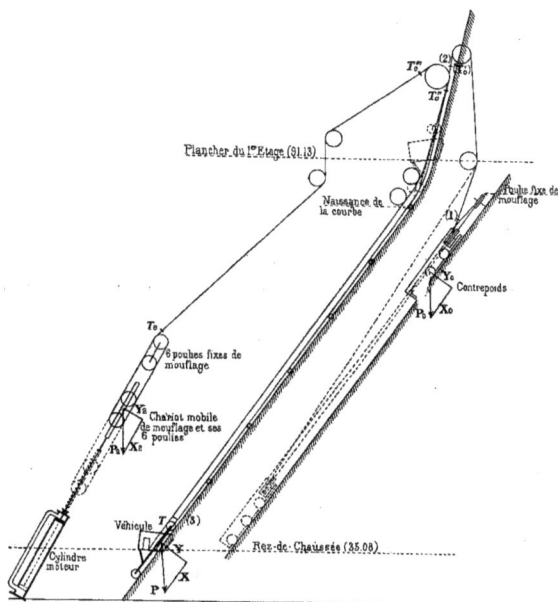

Fig. 63. — *Ensemble de l'appareil.*

restées les mêmes, soit 3.560 *kg* en (1) et 3.504 *kg* en (2) et en (3), car les câbles du côté du contrepoids portent également sur des rouleaux.

(1) Cette longueur est d'environ 70 *m* et on peut admettre qu'elle soit réduite à 50 *m* en raison de l'inclinaison et du frottement. La diminution de la tension qui en résulte est donc de 5,4 × 50 = 270 *kg*. Dans les calculs que nous avons établis pour l'ascenseur Otis, tel qu'il existait précédemment, nous tenions compte de l'action du poids des câbles, malgré l'incertitude que leur calcul peut présenter, surtout dans les parties où le câble, peu incliné, est soutenu par une série de galets rapprochés l'un de l'autre, ainsi que cela se produit entre le rez-de-chaussée et le premier étage.

Pour l'ascenseur actuel, réduit à ce premier étage, cette influence assez incertaine est donc faible et nous la négligerons. Du reste, il faut remarquer qu'elle n'agit d'une façon sensible que lorsque la cabine est en haut de sa course. Dans cette position, le poids des câbles se rendant à l'appareil moteur, ainsi qu'au contrepoids, ne fait qu'ajouter son action à l'effort moteur. Si la cabine est au bas de sa course, les câbles s'équilibrent très sensiblement.

b) *Descente de la cabine :*
La cabine s'abaissant arrive au bas de sa course. Les tensions successives sont :
En (1) :
$$3.732 \ kg.$$

En (2) nous aurons une tension $T_0' = 2 t_0'$, telle que l'on ait :

$$\frac{3.732}{2} = 1.866 = t_0' \frac{1 - (Q + I)}{1 - Q}$$

$$Q = 0,0051 \qquad I = \frac{(2 + 0,002 \times 1.866)\frac{2,7}{1,37}}{1.866} = 0,0060$$

$$\frac{1 - (Q + I)}{1 - Q} = 0,994 \qquad t_0' = \frac{1.866}{0,994} = 1877 \quad \text{et} \quad T_0' = 3.754 \ kg.$$

En (3) la tension sera la même :
$$T_0' = 3.754 \ kg.$$

Lorsque la cabine s'abaissant part du haut de sa course, les tensions successives sont :
En (1) :
$$3.732 \ kg.$$
En (2) et (3) :
$$3.754 \ kg.$$

II. — Tension dans le garant du moufle moteur

La cabine et son truck pèsent . . . .   9.500 *kg*
80 voyageurs à 70 *kg* pèsent 5.600
Total. . . . .   15.100 *kg*

La cabine est au rez-de-chaussée :

Angle : 54°35′, sin = 0,815, cos = 0,579.

Composantes normales au chemin de roulement : Y	Cabine chargée.	15.100 × 0,579 =	8.743 *kg*
	Cabine vide.	9.500 × 0,579 =	5.500 »
Composantes parallèles au chemin de roulement : X	Cabine chargée.	15.100 × 0,815 =	12.306 »
	Cabine vide.	9.500 × 0,815 =	7.742 »

La cabine est en haut de sa course au 1ᵉʳ étage :

Angle : 62°35′, sin = 0,887, cos = 0,462.

Composantes normales au chemin de roulement : Y_1	Cabine chargée.	15.100 × 0,462 =	6.976 *kg*
	Cabine vide.	9.500 × 0,462 =	4.379 »
Composantes parallèles au chemin de roulement : X_1	Cabine chargée.	15.100 × 0,887 =	13.393 »
	Cabine vide.	9.500 × 0,887 =	8.431 »

1° **Efforts T à l'attache de la cabine.**

a) *Ascension de la cabine.* — Les galets de roulement de la cabine ont pour dimensions :

D, diamètre de roulement = 650 *mm*
d, diamètre de la fusée   = 70 *mm*

L'effort T à l'attache de la cabine a pour valeur :

$$T = X + Y\left(0,003 + \frac{70 \times 0,07}{650}\right) - T_0' = \begin{cases} \text{Cabine pleine . . .} & 12.398 - T_0' \\ \text{Cabine vide . . . .} & 7.800 - T_0' \end{cases}$$

entre le rez-de-chaussée et la naissance de la courbe. Au 1ᵉʳ étage on a :

$$T = X_t + Y_t\left(0,003 + \frac{70}{650} \times 0,07\right) - T_0' = \begin{cases} \text{Cabine pleine . . .} & 13.466 - T_0' \\ \text{Cabine vide . . . .} & 8.477 - T_0' \end{cases}$$

Remplaçons T_0' par sa valeur correspondante 3.504.
On a :

$$\begin{array}{lll}
\text{Valeur de T} & \begin{cases} \text{Cabine pleine. . , ...} & 12.398 - 3.504 = 8.894 \ kg \\ \text{Cabine vide. . . . .} & 7.800 - 3.504 = 4.296 \ \text{»} \end{cases} \\
\text{Cabine au rez-de-chaussée.} & \\
\text{Valeur de T} & \begin{cases} \text{Cabine pleine. . . . .} & 13.466 - 3.504 = 9.962 \ \text{»} \\ \text{Cabine vide. . . . .} & 8.477 - 3.504 = 4.973 \ \text{»} \end{cases} \\
\text{Cabine au 1ᵉʳ étage.} &
\end{array}$$

b) *Descente de la cabine.* — L'effort T a pour valeur :

$$T = X - Y\left(0,003 + \frac{70}{650} \times 0,07\right) - T_0' = \begin{cases} \text{Cabine pleine . . . .} & 12.204 - T_0' \\ \text{Cabine vide . . . . .} & 7.684 - T_0' \end{cases}$$

entre le rez-de-chaussée et la naissance de la courbe. Au 1ᵉʳ étage on a :

$$T = X_t - Y_t\left(0,003 + \frac{70}{650} \times 0,07\right) - T_0' = \begin{cases} \text{Cabine pleine . . . .} & 13.320 - T_0' \\ \text{Cabine vide . . . . .} & 8.385 - T_0' \end{cases}$$

d'où en prenant la valeur de T_0' :

$$\begin{array}{lll}
\text{Valeur de T} & \begin{cases} \text{Cabine pleine . . . .} & 12.204 - 3.754 = 8.450 \ kg \\ \text{Cabine vide . . . .} & 7.684 - 3.754 = 3.930 \ \text{»} \end{cases} \\
\text{Cabine au rez-de-chaussée.} & \\
\text{Valeur de T} & \begin{cases} \text{Cabine pleine . . . .} & 13.320 - 3.754 = 9.566 \ \text{»} \\ \text{Cabine vide . . . .} & 8.385 - 3.754 = 4.631 \ \text{»} \end{cases} \\
\text{Cabine au 1ᵉʳ étage.} &
\end{array}$$

2° **Efforts T_0'' avant les poulies de renvoi du 1ᵉʳ étage.** — En T_0'' les tensions précédentes n'ont pas changé et sont égales à T, parce que les câbles sont soutenus par des galets et leur poids n'intervient pas.

3° **Efforts T_0''' après les poulies de renvoi du 2ᵉ étage.** — L'effort T_0'' s'augmente de la résistance au frottement des poulies de renvoi et de la résistance due à l'incurvation des câbles sur ces poulies.
Les dimensions de ces poulies sont :

D, diamètre d'incurvation $= 3,00 \ m$
d, diamètre des fusées $= 100 \ mm$
f, coefficient de frottement des fusées $= 0,07$.

a) *Ascension de la cabine.* — En appelant t_0''' et t_0'' les tensions qui se rapportent à un seul des quatre câbles du brin moteur, on a comme précédemment la relation ;

$$t_0''' = t_0'' \frac{1 + Q}{1 - (Q + 1)}$$

88

dans laquelle :

$$Q = \frac{100}{3.000} \times 0,07 = 0,0023.$$

Valeur de I :

$$I = \frac{(2 + 0,002 \times t)\,\dfrac{1,7}{3.000}}{t}.$$

Prenons pour t la moyenne des deux tensions 8.894 et 9.962 divisée par 4, soit 2.357 kg.

On trouve :

$$I = 0,0016 \qquad Q + I = 0,0039 \qquad 1 - (Q+I) = 0,9961$$
$$t_0''' = 1,006\, t_0''.$$

Les différentes valeurs de la tension T_0''' lorsque la cabine monte sont donc :

Valeur de T_0'''	{ Cabine pleine.	8.894 × 1,006 =	8.947 *kg*
Cabine au rez-de-chaussée.	{ Cabine vide	4.296 × 1,006 =	4.322 »
Valeur de T_0'''	{ Cabine pleine.	9.962 × 1,006 =	10.020 »
Cabine au 1er étage	{ Cabine vide	4.973 × 1,006 =	5.000 »

b) *Descente de la cabine.* — On a ici :

$$t_0''' = t_0'' \frac{1 - (Q + 1)}{1 - Q}.$$

$$Q = 0,0023.$$

Valeur de I :

$$I = \frac{(2 + 0,002\, t)\,\dfrac{1,7}{3,00}}{t}$$

Prenons pour valeur de t la moyenne des tensions 8.450 et 9.566 divisé par 4, soit 2.252 kg.

On trouve :

$$I = 0,0016 \qquad Q + I = 0,0039 \qquad 1 - (Q + I) = 0,9961$$

et

$$t_0''' = 0,998\, t_0''.$$

Les différentes valeurs de la tension T_0''' lorsque la cabine descend sont donc :

Valeur de T_0'''	{ Cabine pleine	8.450 × 0,998 = 8.433 *kg*
Cabine au rez-de-chaussée.	{ Cabine vide	3.930 × 0,998 = 3.922 »
Valeur de T_0'''	{ Cabine pleine	9.566 × 0,998 = 9.547 »
Cabine au 1er étage.	{ Cabine vide	4.631 × 0,998 = 4.622 »

4° **Tensions** T_e **à l'origine du moufle.** — Dans les différents cas de charge, les tensions T_e sont égales aux valeurs précédentes T_0''', le poids des câbles n'intervenant que faiblement, puisqu'ils sont soutenus par des galets de guidage.

5° *Tensions* T_s du brin mort du moufle et détermination des tractions totales F sur le palan. — Soit $t_e = t_o'''$ la tension sur un câble à l'entrée du mouflage et t_s la tension sur un câble du brin mort.

D, diamètre d'incurvation des poulies du moufle $= 1,524\ m$.
d, diamètre des fusées $= 0,127\ m$.

Nous considérons toujours les deux cas de l'ascension et de la descente de la cabine.

a) *Ascension de la cabine*. — On a pour valeur de la tension t_s :

$$t_s = \left[\frac{1+Q}{1-(Q+I)}\right]^6 t_o'''$$

$\left(\text{en négligeant toujours le terme : } P_m \dfrac{Q}{1-(Q+I)}\right)$

dans laquelle :

$$Q = f\frac{d}{D} = 0,07\,\frac{127}{1.524} = 0,0058.$$

Valeur de I. — On a :

$$I = \frac{(2 + 0,002\,t)\,\dfrac{1,7}{1,524}}{t}$$

Nous prendrons pour t le quart de la plus grande tension T_o''' à la montée, soit :

$$\frac{10.020}{4} = 2.505\ kg.$$

On trouve :

$$I = 0,0031 \qquad Q + I = 0,0089 \qquad 1-(Q+I) = 0,9911$$

et

$$t_s = (1,014)^6\,t_o''' = 1,086.\,t_o'''$$

d'où

$$T_s = 1,086\ T_o'''.$$

La somme des tractions sur les câbles du moufle sera celle des termes d'une progression géométrique, soit :

$$F = \left[\frac{1,014^7 - 1}{1,014 - 1}\right] T_o''' = \frac{1,101 - 1}{1,014 - 1} T_o''' = 7,21\ T_o'''$$

Les tensions T_s et F sont donc :

Valeurs de T_s et de F	Cabine chargée.	Valeur de T_s . . .	$8.947 \times 1,086 =\ 9.716\ kg$
		Valeur de F	$8,947 \times 7,21\ = 64.507$
Cabine au rez-de-chaussée.	Cabine vide. . .	Valeur de T_s . . .	$4.322 \times 1,086 =\ 4.694$
		Valeur de F	$4.322 \times 7,21\ = 31.161$

$$
\begin{array}{l}
\text{Valeurs} \\
\text{de } T_s \text{ et de F} \\
\text{Cabine} \\
\text{au } 1^{er} \text{ étage.}
\end{array}
\left\{
\begin{array}{l}
\text{Cabine chargée.} \left\{
\begin{array}{l}
\text{Valeur de } T_s \ldots \ 10.020 \times 1,086 = 10.881 \\
\text{Valeur de F} \ldots \ 10.020 \times 7,21 = 72.244
\end{array}
\right. \\
\text{Cabine vide} \ldots \left\{
\begin{array}{l}
\text{Valeur de } T_s \ldots \ 5.000 \times 1,086 = 5.430 \\
\text{Valeur de F} \ldots \ 5.000 \times 7,21 = 36.050
\end{array}
\right.
\end{array}
\right.
$$

b) *Descente de la cabine.* — On a pour valeur de la tension t_s :

$$
t_s = \left[\frac{1 - (Q + I)}{1 - Q} \right]^6 . t_0^{\prime\prime\prime}
$$

La valeur de Q est toujours :

$$
Q = 0,0058.
$$

Valeur de I. — On a :

$$
I = \frac{(2 + 0,002\, t)\, \dfrac{1,7}{1,524}}{t}.
$$

Prenons pour t le quart de la tension 9.547, soit : 2.387 kg.
On trouve :

$$
I = 0,0032 \qquad Q + I = 0,0090 \qquad 1 - (Q + I) = 0,9910
$$

$$
1 - Q = 0,9942 \qquad \frac{1 - (Q + I)}{1 - Q} = 0,996 \quad \text{et} \quad t_s = (0,996)^6 . t_0^{\prime\prime\prime} = 0,976 . t_0^{\prime\prime\prime}
$$

d'où

$$
T_s = 0,976 . T_0^{\prime\prime\prime}
$$

La somme F des tractions sur les câbles du moufle sera :

$$
\left[\frac{1 - \overline{0,996}^6}{1 - \overline{0,996}} \right] T_0^{\prime\prime\prime} = \frac{1 - 0,9722}{1 - 0,996} T_0^{\prime\prime\prime} = 6,95\, T_0^{\prime\prime\prime}.
$$

On peut donc faire, pour le cas de la descente, le tableau des valeurs de T_s et de F, qui est le suivant :

$$
\begin{array}{l}
\text{Valeurs} \\
\text{de } T_s \text{ et de F} \\
\text{Cabine au} \\
\text{rez-de-chaussée.}
\end{array}
\left\{
\begin{array}{l}
\text{Cabine chargée.} \left\{
\begin{array}{l}
\text{Valeur de } T_s = 8.433 \times 0,976 = 8.230 \ kg \\
\text{Valeur de F} = 8.433 \times 6,95 = 58.609
\end{array}
\right. \\
\text{Cabine vide.} \left\{
\begin{array}{l}
\text{Valeur de } T_s = 3.922 \times 0,976 = 3.828 \\
\text{Valeur de F} = 3.922 \times 6,95 = 27.258
\end{array}
\right.
\end{array}
\right.
$$

$$
\begin{array}{l}
\text{Valeurs} \\
\text{de } T_s \text{ et de F} \\
\text{Cabine} \\
\text{au } 1^{er} \text{ étage.}
\end{array}
\left\{
\begin{array}{l}
\text{Cabine chargée.} \left\{
\begin{array}{l}
\text{Valeur de } T_s = 9.547 \times 0,976 = 9.318 \\
\text{Valeur de F} = 9.547 \times 6,95 = 66.351
\end{array}
\right. \\
\text{Cabine vide.} \left\{
\begin{array}{l}
\text{Valeur de } T_s = 4.622 \times 0,976 = 4.511 \\
\text{Valeur de F} = 4.622 \times 6,95 = 32.123
\end{array}
\right.
\end{array}
\right.
$$

Le tableau suivant résume ces différents efforts :

EFFORTS	MOUVEMENT ASCENSIONNEL DE LA CABINE				MOUVEMENT DE DESCENTE DE LA CABINE			
	AU HAUT DE LA COURSE		AU BAS DE LA COURSE		AU HAUT DE LA COURSE		AU BAS DE LA COURSE	
	Cabine pleine	Cabine vide	Cabine pleine	Cabine vide	Cabine pleine	Cabine vide	Cabine pleine	Cabine vide
	kg	kg	kg	kg	kg	kg	kg	kg
Traction dans le garant. .	10.020	5.000	8.947	4.322	9.547	4.622	8.433	3.922
Traction dans le dormant.	10.881	5.430	9.716	4.694	9.318	4.511	8.230	3.828
Traction totale sur le moufle	72.244	36.050	64.507	31.161	66.351	32.123	58.609	27.258

Les efforts maxima correspondent à la cabine pleine en haut de sa course et sont, pour le câble, de 10.881 kg vers le point fixe du moufle moteur, et sur le palonnier d'attache des tiges de piston au chariot mobile, 72.244 kg.

III. — Effort moteur

L'effort moteur pour l'élévation de la charge comprend la composante tangentielle du poids des masses mobiles et l'action de l'eau sur le piston, diminuée des frottements du piston et des tiges dans leurs garnitures.

1° **Action des masses mobiles**. — Le poids des masses mobiles se décompose ainsi :

Chariot mobile. . . . . 10.000 kg ⎫
Riblons. 5.680   ⎬ 20.180 kg
Pistons et leurs tiges . . . . 4.500   ⎭
Câbles enroulés, en moyenne 660

Total . . . . 20.840 kg

Le chemin de roulement du chariot est incliné de 61°20' sur l'horizontale. Les éléments de cet angle sont :

$$\sin 61°20' = 0,877 \qquad \cos 61°20' = 0,479$$

La composante tangentielle a pour valeur, sans tenir compte des câbles qui n'interviennent pas :

$$X_s = 20.180 \times 0,877 = 17.698 \ kg.$$

La composante normale du chariot mobile, des riblons et des câbles est seule utile; elle a pour valeur :

$$Y_s = 16.340 \times 0,479 = 7.827 \ kg.$$

Pour l'évaluation des *frottements des garnitures du piston et des tiges*, il faut considérer :

1° Le frottement dû au poids propre du piston qui est de 1.200 *kg*.
Sa composante normale est :

$$1.200 \times 0,479 = 576 \ kg.$$

Si 0,10 est le coefficient de frottement, nous aurons comme valeur absolue du frottement :

$$576 \times 0,10 = 58 \ kg.$$

2° Le frottement dû aux garnitures du piston et de ses tiges.

Pour cela, nous assimilerons les garnitures du piston et des tiges, qui transmettent la pression aux parois du cylindre suivant une loi indéterminée, à une série de cuirs emboutis équivalents, ayant 0,020 *m* de hauteur, et transmettant l'action hydraulique avec une intensité égale, suivant toute leur hauteur. Cela posé, le frottement absolu des différentes garnitures sera donc fourni par l'expression générale :

$$apf\Sigma 2\pi r.$$

$a = 0,02 \ m$, hauteur des garnitures en pression.

$p = 10 \ kg$, pression moyenne unitaire pour la montée du véhicule, et 15 *kg* pour la descente.

$f = 0,10$, coefficient de frottement.

$\Sigma 2\pi r$, somme des périmètres des différentes garnitures soumises à l'action hydraulique.

Cette somme est la suivante :

Piston	$2r = 96,5 \ cm$	$2\pi r = 303,2 \ cm$
Tiges.	$2r = 10,8$	$4\pi r = 67,8$
Tige du piston support	$2r = 7,6$	$2\pi r = 23,88$
Total		$394,88 \ cm$

Par suite, on a :

Cas de la montée : $apf\Sigma 2\pi r = 790 \ kg$ (1).
Cas de la descente : $apf\Sigma 2\pi r = 1.185 \ kg$

Le frottement total sera donc :

Cas de la montée : $790 + 58 = 848 \ kg$
Cas de la descente : $1.185 + 58 = 1.243 \ kg$

---

(1) La formule d'Eytelwein, pour les frottements dans les garnitures, donnerait des chiffres au-dessous de ceux que nous adoptons. Cette formule est $F = \dfrac{Dp}{1.000}$, D étant le diamètre et *p* la pression par mètre carré, on trouve pour $p = 100.000 \ kg$:

$$F = 4 \ (0,965 + 2 \times 0,108 + 0,076) \ 100 = 4 \times 1,257 \times 100 = 503 \ kg$$

et pour $p = 150.000$:

$$F = ... 754 \ kg$$

Finalement l'action des masses mobiles du moteur sera dans le *cas de la montée de la cabine* :

$$S = X_s + Y_s \left(0,003 + 0,07 \frac{d}{D} \right) - 848$$

$d = 0,080$ *m*, diamètre de l'axe des galets.
$D = 0,508$ *m*, diamètre des galets.
$f = 0,07$ *m*, coefficient de frottement des axes sur leurs coussinets.
On trouve :

$$S = 17.698 - 7.827 \times 0,014 - 840 = 16.741 \ kg$$

et dans le *cas de la descente de la cabine* :

$$S' = X_s - Y_s \left(0,003 + f \frac{d}{D} \right) + 1.243$$

$$S' = 17.698 + 7.827 \times 0,014 + 1.243 = 18.050 \ kg.$$

2° Action de l'eau.

a) *Ascension de la cabine.* — Au moment où la cabine pleine arrive au 1er étage, il faut que les organes qui agissent sur le moufle produisent un effort de 72.244. Les parties mobiles du mouflage, par leur poids, contribuent à cette traction pour 16.741 *kg*. L'eau n'a donc plus à produire sur le piston qu'un effort de :

$$P = 72.244 - 16.741 = 55.503 \ kg$$

Au rez-de-chaussée, la valeur de P pour la cabine pleine sera de :

$$P = 64.507 - 16.741 = 47.766 \ kg$$

La surface active de la face supérieure du piston a pour valeur 7.131 *cm²* et la hauteur d'eau correspondant à la pression est, en dehors des pertes de charge, de 120 *m*.
La pression totale sur le piston est de :

$$7.131 \times 12 = 85.572 \ kg$$

Cette pression est très supérieure aux efforts résistants précédemment trouvés qui sont de 55.503 et 47.766, et elle assure les déplacements de la cabine sur tout le parcours.

Mais, en réalité, il y a lieu de tenir compte des pertes de charge, dans la conduite d'alimentation et dans le distributeur. Ce calcul fait l'objet du tableau suivant. On suppose le distributeur complètement ouvert, et la cabine animée de 3 vitesses, savoir : 1,00 *m*, 1,50 *m* et 2 *m*.

Ascension de la cabine. — Distributeur ouvert.

VITESSES DE LA CABINE V_i	1,00 m	1,50 m	2,00 m
Piston :			
Vitesses correspondantes : $V_s = \frac{1}{7} V_i$	0,143 m	0,214 m	0,286 m
Face supérieure, surface active : $\Omega = 0,7131\ m^2$.			
Face inférieure, surface active : $\Omega_i = 0,7313\ m^2$.			
Débit relatif à la surface supérieure du piston : $0,7131 \times V_s$	0,102 m^3	0,153 m^3	0,204 m^3
Longueur totale : $L = 152\ m$.			
Diamètre intérieur : $D = 0,25\ m$.			
Section : $\omega = 0,049\ m^2$.			
Débit relatif à la conduite : $Q = \Omega V_s$	0,102 m^3	0,153 m^3	0,204 m^3
Vitesse de passage de l'eau : $V = \frac{Q}{\omega}$	2,081 m	3,127 m	4,162 m
Perte de charge par mètre courant (formule de Prony) due aux frottements : $J = (0,000173\,V + 0,000348\,V^2)\frac{4}{D}$.	0,0246 m	0,0550 m	0,0993 m
Perte de charge due aux frottements pour la longueur totale : $h = JL$.	3,74 m	8,36 m	15,09 m
Perte de charge due au passage de l'eau du réservoir dans la conduite : $0,49\frac{V^2}{2g}$	0,108 m	0,243 m	0,432 m
Perte de charge due au passage de l'eau de la conduite dans le cylindre $\frac{(V-V_s)^2}{g2}$	0,191 m	0,432 m	0,765 m
Perte de charge totale dans la conduite.	4,039	9,035 m	16,287 m
Pressions correspondantes en kg par cm^2	0,404 kg	0,903 kg	1,629 kg
Distributeur :			
Section maxima de passage de l'eau dans la grille : 671 trous de 0,009 m de diamètre, soit : 0,042 m^2.			
Débit relatif à la face inférieure du piston : $\Omega_i V_s$	0,105 m^3	0,157 m^3	0,210 m^3
Vitesse de passage de l'eau dans le distributeur : $V = \frac{\Omega_i \times V_s}{0,55 \times 0,042}$	4,56 m	6,84 m	9,12 m
(Coefficient de contraction $= 0,55$.)			
Charges correspondantes aux vitesses V : $h = \frac{V^2}{2g}$	1,06 m	2,38 m	4,24 m
Pression correspondante en kg par cm^2.	0,106 kg	0,238 kg	0,424 kg
Pertes de charge totales (conduite et distributeur).	0,510 kg	1,141 kg	2,053 kg

Conduite d'alimentation.

On voit que la perte de charge provenant du distributeur détermine une contre-pression sur la face inférieure du piston, qui a pour aire : $7.3\text{i}3\ cm^2$ et qui varie de $0,106\ kg$ à $0,424$ suivant les vitesses.

En sorte que, si la cabine est animée des trois vitesses citées plus haut, les pressions effectives sont, en tenant compte pour l'entrée de la perte de charge dans les conduites, et pour la sortie de la perte de charge à travers la grille :

Vitesse de $1,00\ m$:

$$(12,00 - 0,404)\ 7.\text{i}3\text{i} - 0,106 \times 7.3\text{i}3 = 81.936\ kg.$$

Vitesse de $1,5\text{o}\ m$:

$$(12,00 - 0,903)\ 7.\text{i}3\text{i} - 0,238 \times 7.3\text{i}3 = 77.392\ kg.$$

Vitesse de $2,00\ m$:

$$(12,00 - 1,629)\ 7.\text{i}3\text{i} - 0,424 \times 7.3\text{i}3 = 70.855\ kg.$$

Or, on a vu que les efforts que l'eau a à vaincre lorsque la cabine est au 1er étage et au rez-de-chaussée, sont respectivement $55.5\text{o}3\ kg$ et $47.766\ kg$.

On voit donc que la marche de l'appareil est assurée même pour des vitesses pouvant dépasser $2\ m$.

En pratique l'on ne dépassait pas $1,25\ m$ à $1,5\text{o}\ m$, ce qui permettait de faire marcher moins vite les pompes.

b) *Descente de la cabine.* — C'est le véhicule qui, dans ce cas, est l'appareil moteur. Il faut qu'étant vide et arrivant au rez-de-chaussée, il puisse faire remonter l'appareil moteur sur son chemin de roulement.

Or, on a vu que, dans ce cas, l'effort de traction que produit la cabine sur le moufle est de $27.258\ kg$. Il est suffisant pour vaincre l'action des masses mobiles, qui est dans ce cas de $18.\text{o}5\text{o}\ kg$, et les faibles pertes de charge qui se produisent dans les tuyaux de communication entre le haut et le bas du cylindre.

CHAPITRE III

---

§ 1. — Résumé des données principales et des calculs dynamiques de l'ascenseur.

I. — Poids des cables.

Nous donnons ci-dessous, en raison de son importance dans l'équilibrage, le calcul détaillé de la répartition du poids des câbles et de leurs chapes, en nous servant de la figure 64, dans laquelle sont résumées les dimensions générales de l'appareil.

Considérons en premier lieu le cas où, le piston étant à l'origine de sa course, les deux cabines sont à la hauteur du plancher intermédiaire.

Déterminons d'abord le poids des câbles à partir du point de contact des poulies supérieures.

	coté A	coté B
1° *Câble a.*		
Chape mobile d'attache sur le palonnier.	185 *kg*	
Câble d'enroulement (80,20 + 8,20) = 88,40 à 19 *kg*	1.680	
Tendeur (piston, 80 *kg*, chape, 65 *kg*)		145 *kg*
Câble de suspension [80,20 — (1,13 + 0,25)] = 78,82 à 12 *kg*.		946
Chape de réglage		285
Câble d'enroulement dépassant les poulies (8,60 — 2,25)		
à 19 *kg*		121
Total pour le câble *a*	1.865 *kg*	1.497 *kg*
2° *Câble b* (semblable au câble *a*, sauf la hauteur des poulies :		
5,50 *m* au lieu de 8,60 *m*).		
Chape mobile d'attache sur le palonnier. , ...	185 *kg*	
Câble d'enroulement (80,20 + 5,10) = 85,30 *m* à 19 *kg* . . .	1.620	
Tendeurs, câble de suspension, chapes diverses.		1.376 *kg*
Câble d'enroulement dépassant les poulies (5,20 — 2,25)		
à 19 *kg*		61
Total pour le câble *b*	1.805 *kg*	1.437 *kg*

3° *Câble c.*

Tendeur avec chape.	145 *kg*	
Câble d'enroulement (80,20 + 3,69) = 83,89 à 19 *ky*	1.594	
Chape mobile d'attache sur le palonnier B		145 *kg*
Câble de suspension (80,20 + 1,55 − 2,83) = 78,92 à 12 *kg*.		947
Chape de réglage		285
Câble d'enroulement dépassant les poulies (7,20 − 4,05)		
= 3,15 *m*		60
Total pour le câble *c*	1.739 *kg*	1.437 *kg*

4° *Câble d* (semblable au câble *c*, sauf la hauteur de la poulie : 6,90 *m* au lieu de 7,20 *m*).

Tendeur avec chape.	145 *kg*	
Câble d'enroulement (80,20 + 3,39) = 83,59 à 19 *kg*.	1.588	
Chapes diverses et câble de suspension		1.377 *kg*
Câble d'enroulement dépassant les poulies (6,90 − 4,05)		
à 19 *kg*		54
Total pour le câble *d*.	1.733 *kg*	1.431 *kg*
Total pour les câbles *a*, *b*, *c*, *d*, à l'origine de la course.	7.142	5.802
Excès de poids de la cabine A sur la cabine B (10.900 − 10.700)	200	
Total.	7.342 *kg*	5.802 *kg*

A la fin de la course, 80,20 × 4 × 19 = 6.095 *kg* sont passés de l'un à l'autre côté, et il reste comme poids des câbles :

Total à la fin de la course	1.247 *kg*	11.897 *kg*

Cette surcharge du côté A doit s'ajouter au poids des pistons. Pour une position intermédiaire et une levée *x* des pistons, le poids du côté A est 7.342 − 4 × 19 *x* = 7.342 − 76 *x*, et du côté B, 5.802 + 76 *x*.

La partie de câble d'enroulement reposant sur les poulies supérieures est de 10,22 + 10,03 + 2,09 + 1,90 = 24,24 *m* à 19 *kg* = 460 *kg*.

Le poids total des câbles et de leurs chapes est ainsi de 460 + 7.142 + 5.802 = 13.404 *kg*. Ce poids comprend :

Câbles d'enroulement	7.238 *kg*
— de suspension	3.786
Chapes.	2.380
Total.	13.404 *kg*

II. — Données et calculs dynamiques de l'ascenseur.

Les données relatives à l'ascenseur sont résumées ci-dessous :

Poids des pistons.	17.500 *kg*
Poids des câbles d'enroulement situés du côté de la cabine motrice à fin de course, et excès de poids de cette cabine	1.247

8.13

D-1.236

D-1.206

D-1.236

D-1.206

Câbles d'enroulem^t

3me Étage(309.63)

(307.50)

(308.765)

Câbles d'enroulem^s

a c   d b   Chapes de réglage

1.80

Tendeurs

A

b d   c a

Câbles de suspension

(231.00)

H^x

$H'-79.70$ 80.20

H'' 3.20

X

(227.795)

Étage intermédiaire   (229.430)

X

B

Longueur des pistons 80^m.96

H^x

$H-80.20$

X

H^x

2me Étage (159.23)

(147.795)

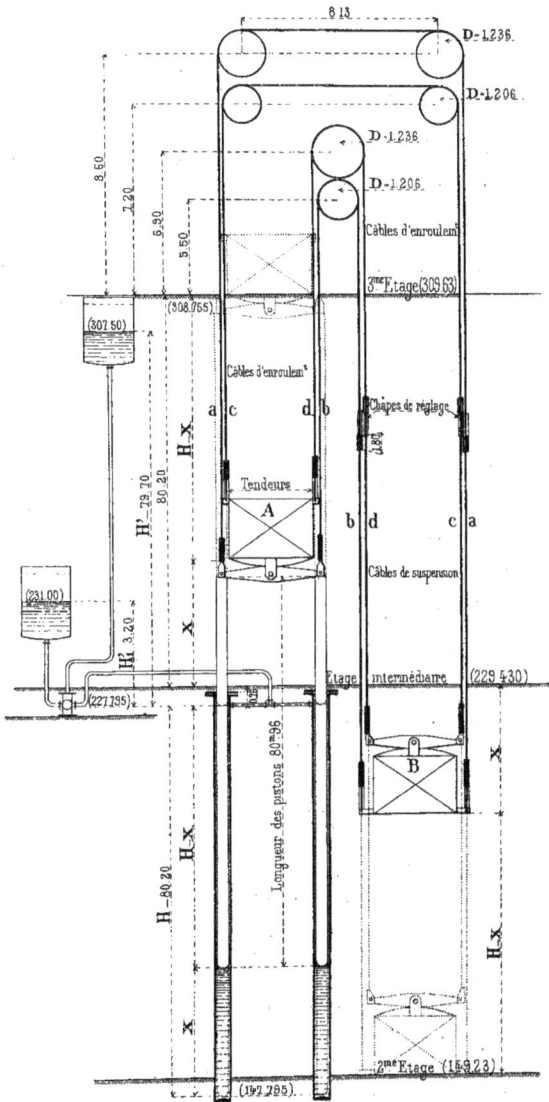

Fig. 64. — Diagramme de l'ascenseur Edoux.

Poids par mètre des quatre câbles d'enroulement p 76

Poids total des câbles de suspension du côté de la cabine contrepoids. 5.802

Pression théorique à la montée, { En bas de la course . . . . 159,90 m
en mètres d'eau . . . . } En haut de la course 79,70

Contre-pression théorique à la { En haut de la course 3,20
descente, en mètres d'eau . } En bas de la course 83,40

Course H des cabines. 80,20

		CABINE A	CABINE B
Poids des véhicules.	A vide.	10.900 kg	10.700 kg
	Surcharge de 80 voyageurs à 70 kg	5.600	5.600
	En charge	16.500 kg	16.300 kg

Détermination de la pression effective.

Nous calculerons successivement dans le cas de la montée de la cabine motrice, et dans le cas de la descente, l'effort moteur et l'effort résistant que nous comparerons.

1° Cas de la montée de la cabine motrice.

Pour avoir la pression effective, il faut déterminer les pertes de charge, dans les différentes parties de l'appareil.

Ces pertes de charge sont résumées dans le tableau suivant pour les trois vitesses de la cabine de 0,45 m, 0,90 m et 1,25 m.

DÉSIGNATION	VITESSE DE LA CABINE		
	0,45 m	0,90 m	1,25 m
1° *Conduite de 0,250 m, venant du réservoir supérieur.*			
Section totale des pistons : 0,1608 m^2.			
Débit correspondant en litres par seconde	72,5 l	145 l	201 l
Section de la conduite : 0,0491 m^2.			
Vitesse de l'eau dans la conduite	1,48 m	2,96 m	4,09 m
Perte de charge par mètre : $J = \dfrac{4\,(0,0004 \times V^2)}{D}$ . .	0,014	0,056	0,107
Longueur de la conduite : 90 m.			
Perte de charge pour cette longueur	1,260	5,040	9,630
Hauteur d'eau génératrice de la vitesse, et perte due aux changements de section : $\dfrac{3}{2}\dfrac{V^2}{2g}$	0,166	0,664	1,271
Perte de charge totale en mètres dans la conduite de 0,250 m	1,426	5,704	10,901
2° *Conduites de 0,150 m, allant de la colonne principale aux cylindres.*			
Il y a deux conduites dans lesquelles se partage le débit calculé plus haut.			

DÉSIGNATION	VITESSE DE LA CABINE		
	0,45 m	0,99 m	1,25 m
Section de chaque conduite : 0,0177 m^2.			
Débit pour chaque conduite.	36,25 l	72,50 l	100,50 l
Vitesse de l'eau dans la conduite	2,05 m	4,10 m	5,66 m
Perte de charge par mètre : $J = \dfrac{4\,(0,0004 \times V^2)}{D}$ . . .	0,045.	0,18	0,34
Longueur des deux conduites : 23 m.			
Perte de charge pour cette longueur	1,030	4,14	7,48
Total des pertes de charge dans les conduits de 0,250 m et 0,150 m	2,46	9,84	18,38
3° Distributeurs. Section de passage de l'eau dans chaque distributeur : 20 trous de 0,0008 cm^2, soit 0,0160 m^2, et pour les deux 0,0320 m^2.			
Vitesse de passage avec contraction de 0,50 = $\dfrac{\text{Débit}}{\text{Section} \times 0,50}$	4,53	9,06	12,56
Charge correspondante à la vitesse ci-dessus	1,04	4,16	8,30
4° Cylindres. Nous admettrons comme nulle la perte de charge à l'entrée des cylindres à cause des nouvelles têtes qui offrent un libre passage à l'eau.			
Quant à la perte dans les cylindres eux-mêmes, nous admettrons (d'après des expériences que nous avons faites sur l'appareil) qu'elle est de 5 m pour la vitesse de 0,75 m quand le plongeur est au bas de sa course.			
Pour les autres vitesses, nous admettrons que cette perte varie suivant leur carré, et elle sera de . .	1,80	7,20	13,78
Cette dernière perte de charge est sensiblement nulle quand le piston est en haut de sa course.			
RÉSUMÉ. { Perte de charge totale au commencement de la course.	5,30	21,20	40,46
{ Perte de charge totale à la fin de la course . .	3,50	14,00	26,68

Ces pertes de charge rapportées à la section des plongeurs, laquelle est de 0,1608 m^2, donnent les chiffres suivants :

	COMMENCEMENT DE LA COURSE	FIN DE LA COURSE
Vitesse de 0,45 m	852 kg	563 kg
— 0,90	3.409	2.251
— 1,25	6.512	4,293

La pression théorique rapportée à la section du plongeur est :

Au commencement de la course : $1608 \times \dfrac{159.9}{10} = 25.712 \ kg.$

A la fin de la course : $1608 \times \dfrac{79.70}{10} = 12.816 \ kg.$

Les pressions effectives ou efforts moteurs pour les différentes vitesses sont donc :

	COMMENCEMENT DE LA COURSE	FIN DE LA COURSE
Vitesse de 0,45 m	$25.712 - \ \ \ 852 = 24.860$	$12.816 - \ \ \ 563 = 12.253$
— 0,90	$25.712 - 3.409 = 22.303$	$12.816 - 2.251 = 10.565$
— 1,25	$25.712 - 6.512 = 19.200$	$12.816 - 4.293 = \ \ 8.523$

Pour chacune de ces vitesses on peut représenter graphiquement la variation de la pression effective, du commencement à la fin de la course (voir épure, fig. 65).

Équilibre du système.

La pression motrice, abstraction faite des pertes de charge, doit être égale en chaque point de la course à l'effort résistant.

L'équation d'équilibre s'établit comme suit.

Les forces produisant le mouvement sont, au commencement de la course :

1° La pression effective donnée par le tableau précédent pour les différentes vitesses, soit Q ;

2° Le poids des câbles de suspension, y compris chapes et tendeurs, c'est-à-dire ceux ne s'enroulant pas sur les poulies ; il est égal à $5.802 \ kg$;

3° Le poids de la cabine contrepoids qui s'élimine par suite de son égalité avec celui de la cabine motrice ;

4° Le poids des voyageurs de la cabine contrepoids, soit V_t, pouvant varier de 0 à $5.600 \ kg$.

Les forces s'opposant au mouvement sont :

1° La somme P_t des poids des pistons et de l'excès de poids des câbles et de la cabine A, $P_t = 17.500 + 1.247 = 18.747$;

2° Le poids C_t de la cabine motrice, qui s'élimine ;

3° Le poids V_t des voyageurs de la cabine motrice pouvant varier de 0 à $5.600 \ kg$;

4° Le poids pH de la portion des câbles s'enroulant sur les poulies

$$p\mathrm{H} = 76 \times 80,20 = 6.095 \ kg \ ;$$

5° La somme R des résistances dues au frottement, laquelle, d'après les expériences faites antérieurement, est à la montée d'environ $1.400 \ kg$.

Pour le mouvement, on doit avoir :

$$Q + 5.802 + V_t > 18.747 + V_t + 6.095 + 1.400,$$

d'où :

$$Q > 20.440 + (V_t - V_t).$$

A la fin de la course on aurait de même, en remarquant que les câbles d'enroulement viennent s'ajouter à la force ascensionnelle :

d'où :
$$Q' + 5.802 + 6.095 + V_2 > 18.547 + V_1 + 1.400,$$
$$Q' > 8.250 + (V_1 - V_2).$$

En donnant successivement à $V_1 - V_2$ les valeurs correspondantes :

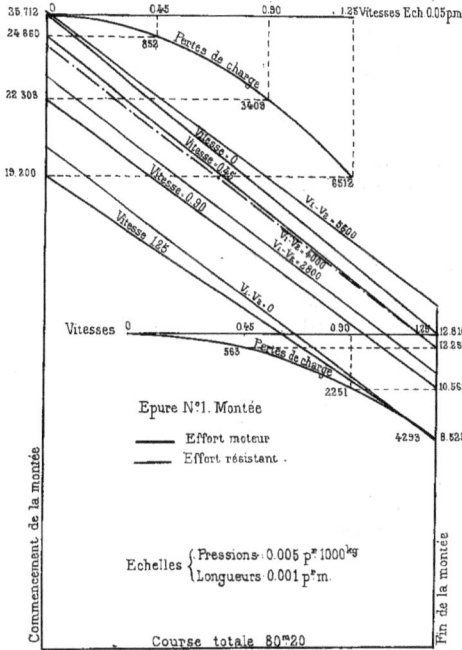

Fig. 65. — *Épure de la montée.*

1° A la cabine motrice complètement chargée et l'autre vide, soit
$$V_1 = 5.600 \ kg, \ V_2 = 0 \text{ et } V_1 - V_2 = 5.600 \ kg;$$

2° A la cabine motrice complètement chargée, et l'autre à moitié pleine, soit
$$V_1 = 5.600, \ V_2 = 2.800, \ V_1 - V_2 = 2.800;$$

3° Aux deux cabines également chargées, soit $V_1 - V_2 = 0$; on trouve les valeurs ci-après :

40

VALEURS DE $V_1 - V_2$	EFFORT RÉSISTANT MAXIMUM Commencement de la montée	EFFORT RÉSISTANT MAXIMUM Fin de la montée
5.600 kg	26.040	13.850
2.800	23.240	11.050
0	20.440	8.250

Ces valeurs sont à comparer avec les pressions effectives du tableau précédent.

En reportant ces valeurs sur l'épure, on voit que :

1° Dans le cas de la cabine motrice seule chargée de 5.600 kg, la pression est insuffisante pour que le véhicule puisse monter, l'effort résistant étant constamment supérieur à la pression statique qui correspond à la vitesse 0.

Mais ce cas ne peut se présenter que dans les premiers voyages. Dès que la différence du poids des voyageurs est de 4.000 kg, c'est-à-dire quand il se présente 80 voyageurs à la montée pesant 5.600 kg et 23 voyageurs à la descente, soit 1.600 kg, ou seulement 57 voyageurs à la montée, on voit d'après l'épure que l'effort résistant est compris entre les efforts moteurs correspondant à la vitesse de 0.45 m et à celle de 0,90 m; la vitesse réelle varie de 0,55 m pour le commencement de la course à 0,45 m pour la fin.

2° Lorsque la différence de poids $V_1 - V_2$ du côté de la cabine motrice est de 2.800 kg, la vitesse au démarrage est environ de 0,75 m; elle atteint près de 0.80 m à la fin de la course.

3° Lorsque les cabines sont également chargées, la vitesse varie de 1,10 m à 1.25 m.

2° Cas de la descente.

Détermination de la contre-pression. — Nous suivrons la même marche de calcul pour la descente.

Nous calculerons, tout d'abord, les pertes de charge, qui sont extraites du tableau précédent, correspondant aux différentes vitesses de la cabine motrice.

DÉSIGNATION	VITESSE DE LA CABINE		
	0.45 m	0.90 m	1.25 m
Perte de charge dans les conduites des distributeurs aux cylindres..................	1.03 m	4.14 m	7.48 m
Perte de charge dans les distributeurs............	1,04	4,16	8,30
— dans les cylindres eux-mêmes, à la fin de la descente de la cabine motrice................	1.80	7,20	13,78
Perte de charge dans les cylindres eux-mêmes au commencement de la descente.................	0,00	0.00	0,00
Total des pertes de charge :			
Au commencement de la descente............	2,07	8,30	15,78
A la fin de la descente.................	3,87	15.50	29,56

Ces pertes de charge rapportées à la section des plongeurs donnent les chiffres suivants :

	COMMENCEMENT DE LA DESCENTE	FIN DE LA DESCENTE
Vitesse de 0,45 m	338 kg	627 kg
— 0,90	1.335	2.492
— 1,25	2.541	4.760

La contre-pression théorique, rapportée à la section du plongeur 1.608 cm^2, donne :

Commencement de la descente. . . . . $1608 \times \dfrac{3,20}{10} = 514 \ kg.$

Fin de la descente. . . . . $1608 \times \dfrac{83,40}{10} = 13.410 \ kg.$

Les contre-pressions effectives ou efforts résistants pour les différentes vitesses, et qui s'opposent au mouvement, seront donc :

	COMMENCEMENT DE LA DESCENTE	FIN DE LA DESCENTE
Vitesse de 0,45 m	$514 + 338 = 852$	$13.410 + 627 = 14.037$
— 0,90	$514 + 1.335 = 1.849$	$13.410 + 2.492 = 15.902$
— 1,25	$514 + 2.541 = 3.055$	$13.410 + 4.760 = 18.170$

Ces valeurs peuvent être rapportées sur une épure analogue à la précédente, qui donnera pour chacune des valeurs ci-dessus la variation de la contre-pression effective (voir fig. 66).

L'équation d'équilibre s'établit comme suit.

Au commencement de la descente, les forces qui produisent le mouvement sont :

1° Le poids des pistons et de leur surcharge $P_1 = 18.747$;

2° Le poids V_1 des voyageurs de la cabine motrice variant de 0 à 5.600 kg ;

Les forces qui s'opposent au mouvement sont :

1° Le poids des voyageurs de la cabine contre-poids $V_2 = 0$ à 5.600 kg ;

2° Le poids des câbles ne s'enroulant pas sur les poulies : 5.802 kg ;

3° Le poids des câbles s'enroulant sur les poulies : $pH = 6.095 \ kg$;

4° La contre-pression Q ;

5° La somme des résistances passives dues au frottement et que nous prendrons égale à 1.200 kg.

On doit donc avoir, pour qu'il y ait mouvement :

$$18.747 + V_1 > V_2 + 5.802 + 6.095 + Q + 1.200,$$

d'où :

$$Q < 5.650 - (V_2 - V_1).$$

A la fin de la descente on aurait de même, en remarquant que les câbles d'enroulement viennent s'ajouter aux forces qui produisent la descente :

$$18.747 + 6.095 + V_s > V_s + 5.802 + Q' + 1.200,$$

d'où :

$$Q' < 17.840 - (V_s - V_t).$$

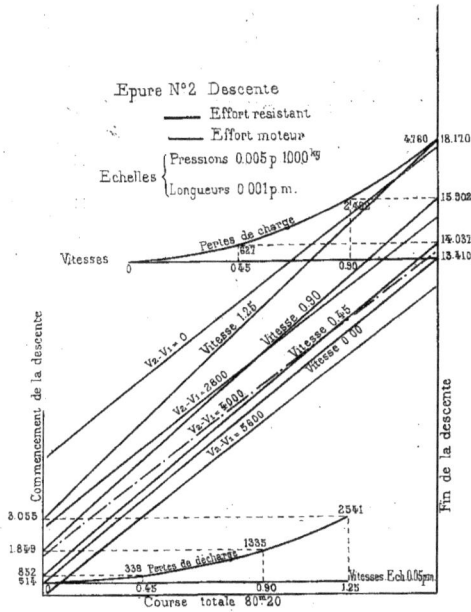

Fig. 66. — *Épure de la descente.*

En prenant les hypothèses précédentes, mais relativement à la cabine contrepoids, on a le tableau suivant :

VALEURS DE $V_2 - V_1$	EFFORT MOTEUR Q au commencement de la descente	EFFORT MOTEUR Q' à la fin de la descente
5.600 *kg*	50	12.240
2.800	2.850	15.040
0	5.650	17.840

Ces valeurs sont à comparer avec les contre-pressions effectives du tableau précédent.

En reportant ces valeurs sur l'épure relative à la descente (voir fig. 66), on voit que :

1° Dans le cas de la cabine contrepoids seule, chargée au maximum, la descente de la cabine motrice ne peut pas s'effectuer. Il faut, pour le premier voyage de la cabine contrepoids, ne mettre dans celle-ci que 58 à 60 voyageurs, représentant environ 4.000 kg. Dans ce cas, la cabine motrice descend avec une vitesse qui varie du commencement à la fin de la descente de 0,85 à 0,30, comme le montre le trait mixte de l'épure.

2° Lorsque la différence de poids $V_2 - V_1$ du côté de la cabine contrepoids est de 2.800 kg, la descente commence à une vitesse voisine de 1,25 m et décroît jusqu'à une valeur un peu inférieure à 0,90 m.

3° Enfin, lorsque les cabines sont également chargées, la vitesse reste, pendant toute la descente, supérieure à 1,25 m.

Il résulte de la discussion précédente :

1° Que la différence de poids des voyageurs dans les cabines ne doit pas dépasser 4.000 kg.

Quand elle atteint ce chiffre du côté de la cabine motrice, la marche s'effectue avec une vitesse moyenne de 0,50 m. Pour la descente, et quand cette surcharge de 4,000 kg est du côté de la cabine contrepoids, la vitesse est en moyenne de 0,55 m.

2° Quand cette différence est de 2.800 kg, soit de 40 voyageurs du côté de la cabine motrice, la vitesse à la montée est en moyenne de 0,77 m. Pour la descente et quand cette surcharge de 2.800 kg est du côté de la cabine contrepoids, la vitesse est en moyenne de 1,07.

3° Quand les cabines sont également chargées, la vitesse moyenne est de 1,15 m à la montée et elle est supérieure à 1,25 m à la descente.

Il suit de là que, dans le courant de la journée, on peut utiliser l'appareil pour les cabines chargées soit d'un nombre égal de voyageurs allant jusqu'à 80, soit de nombres pouvant différer entre eux de 58.

Au commencement de la journée, la marche de l'appareil exige que l'on admette seulement ce nombre de 58, au-dessus duquel la montée de la cabine contrepoids ne se produirait que trop lentement.

A la fin de la journée, quand il ne se produit que des descentes de voyageurs, il est prudent d'en limiter le nombre à 58, une ouverture exagérée du distributeur pouvant donner lieu à un excès de vitesse.

La durée complète d'un voyage à pleine vitesse est estimée à 6 minutes, dont 3 minutes pour le parcours à raison d'une vitesse moyenne de 0,90 et 3 minutes pour les changements de voyageurs. On réalise ainsi 10 voyages à l'heure. Durant l'Exposition de 1900, l'on a pu effectuer certains jours 41 voyages en 4 heures, ce qui confirme les chiffres donnés ci-dessus.

§ 2. — Calculs du parachute hélicoïdal et de l'amortisseur hydraulique.

1° Calcul de l'accélération g' du fuseau.

Soient :

P le poids total d'un fuseau :

M sa masse ;

R le rayon moyen de l'hélice située à l'intérieur des colonnes en fonte ;

Z le pas de cette hélice ;

α l'inclinaison de la tangente à l'hélice sur l'horizontale, de telle sorte que $tg\,\alpha = \dfrac{Z}{2\pi R}$;

θ l'angle dont a tourné le fuseau pendant le temps t ;

$\dfrac{d\theta}{dt}$ la vitesse angulaire de rotation du fuseau à l'instant t ;

f le coefficient de frottement des deux surfaces hélicoïdales l'une sur l'autre que nous admettrons égal à 0,16 ;

m et r la masse et la distance à l'axe du fuseau d'un point quelconque de ce dernier,

x, y, z, dont la distance angulaire au plan xz est θ ;

K le rayon de giration du fuseau.

Prenons comme axes de coordonnées 3 axes rectangulaires, l'axe des z étant l'axe du fuseau, les deux axes ox, oy deux droites quelconques perpendiculaires entre elles et perpendiculaires à oz.

Le fuseau est un système matériel de révolution, animé d'un mouvement de rotation autour de son axe de figure, et d'un mouvement de translation suivant cet axe.

Appliquons le théorème de la dérivée du moment de la quantité de mouvement qui s'énonce ainsi :

La dérivée de la somme des moments des quantités de mouvement de tous les points d'un système matériel animé d'un mouvement de rotation autour d'un axe est égale à la somme des moments par rapport à cet axe des forces extérieures appliquées au système.

On aura donc :

$$d\Sigma m \left(x \frac{dy}{dt} - y \frac{dx}{dt} \right) = M_z F.$$

F étant la résultante des forces extérieures appliquées au fuseau, lesquelles sont son poids et les réactions de l'hélice.

Le poids se décompose en deux forces, l'une parallèle à la tangente à l'hélice, ayant comme valeur P sin α, et l'autre perpendiculaire, dont la valeur est P cos α. Cette dernière détermine en sens inverse de la première un frottement, qui en valeur absolue a pour valeur Pf cos α. La composition de ces deux forces donne donc une résultante

$$\text{P sin } \alpha - \text{P}f \cos \alpha,$$

dirigée suivant la tangente à l'hélice moyenne. Sa projection horizontale est

$$\text{P} (\sin \alpha - f \cos \alpha) \cos \alpha,$$

et son moment par rapport à l'axe du fuseau est

$$PR (\sin \alpha - f \cos \alpha) \cos \alpha.$$

On a donc :

(1)
$$d\Sigma m \left(x \frac{dy}{dt} - y \frac{dx}{dt} \right) = PR (\sin \alpha - f \cos \alpha) \cos \alpha.$$

Or :

$$x = r \cos \theta, \qquad y = r \sin \theta,$$

D'où :

$$\frac{dx}{dt} = - r \sin \theta \frac{d\theta}{dt} = - y \frac{d\theta}{dt} \qquad \text{et} \qquad \frac{dy}{dt} = r \cos \theta \frac{d\theta}{dt} = x \frac{d\theta}{dt}.$$

En reportant ces valeurs dans l'équation précédente, il vient :

$$d\Sigma m (x^2 + y^2) \frac{d\theta}{dt} = PR (\sin \alpha - f \cos \alpha) \cos \alpha.$$

En observant que $x^2 + y^2 = r^2$, et que $\Sigma m r^2 = MK^2$, l'équation devient :

$$MK \frac{d^2\theta}{dt^2} = PR (\sin \alpha - f \cos \alpha) \cos \alpha.$$

Pour exprimer que le fuseau, en tournant, descend sur une hélice de pas Z, nous poserons :

$$\frac{z}{\theta} = \frac{Z}{2\pi} \qquad \text{d'où} \qquad z = \frac{Z\theta}{2\pi}.$$

On en tire :

$$\frac{d^2z}{dt^2} = \frac{Z}{2\pi} \cdot \frac{d^2\theta}{dt^2}.$$

Or $\frac{d^2z}{dt^2}$ n'est autre que l'accélération g' cherchée, on a donc :

$$\frac{d^2\theta}{dt^2} = g' \frac{2\pi}{Z}.$$

En remplaçant $\frac{d^2\theta}{dt^2}$ par sa valeur dans l'équation précédente, il vient :

$$g' = \frac{Z}{2\pi MK^2} PR (\sin \alpha - f \cos \alpha) \cos \alpha.$$

Comme $M = \frac{P}{g}$ et $Z = 2\pi R \frac{\sin \alpha}{\cos \alpha}$, on a finalement :

$$g' = g \frac{R^2}{K^2} \sin \alpha (\sin \alpha - f \cos \alpha),$$

laquelle donne l'accélération cherchée g' en fonction de l'accélération due à la pesanteur.

La valeur de ce coefficient est la suivante :

$$R = 0,153, \qquad K = 0,10 \qquad \text{d'où} \qquad \frac{R^2}{K^2} = \frac{0,0234}{0,01} = 2,34.$$

$$Tg\,\alpha = \frac{0,445}{0,9363} = 0,475 \quad \text{soit} \quad \alpha = 25°30', \qquad \sin\alpha = 0,430, \qquad \cos\alpha = 0,902$$

Si $\qquad f = 0,16, \qquad f\cos\alpha = 0,144, \qquad \sin\alpha - f\cos\alpha = 0,286$
$$0,286 \times 0,430 = 0,123.$$

Ce coefficient est ainsi

$$2,34 \times 0,123 = 0,288.$$

La valeur de g' est donc :

$$g' = g \times 0,288 = 9,81 \times 0,288 = 2,80\ m.$$

2° Étude dynamique du fonctionnement.

Dans le *cas de la marche normale*, on voit que le frein ne peut pas embrayer à la descente, si l'accélération de la cabine est inférieure à g' à un moment quelconque.

Dans le cas d'*une rupture des câbles*, la cabine est abandonnée à elle-même et prend l'accélération g. Si V_0 est sa vitesse au moment de la rupture, au bout du temps t elle aura parcouru un espace

$$e = V_0 t + \frac{1}{2} g t^2.$$

Le fuseau aura parcouru un espace

$$e' = V_0 t + \frac{1}{2} g' t^2.$$

La différence des espaces parcourus est :

$$e - e' = \frac{1}{2}(g - g')\,t^2 \qquad \text{d'où} \qquad t = \sqrt{\frac{2\,(e - e')}{g - g'}}.$$

Quand la différence $e - e'$ sera égale à l'espace de 60 mm qui sépare les 2 cônes du fuseau, le frein commencera à agir.

En faisant dans la relation précédente $e - e' = 0,06$

et $g - g' = 9,81 - 2,80 = 7,01.$

On aura :

$$t = 0'',132.$$

La vitesse de la cabine au moment de l'entrée en action du frein sera donc

$$V = V_0 + gt$$

Ou

$$V = V_0 + 9,81 \times 0,132 = V_0 + 1,295.$$

Si l'on désigne par M la masse de la cabine, la puissance vive de celle-ci au moment de l'embrayage est donc :

$$\frac{1}{2}\,M\,(V_0 + 1,295)^2.$$

Le parachute doit absorber cette puissance vive et le travail de la pesanteur pendant la durée du fonctionnement du frein.

Le travail total à absorber est donc :

$$\frac{1}{2}\, M\,(V_0 + 1{,}295)^2 + PH = \frac{P}{2}\left(\frac{(V_0 + 1{,}295)^2}{g} + 2H\right).$$

P est le poids de l'ensemble du véhicule, soit 16.3oo kg, qui est composé comme suit :

Caisse et palonnier...................	6.ooo kg	
Impériale	1.6oo	
Parachute complet..................	3.1oo	10.7oo kg
Surcharge de voyageurs, 8o à 7o kg...........		5.6oo
Total.........		16.3oo kg

H est la course des freins hydrauliques, soit 0,9o m.

En supposant que toute la puissance vive soit absorbée par les freins et en négligeant l'action des ressorts Belleville, le travail absorbé sera de $F \times H$, en désignant par F l'effort constant qui agit sous les pistons et retarde le mouvement de descente de la cabine.

On a donc, en désignant par V la vitesse, $V_0 + 1{,}295$, c'est-à-dire la vitesse de la cabine au moment du fonctionnement du frein :

$$\frac{P}{2}\left(\frac{V^2}{g} + 2H\right) = FH \qquad \text{d'où} \qquad F = \frac{P}{2.H}\left(\frac{V^2}{g} + 2H\right) = \frac{P}{2gH}\,V^2 + P,$$

soit :

$$F = 923\,V^2 + 16.3oo.$$

En donnant successivement à V les valeurs 2 m, 3 m, ..., 6 m, on obtient la grandeur de l'effort correspondant sous les pistons de frein, et par suite toutes les données intéressant le fonctionnement des soupapes d'évacuation.

Le tableau suivant résume ces calculs numériques pour les différentes valeurs de V.

VITESSE V de la cabine au moment du fonctionnement	EFFORT F exercé par les pistons sur l'eau des cylindres	CHARGE par cm^2 sur les pistons. Section totale : 78,5 × 2 = 151 cm^2	VITESSE D'ÉCOULEMENT DU LIQUIDE due à la charge	ORIFICE DU CLAPET correspondant à cette vitesse d'écoulement	
				Sans contraction	Avec contraction de 50 0/0
kg	m	m	m	cm^2	cm^2
2	19.992	127	$\sqrt{2 \times 9{,}81 \times 1{,}270} = 158$	$\dfrac{78,5 \times 2}{158} = 0{,}99$	1,98
3	24.6o7	157	— $= 175$	$\dfrac{78,5 \times 3}{175} = 1{,}34$	2,68
4	31.o68	198	— $= 198$	— $= 1{,}59$	3,18
5	39.375	251	— $= 222$	— $= 1{,}77$	3,54
6	49.528	316	— $= 249$	— $= 1{,}89$	3,78

Les chiffres de la 3ᵉ colonne ont permis de calculer la pression de soulèvement des clapets des soupapes et de régler la tension des ressorts Belleville de ces soupapes, pour chacune des vitesses données. De même les chiffres de l'avant-dernière colonne ont servi à déterminer le profil du clapet, de manière qu'à une vitesse de cabine donnée corresponde la vitesse d'écoulement fournie par la 4ᵉ colonne.

D'après les chiffres de la 2ᵉ colonne, on voit que le frein peut fonctionner, sans danger pour les organes, jusqu'à une vitesse supérieure à 5 m. Nous avons vu, en effet, dans la description du parachute, que les organes pour chacun des côtés du châssis étaient calculés pour un effort maximum de 21.000 kg.

Marzocchi pinx.   Imp. Ch. Wittmann.

G. Eiffel

APPENDICE

Fig. 67. — Pont de Bordeaux.

(La plupart des renseignements qui vont suivre sont extraits de la publication :
« Les Grandes Usines de Turgan »)

Les grands ouvrages exécutés par G. Eiffel en France et à l'étranger, dont la plupart ont été conçus par lui, ont depuis longtemps attiré l'attention générale. En outre du mérite de leur exécution, ils témoignent des importants progrès que cet ingénieur, secondé par les plus distingués collaborateurs, a réalisés dans l'art des constructions métalliques.

Ces progrès se rapportent principalement au mode de construction des piles métalliques de grande hauteur, aux perfectionnements apportés dans les procédés de montage des ponts droits par voie de lançage, à l'emploi rendu courant de la méthode du *porte-à-faux* pour les montages, à l'établissement des grands ponts en arc, et enfin à la création de types de ponts portatifs démontables.

M. G. Eiffel, sorti de l'École Centrale des Arts et Manufactures en 1855, eut dès 1858, par la direction des travaux du pont métallique de Bordeaux (fig. 67), l'occasion d'aborder les problèmes de construction dont l'étude et la pratique devaient constituer sa carrière. Ce grand ouvrage, fondé sur des piles établies à l'air comprimé, à une profondeur de 25 m sous l'eau, présentait l'une des premières applications qui eussent été faites de ce procédé, devenu maintenant d'un emploi si général, mais alors peu connu. Cet ouvrage était en même temps l'une des plus importantes constructions en fer établies à cette époque. M. Eiffel fut chargé, comme chef de service de la Société qui avait entrepris ces difficiles travaux, de leur exécution complète, et il s'y distingua en les menant à bonne fin.

Lors de l'Exposition universelle de 1867, il fut appelé à collaborer à sa construction, par M. J.-B. Krantz, directeur des travaux. Sous la direction de ce remarquable ingénieur, pour lequel il avait exécuté d'importants travaux sur la ligne de Brives à Capdenac (Réseau central de la Compagnie d'Orléans), il établit le projet des fermes en arc de la Galerie des Machines. Il s'attacha surtout à l'étude théorique de ces arcs et à la vérification expérimentale de ses calculs. Ces belles expériences, faites en grand dans les ateliers Gouin, avec le concours de M. Tresca, directeur du Conservatoire des Arts et Métiers, et de M. Fouquet, directeur de la maison Gouin, furent consignées dans un Mémoire où, pour la première fois, est déterminée expérimentalement la valeur du module d'élasticité applicable aux pièces composées entrant dans les constructions métalliques. Cette valeur a été trouvée par M. Eiffel de 16×10^8 et est admise depuis d'une manière à peu près générale.

C'est à cette époque de 1867 qu'il fonda son établissement de Levallois-Perret, près Paris. Cet établissement fonctionna comme Société en commandite, de 1868 à 1879, sous le nom d'Eiffel et Cie, puis au nom de M. G. Eiffel seul jusqu'en 1890. Il fut à cette époque transformé en Société anonyme, sous la dénomination de Compagnie des Établissements Eiffel et postérieurement sous celle actuelle : Société de Construction de Levallois-Perret.

Pendant cette période de 1867 à 1890, M. Eiffel contribua à répandre à l'étranger le bon renom du Génie civil français par les travaux métalliques de toute nature, ponts et charpentes, qu'il exécuta dans ses ateliers de Levallois. Pour indiquer leur importance, sans y comprendre même l'entreprise générale des écluses de Panama, il nous suffira de dire qu'ils représentent un tonnage de plus de 80 millions de kilogrammes de fer, dont la moitié pour ponts de chemins de fer, et un chiffre d'affaires, y compris travaux d'air comprimé, de maçonnerie, etc., de plus de 70 millions de francs.

Nous ajouterons que la plupart de ces travaux ont été exécutés par sa Maison sur ses projets, après des concours internationaux où figuraient les premiers ateliers de construction de l'Europe.

§ 1. — Piles métalliques.

M. Eiffel fut appelé, en 1868, par M. Nordling, ingénieur de la Compagnie d'Orléans, à présenter des projets pour la construction des viaducs sur piles métalliques de la ligne de Commentry à Gannat, et fut chargé de la construction de deux de ces viaducs, l'un de la *Sioule*, l'autre de *Neuvial*.

Le plus important de ces ouvrages, celui de la *Sioule* (fig. 68), repose sur deux piles métalliques, dont la plus haute a 51 *m* de hauteur. Ces piles sont constituées par des colonnes en fonte réunies par des entretoises en fer. A cette occasion, M. Eiffel imagina, pour la liaison de la fonte et des goussets en fer sur lesquels se fixaient les entretoisements, un mode d'insertion pendant la coulée, qui réussit de la façon la plus complète ; il pratiqua

Fig. 68. — Viaduc de la Sioule.

à cet effet, dans les goussets, des fenêtres à travers lesquelles la fonte, pendant la coulée, venait s'engager dans le gousset et s'assembler avec lui par une série de tenons. Il supprima, par ce procédé, que les ingé-

nieurs estimèrent un sérieux progrès de construction, les difficultés
d'ajustage présentées par le mode habituel de liaison.

L'étude de ces piles conduisit M. Eiffel à s'attacher à la construction
de piles analogues, mais en substituant le fer à la fonte, afin d'augmenter
les garanties de solidité. Le type de piles qu'il a imaginé consiste à
former celles-ci par quatre grands caissons de forme rectangulaire,
ouverts du côté de l'intérieur de la pile et dans lesquels viennent
s'insérer de longues barres de contreventement de section carrée,
susceptibles de travailler aussi bien à l'extension qu'à la compression,
sous les efforts du vent. De cette façon, toutes les parties des piles sont
accessibles pour l'entretien et la visite, et leur stabilité générale est accrue
dans de grandes proportions.

C'est ce type qui est devenu courant; parmi les très nombreux
viaducs où M. Eiffel l'a employé et dont il s'était fait en quelque sorte
une spécialité, nous ne citerons que les viaducs latéraux du pont du
Douro (fig. 83), les grands viaducs de la ligne du Douro, et ceux de la
ligne de la Beira-Alta, en Portugal.

Le type définitif de ces piles, qui a fait l'objet d'un brevet spécial, se
trouve réalisé au *viaduc de Garabit* (fig. 84), avec une hauteur de 61 m, qui
est la plus grande actuellement atteinte.

La rigidité de ces piles est très grande, leur entretien très facile, et
leur ensemble a un réel caractère de force et d'élégance. Le système de
M. Eiffel, pour ces constructions, paraît ne rien laisser à désirer, et les
piles du viaduc de Garabit, notamment, peuvent être considérées comme
un modèle pour ces hauteurs.

Pour des hauteurs plus considérables, soit 100 m et au-dessus,
M. Eiffel a fait breveter un nouveau système de piles sans entretoisements et avec arêtes courbes, qui fournit pour la première fois la solution
complète des piles d'une hauteur quelconque.

§ 2. — Perfectionnements apportés au lançage des ponts droits.

La construction des viaducs établis sur ces piles métalliques amena
M. Eiffel à étudier et à perfectionner les modes de lançage usités jusqu'alors. On sait que l'on entend par *lançage* l'opération par laquelle on
pousse dans le vide, jusqu'à la rencontre des piles successives, un

tablier qui a été préalablement monté sur le remblai des abords.

M. Eiffel adopta le procédé qui consiste à actionner directement par de grands leviers les galets roulants sur lesquels repose le pont, ce qui supprime toute tendance au renversement des piles, et il imagina les

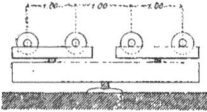

FIG. 69. — CHASSIS DE LANÇAGE
A BASCULE A 4 GALETS.

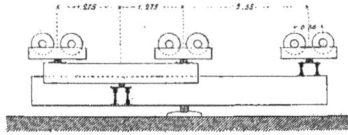

FIG. 70. — CHASSIS DE LANÇAGE A BASCULE
A 6 PAIRES DE GALETS

châssis à bascule destinés à porter ces galets et dont le type est entré depuis dans la pratique courante. Ces appareils, par leur mobilité autour d'axes horizontaux, permettent aux pressions du tablier de se répartir uniformément sur chacun des galets, de manière qu'aucun des points de la poutre, même avec des surfaces de roulement situées dans les plans diffé-

FIG. 71 ET 72. — VIADUC DE LA TARDES.

rents, ne porte des réactions supérieures à celles que l'on s'est imposées.

Le premier emploi de ces châssis fut fait au viaduc de la Sioule en 1869. Deux châssis en tôlerie (fig. 69) portant chacun deux galets reposaient par une articulation sur les extrémités d'un grand châssis, articulé lui-même à son centre, de sorte que la réaction de la poutre sur l'appui se trouvait finalement concentrée au milieu de celui-ci et partagée entre les quatre galets de support d'une manière rigoureusement égale.

Leur emploi permit des lançages qui sans lui eussent été absolument impraticables. Dans la seule pratique de M. Eiffel, nous citerons

FIG. 73. — PONT DU TAGE.

FIG. 74. — PONT DE COBAR.

le pont de la Tardes (ligne de Montluçon à Eygurande) (fig. 71 et 72). Ce viaduc traverse une vallée très profonde et a ses rails situés à 80 *m* au-dessus du fond de la rivière : il est formé par un tablier droit de 250 *m* de longueur en trois travées; celle de la partie centrale a 104 *m* d'ouverture. La réaction sur la pile au moment du grand porte-à-faux s'élevait à 700 tonnes et le nombre des galets mis en équilibre par paire sur chaque appui a été jusqu'à 24; on a pu ainsi ne pas dépasser pour chacune des réactions sur la poutre un effort de 29 tonnes. Les galets étaient disposés dans l'axe des doubles parois des poutres par rangées de six avec une triple articulation, suivant le croquis ci-dessus qui donne le schéma de ce grand appareil (voir fig. 70).

Le tablier, lancé de la rive droite, ne pouvait être monté en entier par suite du voisinage d'une courbe en tranchée. Quand la partie centrale

fut amenée à reposer sur les piles intermédiaires dans la position un peu
singulière représentée figure 72, le complément du montage s'effectua
en porte-à-faux des
piles aux culées, sui-
vant un procédé dont
il sera parlé plus
loin.

Nous citerons
également comme
exemple de grands
lançages :

1° Le *pont sur le Tage* (fig. 73),
ligne de Cacérès. — La longueur du tablier mis en mouve-

FIG. 75. — PONT DE VIANNA.

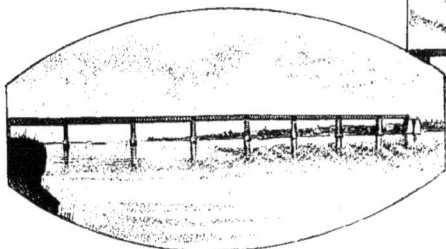

ment avait 367 *m* et reposait sur sept piles fondées à l'air comprimé ;

2° Le *pont de Vianna* (Portugal) (fig. 75), pour route et chemin de fer.
— Cet ouvrage, construit d'après le projet de M. Eiffel, à la suite d'un
concours international, a une longueur de 736 *m*, dont 563 *m* pour le
pont principal, qui fut lancé d'une seule pièce.

La masse mue ainsi était de 1.600.000 kilogrammes et dépassait
le poids des plus grands tabliers mis en place par ce procédé
jusqu'à cette époque. Les piles, au

FIG. 76 ET 77. — PONT DE CUBZAC.

nombre de neuf, sont fon-
dées à l'air comprimé, à
une profondeur de 25 *m*
sous l'étiage.

3° Le nouveau *pont-
route de Cubzac* (fig. 76 et
77), sur la Dordogne, construit en 1882, sur l'emplacement de l'ancien
pont suspendu. La longueur totale de ce pont est de 552 *m*, divisée en
huit travées, dont les intermédiaires ont une ouverture de 72,80 *m* ; son

42

poids est de 3.000 tonnes. Ce lançage a présenté les plus grandes difficultés, parce que les piles métalliques en fonte sur lesquelles repose le tablier offraient très peu de stabilité sous les efforts du renversement pendant le lançage, en raison de la forme qui leur avait été donnée par les ingénieurs pour rappeler celles de l'ancien pont.

La difficulté était encore augmentée par la nécessité de lancer le pont en rampe de 0,01 m par mètre. Ce lançage a été effectué à partir de chacune des deux rives pour les trois travées qui y étaient contiguës. Pour les deux travées centrales, la rampe était différente et on dut employer un autre procédé; c'est l'un des exemples les plus frappants d'un nouveau mode de montage que M. Eiffel a été le premier à appliquer en France; nous voulons parler du *montage en porte-à-faux*.

§ 3. — Montage en porte-à-faux.

Sur une partie de la poutre du pont déjà construite dans sa position définitive, on accroche en porte-à-faux, par un boulonnage, les pièces de fer qui y font suite et, une fois qu'elles sont rivées, on s'en sert comme de nouveaux points d'appui pour boulonner les

FIG. 78. — PONT DES MESSAGERIES A SAIGON.

pièces suivantes. En cheminant ainsi de proche en proche, on arrive à monter complètement dans le vide

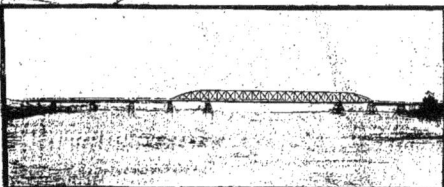

FIG. 79. — PONT DE TAN-AN.

les pièces successives de la travée, jusqu'à ce que l'on soit arrivé à l'appui le plus voisin, où, à l'aide de vérins, on relève le pont de la quantité dont il s'était abaissé par la flexion.

Pour le pont de Cubzac, on s'avança ainsi d'une longueur de 72,80 m jusqu'à l'axe de la pile centrale où se fit la rencontre des poutres des deux travées montées en porte-à-faux (fig. 77) ;

4° Un autre mode de lançage à porte-à-faux a été appliqué avec succès au *pont de Tan-An* (fig. 79), en Cochinchine, pour franchir une travée de 80 m, formant l'ouverture centrale d'un pont

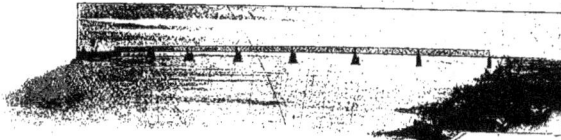

Fig. 80. — Pont de Ben-Luc.

de 250 m de longueur. Le montage de cette travée s'effectua des deux côtés en porte-à-faux et la rencontre se fit dans le vide, vers le milieu de l'ouverture et sans aucun appui intermédiaire. Ce montage différait en cela de celui de Cubzac, où la jonction se

Fig. 81. — Viaduc de l'Oise.

faisait sur une des piles. Le clavage central s'opérait en pratiquant des rotations convenables des tabliers autour de leurs appuis.

Cette solution élégante du problème du montage était particulièrement intéressante dans ce cas, en raison de la profondeur du fleuve et de la grande rapidité du courant, qui rendaient presque impossible la construction de tout échafaudage.

De plus, les piles elles-mêmes étaient constituées par un certain nombre de pieux à vis en fonte de près de 30 m de hauteur, sur le sommet desquels il eût été d'une grande imprudence d'essayer une mise en place par voie de lançage, même avec les appareils les plus perfectionnés.

5° Le procédé de montage en porte-à-faux fut également employé au *pont de Ben-Luc* (fig. 80), voisin de celui de Tan-An et situé, comme lui, sur la ligne du chemin de fer de Saïgon à Mytho. Sa longueur est de 516 m et il repose sur dix piles en pieux à vis, et quatre en maçonnerie.

Parmi le nombre considérable de ponts droits construits par M. Eiffel, nous mentionnerons :

Le *pont de Cobas* (fig. 74) (ligne des Asturies), qui est intéressant par sa portée de 100,80 *m* en une seule travée. Il franchit en biais le Sil, par une poutre de 11 *m* de hauteur, dans le milieu de laquelle est placée la voie.

Enfin, le *viaduc de l'Oise* (fig. 80) (ligne de Mantes à Argenteuil, Compagnie de l'Ouest), dont la portée d'axe en axe des appuis est de 96,50 *m*. Les poutres sont paraboliques, leur hauteur maxima est de 12 *m* : elles sont à 16 *m* au-dessus de la rivière.

§ 4. — Ponts en arc.

Le rôle et l'influence de M. Eiffel dans les procédés de construction des ponts en arc ont été encore plus considérables qu'en ce qui concerne les tabliers droits et les piles métalliques. Nous parlerons d'abord du *grand pont-route de Szegedin* (Hongrie) (fig. 82), dont la travée principale

Fig. 82. — PONT DE SZEGEDIN.

est très analogue, comme ouverture et comme flèche, au nouveau pont Alexandre III.

C'est à la suite d'un concours ouvert à la fin de l'année 1880, entre les principaux constructeurs de France et de l'étranger, que ce travail, comprenant fondations à l'air comprimé, maçonnerie et superstructure métallique, fut confié à M. Eiffel.

Sa longueur totale est de 606,30 *m* ; la travée de navigation est

Fig. 83. — Pont du Douro.

formée par un arc
parabolique de
110,30 m de corde
avec une flèche de
8,60 m seulement, donnant le surbaissement tout à fait inusité du
1/13.

Les pavillons de péage, les maçonneries des culées et des piles ont
été traités dans un style très décoratif et du meilleur goût.

La chaussée a 11 m de largeur et est supportée par des montants formant palées, qui s'appuient sur l'extrados des arcs. Ces arcs
sont rigides par eux-mêmes, ce qui a permis de supprimer tous croisil-
lons dans les tympans, et de donner à l'ensemble de l'ouvrage un aspect
de très grande légèreté.

Le montage de la grande travée a fourni à M. Eiffel une nouvelle
occasion d'appliquer ses procédés de montage en porte-à-faux, en suppri-
mant l'échafaudage au droit de la passe réservée à la navigation.

Le prix total de cet ouvrage est de 3.250.000 fr.

Si ces dispositions générales s'éloignaient peu des types connus, il
n'en fut pas de même pour le célèbre *pont sur le Douro*, à Porto (voir
fig. 83). C'est également à la suite d'un concours international, en 1875,
que le projet de la maison Eiffel fut adopté ; en voici les traits caractéristiques.

La voie du chemin de fer de Lisbonne à Porto devait franchir le
Douro à une hauteur de 61 m au-dessus du niveau du fleuve, dont la
très grande profondeur à cet endroit rendait impossible la construction

de tout appui intermédiaire. La largeur du fleuve (160 *m*) devait donc être franchie par une seule travée.

M. Eiffel proposa, en conséquence, un projet comportant un arc ayant 42,50 *m* de flèche moyenne et 160 *m* de corde, destiné à soutenir le tablier droit, lequel, en dehors de l'arc, était supporté par des piles métalliques ordinaires. Cet arc était d'une forme tout à fait spéciale ; il était appuyé sur une simple rotule aux naissances et sa hauteur allait progressivement en augmentant jusqu'au sommet, de manière à affecter la forme d'un croissant. Cette forme est particulièrement favorable pour la résistance à des efforts dissymétriques, parce qu'elle permet de donner de grandes hauteurs dans les parties de l'arc les plus fatiguées.

Une disposition nouvelle non moins importante a consisté à mettre les deux arcs constituant la travée dans des plans obliques, de manière à donner à la base un écartement de 15 *m*, nécessaire pour la stabilité sous les efforts du vent, tandis que la partie supérieure conservait un écartement de 4 *m*, suffisant pour porter les poutres du viaduc supérieur.

Enfin, une troisième innovation se réalisa dans le montage, qui fut fait tout entier en porte-à-faux et sans échafaudage intermédiaire. A cet effet, les arcs furent construits à partir de chacune des naissances, et soutenus, au fur et à mesure de leur construction, par des câbles en acier qui venaient se fixer au tablier supérieur. Chacune des parties construites servait de point d'appui pour l'établissement des parties suivantes. Les deux parties d'arc, par ces cheminements successifs, s'avançaient l'une vers l'autre et venaient se rejoindre dans l'espace, où s'opérait la pose de la clef qui devait les réunir.

Cette opération du montage, aussi difficile que nouvelle, fut couronnée d'un plein succès. La hardiesse du procédé, la grandeur de l'ouverture, qui dépassait celles réalisées jusqu'à ce jour par des ponts autres que des ponts suspendus, fixèrent sur le nom de M. Eiffel l'attention du monde savant de tous les pays.

Aussi fit-on appel à l'habileté de ce constructeur, quand il s'agit d'édifier le grand *viaduc de Garabit* (voir fig. 84, 85, 86), qui devait franchir, à une hauteur de 122 *m*, la vallée de la Truyère, sur la ligne de Marvejols à Neussargues. Pour donner une idée de cette hauteur de 122 *m*, il nous suffira de dire qu'elle dépasse notablement celle des tours de Notre-Dame de Paris et de la colonne Vendôme superposées.

Sur la proposition des ingénieurs de l'État, MM. Bauby et Boyer, le Conseil des Ponts et Chaussées accepta d'établir l'ouvrage sur les données du pont du Douro et d'en confier la construction, maçonneries et partie métallique, par un traité de gré à gré, à M. Eiffel. Cette résolution tout exceptionnelle est ainsi motivée dans la Décision ministérielle du 14 juin 1879 :

FIG. 84, 85 et 86. — VIADUC DE GARABIT.

Pour montrer la possibilité de cet ouvrage et évaluer la dépense, MM. les Ingénieurs se sont adressés à M. G. Eiffel, qui a fourni un avant-projet et a déclaré se charger de la construction.

Considérant que le type du pont du Douro étant admis, M. Eiffel, qui l'a conçu et exécuté, est évidemment plus apte que tout autre constructeur à en faire une seconde application en profitant de l'expérience qu'il a acquise dans le premier; qu'il serait d'ailleurs peu équitable dans l'espèce de confier les travaux à d'autres que M. Eiffel, quand c'est son pont du Douro qui a donné aux ingénieurs l'idée de franchir la vallée de la Truyère par un nouveau tracé dont l'État doit retirer finalement une économie de plusieurs millions;

Que M. Eiffel a appliqué à ces sortes de travaux ses procédés de montage, qui ont réussi, grâce à un ensemble de précautions propres à en assurer la précision, et dont il possède seul l'expérience; qu'enfin il a inventé des moyens pour obtenir la rigidité des piles et du tablier contre l'action du vent, qui exerce de violents efforts à cette hauteur dans les gorges de montagne.

En ce qui concerne le projet définitif, la Décision ministérielle du 23 juillet 1880 porte :

Les détails des fers ont d'ailleurs été étudiés par M. Eiffel, qui en a fourni les dessins et en a justifié les dimensions et les dispositions dans un Mémoire contenant des calculs de résistance, en renvoyant aux épures qui ont servi aux calculs ou en tiennent lieu...

Les résultats des calculs de M. Eiffel ont été reconnus exacts par M. Boyer.

Le Mémoire de ces calculs a été publié par la Société des Ingénieurs civils en juillet 1888.

La longueur totale du viaduc est de 564 m, dont 448 m pour la partie métallique. Il repose sur cinq piles, dont la plus haute a 89,64 m et est formée par un socle en maçonnerie de 25 m de largeur et 28,90 m de hauteur; la partie métallique qui le surmonte a 61 m.

L'arche principale est *un arc* du type connu maintenant sous le nom d'*arc parabolique, système Eiffel*.

Sa corde est de 165 m, sa flèche moyenne de 56,86 m, l'épaisseur à la clef est de 10 m : l'écartement des têtes est de 6,28 m à la partie supérieure et de 20 m à la base. Sur les reins de cet arc, sont placées deux palées métalliques sur lesquelles, ainsi que sur le sommet de l'arc, repose la poutre du tablier.

Ces dimensions considérables font de cet ouvrage le plus important qui ait été encore construit en France. Le poids du métal qui y entre est de 3.254 tonnes, et son prix, en y comprenant les maçonneries, est de 3.137.000 fr.

Le montage a été fait par des procédés tout à fait analogues à ceux qui avaient si bien réussi au Douro, c'est-à-dire en suspendant chacun des demi-arcs par des câbles en acier fixés au tablier, et en rattachant dans l'espace toutes les pièces les unes aux autres par des montages en porte-à-faux successifs.

Parmi les autres ponts en arc exécutés par la maison Eiffel d'après

ses projets, nous citerons encore le *pont des Messageries*, à *Saïgon*
(ouverture 80 m) (voir fig. 78).

§ 5. — Ponts portatifs démontables.

Pour donner une idée de ces ponts, qui ont obtenu des *Diplômes
d'honneur* à toutes les Expositions auxquelles ils ont figuré, nous ne
pouvons mieux faire que de citer quelques extraits du remarquable rapport présenté à la Société d'Encouragement pour l'Industrie nationale,
par M. Schlemmer, Inspecteur général des Ponts et Chaussées, ancien
Directeur des chemins de fer.

L'éminent rapporteur s'exprime ainsi :

Parmi les ingénieurs-constructeurs qui ont contribué aux progrès contemporains
des constructions métalliques, M. Eiffel occupe l'un des premiers rangs par son viaduc
de Garabit, dans le centre de la France, et son grand pont sur le Douro, en Portugal.

Dans la communication qu'il vient de faire à notre Société, il aborde un tout autre
ordre d'idées que celui des grandes ouvertures des ponts, pour faire réaliser un nouveau
progrès des constructions métalliques. Il reprend le problème si intéressant des ponts
portatifs économiques.

La recherche de la construction d'un pont portatif économique, composé d'éléments
semblables pour des portées différentes, présente un intérêt considérable.

La solution de ce problème permet de créer un matériel pour les armées en
campagne et, plus généralement, de constituer une marchandise que l'on peut appro-
visionner en magasin et, par suite, tenir à la disposition immédiate des besoins, en
substituant à des solutions spéciales à chaque cas particulier une solution générale.

Le problème ne laisse pas de présenter des difficultés.

Il s'agit, en effet, de construire un pont simple, composé de pièces d'un très petit
nombre d'échantillons différents, de manière à en faciliter le montage sur place et à
permettre de l'effectuer sans avoir recours à des plans de montage et en employant les
premiers ouvriers venus.

Il faut que les pièces soient légères individuellement, afin de pouvoir être trans-
portées, sans difficultés, dans les pays les plus dépourvus de chemins. Le pont lui-même,
dans son entier, doit être d'un poids très faible, de manière à ne pas nécessiter des
supports de fondations dispendieux et à pouvoir, dans la plupart des cas, être posé
simplement sur les berges des deux rives convenablement préparées.

L'assemblage des différentes pièces composant le pont doit pouvoir se faire au
moyen de boulons, afin d'éviter tout travail de rivetage, qui nécessite un outillage
spécial et un personnel expérimenté pour effectuer le montage.

Malgré cela, le pont doit présenter une rigidité comparable à celle des ponts rivés,
et ne doit prendre qu'une faible flèche sous le passage des plus lourds chariots.

Enfin, le lançage du pont au-dessus des rivières doit pouvoir se faire rapidement
et sans exiger aucune installation spéciale.

C'est dans cet ordre de conditions que M. Eiffel a étudié son système de ponts

43

portatifs, *en acier*, dont un nombre considérable de spécimens sont employés en France et à l'étranger et, notamment, dans nos colonies.

La disposition fondamentale du système consiste à composer les deux poutres garde-corps d'un certain nombre d'éléments triangulaires identiques les uns aux autres, adossés et assemblés entre eux.

Ces éléments (fig. 87) sont des triangles isocèles dont la base, les côtés et le montant sont composés par de simples cornières, qui sont assemblées au moyen de goussets solidement rivés à l'atelier. Chaque élément forme ainsi un ensemble indéformable.

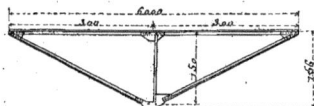

Toutes les cornières composant l'élément sont orientées dans le même sens, c'est-à-dire que les ailes de ces cornières sont toutes tournées du même côté. Les éléments offrent donc, sur une face, une surface plane et peuvent, par conséquent, être adossés les uns aux autres, dans le plan médian de la poutre.

FIG. 87. — ÉLÉMENT TRIANGULAIRE D'UN PONT DÉMONTABLE.

Différents types. — Les types les plus employés jusqu'à ce jour peuvent se classer ainsi :

1° Ponts-routes avec platelage en bois (fig. 88) de 3 m de largeur jusqu'à 26 m de portée, et de 4 m de largeur jusqu'à 24 m de portée;

2° Ponts-routes à platelage métallique pour chaussée empierrée, de 3 m de largeur jusqu'à 24 m de portée, et de 3,80 m de largeur et 20 m de portée;

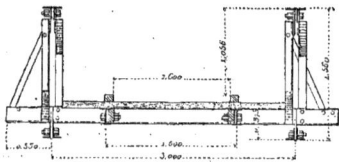

3° Ponts militaires pour le passage des troupes et de l'artillerie, de 3 m de largeur jusqu'à 24 m de portée (voir fig. 91);

4° Ponts pour voie Decauville, jusqu'à 21 m de portée;

5° Ponts pour chemins de fer à voie de 1 m jusqu'à 22 m de portée;

6° Ponts pour le rétablissement des chemins de fer à voie normale, jusqu'à 45 m de portée (voir fig. 89);

FIG. 88. — COUPE EN TRAVERS D'UN PONT-ROUTE DÉMONTABLE AVEC PLATELAGE EN BOIS. (Type du pont colonial.)

7° Passerelles pour piétons et bêtes de somme.

Sans entrer dans la description détaillée de ces types, nous signalerons les applications que la Compagnie d'Orléans vient de faire des ponts de 16 m et de 27 m, du type n° 6, sur sa ligne de Questembert à Ploërmel, au rétablissement de la circulation des trains sur des déviations provisoires, pendant la réfection de trois ponts situés sur la rivière d'Oust (voir fig. 90). Les trois ponts à réfectionner étant de la même ouverture, les ponts Eiffel établis sur la première déviation sont successivement démontés et reportés aux deux déviations suivantes.

Les épreuves, sous le passage des trains, ont donné le résultat le plus satisfaisant, constaté par le procès-verbal dressé par les ingénieurs du contrôle de la Compagnie d'Orléans.

Le rapport conclut ainsi :

Les développements qui précèdent nous paraissent établir le mérite de la solution que M. Eiffel a trouvée au difficile problème de la construction des ponts portatifs économiques, et de la voie toute nouvelle qu'il a imaginée pour amener de très heureuses applications de l'art des constructions métalliques ; c'est incontestablement un progrès dont M. Eiffel nous semble devoir être félicité.

Votre Comité des constructions et des beaux-arts n'hésite pas à vous proposer d'adresser à M. Eiffel et à ses collaborateurs des remerciements et des félicitations au sujet de la communication dont il vient d'être rendu compte.

A la suite de ce rapport, la Société d'Encouragement a décerné à

Fig. 89. — Ponts démontables pour voies ferrées.

Fig. 90.

Fig. 91. — Pont militaire.

M. Eiffel le prix quinquennal Elphège Baude, attribué *à l'auteur des per-fectionnements les plus importants au matériel et aux procédés du génie civil des travaux publics et de l'architecture.*

Nous donnons comme exemples de l'application de ces ponts à des rivières de grande largeur :

1° Le *pont de Dong-Nhyen* (Cochinchine) (voir fig. 93). Ce pont, de 66 *m* de longueur en trois travées, est établi très économique-ment; il repose aux extrémités sur deux pieux

FIG. 92. — PONT DE RACH-LANG.

FIG. 93. — PONT DE DONG-NUYEN.

à vis en fonte noyés dans le remblai, et au-dessus de la rivière sur deux palées formées chacune de quatre pieux à vis en fonte entretoisés. Son platelage est en bois;

2° Le *pont de Rach-Lang* (fig. 92), en trois travées avec chaussée empierrée reposant sur des piles et culées en maçonnerie.

Ces ponts, d'un emploi si commode, ont reçu un nombre considé-rable d'applications, tant en Europe qu'aux colonies.

En France, le Ministère de la Guerre les a adoptés pour le service des armées en campagne. Ils sont également en usage dans les armées russe, austro-hongroise et italienne.

Le type pour remplacement des voies ferrées va jusqu'à une portée

de 45 *m* et a été adopté par les Compagnies P.-L.-M., Est et Orléans, et
par le Génie militaire en Italie et en Russie, après de sérieuses études
comparatives avec des ponts d'autre système (voir fig. 89).

§ 6. — Édifices publics et particuliers.

La maison Eiffel a construit, en dehors des ponts dont nous n'avons
rappelé qu'une faible partie, un grand nombre d'édifices publics et
particuliers, tant en France qu'à l'étranger.

FIG. 94. — GARE DE PEST.

Nous mentionnerons seulement :

De *nombreuses halles de stations*, notamment à Toulouse, Agen, Saint-
Sébastien, Santander, Lisbonne, etc.

Des *églises*, notamment Notre-Dame-des-Champs, Saint-Joseph, le
Temple israélite de la place Royale, à Paris, etc.

Des *usines à gaz*, telles que celles de Clichy, y compris le grand
viaduc pour le déchargement des houilles, celles de Rennes et de
Vannes, ainsi que celle de la Paz (Bolivie).

Des *marchés*, tels que celui des Capucins, à Bordeaux.

Des *édifices particuliers*, tels que l'école Monge, une partie des
nouveaux magasins du Bon Marché, l'hôtel du Crédit Lyonnais, le musée
Galliera, le Casino des Sables-d'Olonne, les bâtiments de la douane
d'Arica (Pérou), la galerie des Beaux-Arts à l'Exposition de 1867, etc.

Gare de Pest. — Il y a lieu de s'arrêter sur d'autres constructions
plus caractéristiques, notamment la *gare de Pest* (fig. 94), qui fut, à la
suite d'un concours, traitée par la Société autrichienne des chemins

de fer de l'État, avec la maison Eiffel comme entrepreneur général, pour une somme à forfait de 2.822.000 *fr.*

Cette gare, très décorative et d'une très belle construction, couvre une surface de 13.000 m^2 et a été étudiée, dans tous ses détails d'architecture, par le constructeur, sous la direction de M. de Serres, directeur de la Société. Elle est particulière-ment intéressante en ce qu'elle présente l'un des premiers types de l'association du métal et de la maçonnerie, et que les

Fig. 95.
PAVILLON
DE LA VILLE DE PARIS
A L'EXPOSITION DE 1878.

Fig. 96.   FAÇADE PRINCIPALE DE L'EXPOSITION DE 1878.

éléments de décoration sont principalement formés par les parties métal-liques de l'ouvrage, rendues apparentes.

Pavillon de la Ville de Paris. — Un type de construction analogue a été réalisé sous la direction de M. Bouvard, architecte, dans le bâtiment si élégant et si remarqué qui figurait au centre de l'Exposition de 1878 et qui servait à l'*Exposition de la Ville de Paris* (fig. 95).

Façade principale de l'Exposition de 1878. — Enfin, nous rappellerons que c'est M. Eiffel qui eut l'honneur d'être chargé de la construction de

la grande galerie formant la *façade principale de l'Exposition de 1878*
(fig. 96). Cette galerie, y com-
pris ses trois dômes de 45 *m*
de hauteur, a exigé l'emploi de
3.000 tonnes de métal.

§ 7. — Constructions diverses.

Parmi celles-ci, nous mentionnerons de *nombreuses tours
de phares en fer*, des *jetées à la
mer fondées sur pieux à vis*, notamment le môle d'Arica (Pérou) (fig. 97),
*l'appontement en Seine de la Compagnie
Parisienne du Gaz, à Clichy,* fondé sur des
piles tubulaires à l'air comprimé.

Fig. 97.
Môle d'Arica.

Fig. 98. — Barrage de Port-Mort.

Le *barrage de Port-Mort* sur la Seine
(fig. 98), dont les rideaux (système Caméré) sont maintenus par des
armatures de 13 *m* de hauteur,
supportées elles-mêmes par un
puissant tablier métallique de
204 *m* de longueur et de 12,20 *m*
de largeur.

L'*écluse de Port-Villez* sur la
Seine (fig. 99), dont l'entreprise
générale constitue un im-
portant travail à l'air
comprimé. Cette écluse,
de 187 *m* de longueur et
de 12 *m* de largeur, est
fondée sur des caissons
descendus à 13 *m* sous
l'eau. Le fonçage des
caissons de têtes, qui

Fig. 99. — Écluse de Port-Villez.

avaient 21 *m* de largeur sur 29 *m* de longueur, a présenté les plus
grandes difficultés.

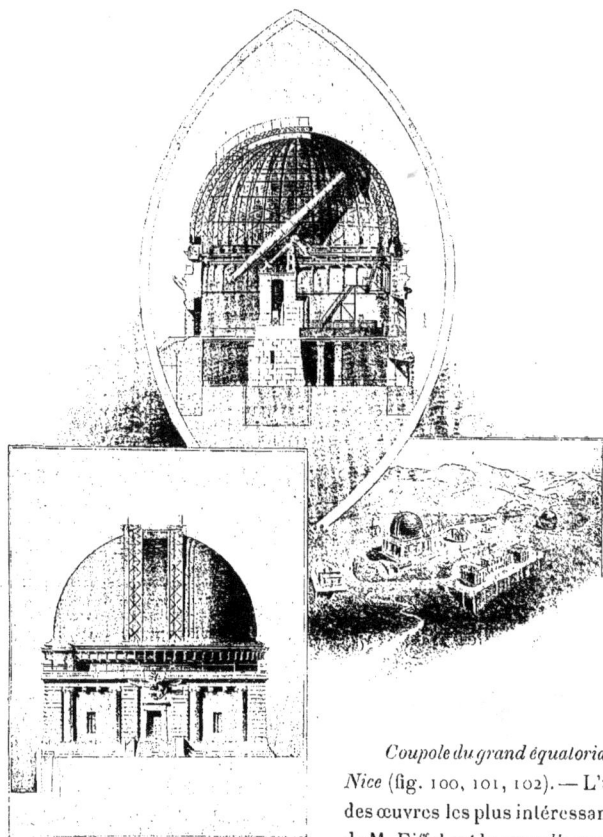

FIG. 100, 101 et 102. — COUPOLE DE L'OBSERVATOIRE DE NICE.

Coupole du grand équatorial de Nice (fig. 100, 101, 102). — L'une des œuvres les plus intéressantes de M. Eiffel est la *nouvelle coupole du grand équatorial de l'Observatoire de Nice*, créé par M. Bischoffsheim. Cette coupole, établie sous la direction de M. Charles Garnier, a un diamètre intérieur de 22,40 *m*, qui en fait la plus grande de celles qui existent. Elle doit son succès à cette particularité qu'au lieu de tourner sur des galets, elle est supportée par un flotteur annulaire, imaginé par M. Eiffel. Ce flotteur plonge, à la façon d'un bateau, dans un réservoir également annulaire, ce qui permet à un enfant de déplacer à la main cette masse considérable de plus de 100.000 *kg*. Un système de galets de secours, placé à côté du flotteur, donne la possibilité, en cas de réparation de celui-ci, de faire mouvoir la coupole par le système ordinaire. Il est inutile de dire que le liquide choisi est un liquide incongelable.

La figure 102 représente la vue extérieure de la coupole ; on y aperçoit la grande ouverture de 3,20 m de largeur, destinée aux observations, et pour la fermeture de laquelle M. Eiffel a disposé un système de deux grands volets courbes extérieurs, roulant sur des rails parallèles à l'aide d'un mécanisme particulier, qui permet une fermeture très rapide.

. *Statue de la Liberté* (fig. 103). — Les études que M. Eiffel avait faites sur le résistance au vent des constructions métalliques le désignaient à l'avance pour l'établissement de l'ossature en fer de la *statue de la Liberté* de Bartholdi, destinée à la rade de New-York, et dont la hauteur totale est de 46 m.

§ 8. — Entreprise générale des écluses du canal de Panama.

. Cette entreprise considérable, dont l'importance était de 125 millions, comprenait 10 écluses, qui étaient des ouvrages d'art de dimensions grandioses, en raison surtout de la dénivellation tout à fait inusitée qu'elles comportaient. Cette dénivellation n'était pas moindre en effet de 11 m pour sept d'entre elles et de 8 m pour les trois autres. Ces ouvrages étaient entièrement établis sur les projets de M. Eiffel, avec des modes de construction tout à fait nouveaux et permettant d'avoir foi dans le succès,

Mais en raison des événements auxquels M. Eiffel a été mêlé, il est nécessaire de ne pas se borner à des renseignements techniques sur cette entreprise.

Suivant l'opinion unanime, la réalisation de l'entreprise des écluses, qui en comportait l'achèvement complet dans le délai très court de trente mois à partir du 1ᵉʳ janvier 1888, garanti par M. Eiffel sous sa responsabilité personnelle, eût assuré l'achèvement du canal lui-même.

On sait, en effet, que, lorsque la Compagnie de Panama se vit, au bout de sept années d'efforts, et malgré l'énormité de la somme déjà dépensée, qui s'élevait à un milliard environ, dans l'impossibilité d'arriver à l'achèvement du canal à niveau pour l'époque annoncée de 1890, elle décida de lui substituer provisoirement un canal à biefs étagés et à grandes écluses. Ce canal devait permettre d'assurer la navigation et l'exploitation en temps voulu, et devait être peu à peu transformé selon le plan primitif, au cours de l'exploitation.

C'est alors, à la fin de l'année 1887, qu'elle fit appel, pour l'exécution de ce gigantesque travail, à M. Eiffel, qui lui présentait d'exceptionnelles garanties. En effet, sans même parler des travaux exécutés par lui en France, tels que le viaduc de Garabit et la Tour de 300 m, dont l'érection était déjà en pleine marche, M. Eiffel était connu pour l'heureuse exécution de travaux particulièrement difficiles en de nombreux points du monde, au Pérou comme en Portugal, en Hongrie comme en Cochinchine.

Il aurait, sans aucun doute possible, mené à bonne fin cette nouvelle œuvre, comme toutes celles qu'il avait déjà entreprises, si la liquidation inattendue de la Compagnie de Panama n'avait pas empêché l'achèvement de l'exécution.

En effet, les travaux de son entreprise étaient en pleine et bonne marche depuis une année, quand, à la suite de l'insuccès d'une dernière émission d'obligations à lots, autorisée par une loi du 8 juin 1888, la Compagnie dut suspendre ses paiements, ce qui entraîna peu après sa liquidation judiciaire

Malgré cette suspension de paiements, M. Eiffel, sur la prière des administrateurs judiciaires, et afin de ne pas arrêter les travaux, au moins subitement, ce qui eût causé des désastres irréparables, consentit à les continuer pendant plusieurs mois. Il avança ainsi plus de huit millions sur des garanties très douteuses, c'est-à-dire contre le dépôt par la Liquidation d'un certain nombre d'actions alors fort dépréciées du chemin de fer américain traversant l'isthme (1).

Mais malgré tout, on dut arriver, en juillet 1889, à la résiliation de l'entreprise et au règlement définitif des comptes.

Ce règlement fut opéré par les soins du liquidateur judiciaire dans

---

(1) Cette manière d'agir si désintéressée, et uniquement dictée par un sentiment de dévouement aux intérêts de l'œuvre du canal, a été rappelée et appréciée comme elle le devait, par le Tribunal civil, dans son jugement du 8 août 1894, clôturant tous les procès et homologuant la transaction finale intervenue. Ce jugement déclare mal fondée l'opposition d'un certain groupe d'obligataires qui contestaient la convention et les condamne même à une amende. Il établit, en outre, qu'il y avait dette de la Liquidation envers M. Eiffel, et cela dans les termes suivants : « Attendu qu'on ne peut « qualifier d'illusoire une dette contractée par la Liquidation *sur la foi et au profit de* « *laquelle* Eiffel avait continué les travaux après la dissolution de la Compagnie. »

une transaction par laquelle décharge pleine et entière était mutuellement donnée. Un jugement du Tribunal civil, rendu en Chambre du Conseil, homologua cette transaction et la rendit, en fait comme en droit, inattaquable.

Tout semblait donc terminé. Mais cette liquidation, traînant en longueur, provoqua le mécontentement général du public. On entrevoyait déjà le grand désastre qui allait se produire, et l'on s'étonnait d'un tel résultat après huit années de travaux et la dépense d'une somme considérable. Dès lors, les opérations de la Compagnie, et notamment sa gestion financière, furent l'objet de vives critiques, bientôt suivies de nombreuses plaintes.

Enfin, dès 1892, les passions politiques intervinrent dans cette affaire, qui prit alors une tournure spéciale, marquée par les incidents et les scandales que tout le monde connaît et dont le souvenir est à peine effacé. Nous n'avons pas à insister sur ces divers événements; nous rappellerons simplement que, au milieu du désarroi qui en résulta, et qui provoqua la mise en jeu ou en suspicion de nombreuses et diverses personnalités, M. Eiffel ne fut pas épargné. C'est ainsi qu'il fut abusivement impliqué dans les poursuites pour abus de confiance engagées contre MM. de Lesseps père et fils et autres administrateurs, bien qu'il ne fût, en cette affaire, qu'un simple entrepreneur ayant agi en vertu d'un contrat à forfait, le dégageant de toute responsabilité à l'égard des opérations générales de la Compagnie, et quoique ses comptes avec cette dernière eussent été définitivement réglés.

Comme M. de Lesseps père, le principal accusé, était grand dignitaire de la Légion d'honneur, les poursuites eurent lieu devant la Cour de Paris.

En 1893, au mépris de la décharge absolue qui lui avait été donnée en 1889, une condamnation inique, qui parut dictée par des motifs exclusivement politiques, vint frapper M. Eiffel en même temps que les administrateurs de la Compagnie.

Mais, heureusement pour l'honneur de la justice française, la Cour de Cassation intervint, cassa et annula sans renvoi, en raison de la prescription et *comme violant formellement les dispositions des lois visées par le pourvoi*, cet étrange arrêt qui assimilait un entrepreneur à forfait à un mandataire, et qui le mettait ainsi arbitrairement dans l'obligation de rendre des comptes relativement à l'emploi des sommes qui lui étaient versées d'après son contrat d'entreprise générale. C'est par suite de cette inconcevable assimilation que l'on put arriver, en ce qui concernait l'emploi de quelques-unes d'entre elles, à l'accuser d'abus de confiance, sans que jamais aucune réclamation se fût produite de la part de la Compagnie et sans même qu'aucune intention frauduleuse pût à un moment quelconque être relevée contre lui.

En effet, l'arrêt ni ne l'établissait ni ne la constatait; car la Cour n'avait pas cru devoir statuer sur ce point capital (1), quoiqu'elle eût été mise par M. Eiffel, dans ses conclusions, en demeure de le faire. Cette absence de constatation d'intention frauduleuse était même l'un des nombreux moyens du pourvoi, et ce motif eût suffi à lui seul à faire casser cet arrêt, où toutes les règles du droit étaient méconnues. En effet, si la mauvaise foi n'est pas établie et constatée, le délit d'abus de confiance ne peut, manifestement, pas exister.

Outre la cassation pour vice de forme, la Cour établit que : *En fait,*

---

(1) Le rapport du conseiller rapporteur de la Cour de Cassation, M. de Larouverade, constate ce fait capital dans les termes suivants :

« Les conclusions devant la Cour d'appel contenaient ce dispositif : « Dire « que sur aucun chef, aucune intention frauduleuse ne peut être relevée contre « Eiffel. »

« Pas un des considérants de l'arrêt ne semble se référer à ces conclusions. On « lit bien dans l'arrêt que le liquidateur a été induit en erreur par les déclarations « ambiguës de M. l'ingénieur Jacquier, rapprochées des assertions d'Eiffel; mais il « n'y est pas même dit que ces assertions ont été produites de mauvaise foi. Dans « tous les cas, ce n'est pas dans les termes d'un considérant sans précision ou dans la « simple déclaration de culpabilité résultant du dispositif de l'arrêt, qu'on peut trouver « l'affirmation du caractère frauduleux du délit; des conclusions formelles ayant été « prises devant la Cour de Paris à ce sujet, la constatation de la fraude devait être « exprimée en termes exprès. »

Si cette constatation n'a pas été faite et précisée, c'est qu'il ne pouvait en être autrement sans aller trop ouvertement à l'encontre de la vérité.

Dans le même ordre d'idées et parmi les nombreuses inexactitudes, pour ne pas dire plus, de l'arrêt, il convient de citer celle qui se rapporte à l'opinion de M. Dingler, ingénieur en chef des Ponts et Chaussées, attaché à la Compagnie de Panama; cette opinion avait d'autant plus de poids que M. Dingler avait été le principal rédacteur du contrat de l'entreprise et en avait suivi l'exécution. Cette opinion est représentée par l'arrêt comme un des principaux arguments invoqués contre M. Eiffel.

Or, voici la déclaration spontanément adressée à M. Eiffel par M. Dingler à l'issue des procès :

« De cette discussion, il ressort d'*une façon éclatante* que M. Eiffel ne devait pas être « impliqué dans les poursuites correctionnelles. *Telle a été toujours mon opinion.* »

il y avait eu décharge pleine et entière donnée par le liquidateur en 1889; ce qui, en réalité, jugeait toute l'affaire *au fond.*

La Liquidation de la Compagnie de Panama dut, par suite, abandonner toutes réclamations vis-à-vis de M. Eiffel et lui paya intégralement ce qui lui restait dû, en prenant pour base le règlement de comptes de 1889 qui avait été contesté. Par contre, M. Eiffel, réalisant une offre antérieure, faite longtemps avant tout procès et « *considérant comme un devoir moral d'aider autant qu'il le pourrait au relèvement et à la reconstitution de l'œuvre* », suivant les termes mêmes de la convention finale du 26 janvier 1894 intervenue entre M. Eiffel, les liquidateurs et le mandataire des obligataires (1), prit une part considérable, qui ne fut pas moindre de dix millions, dans la souscription du capital de la nouvelle Société en formation ayant en vue l'achèvement du canal. C'est cette souscription, offerte la première de toutes, qui a été le point de départ de toutes les

---

(1) Il importe au plus haut point à l'intérêt de la vérité, qu'il ne puisse subsister aucun doute sur le caractère de cette convention, qui n'est nullement, comme on l'a dit à tort, la reconnaissance d'une dette et une restitution forcée, prétention contre laquelle M. Eiffel aurait lutté jusqu'au bout. Aussi citerons-nous, malgré sa longueur, l'exposé des motifs de cette convention finale :

« M. Eiffel soutenait que la transaction de 1889, homologuée par un jugement, « était, en fait comme en droit, inattaquable et qu'il ne pouvait être tenu à aucune « restitution vis-à-vis de la Liquidation ou des obligataires.

« Mais, après avoir ainsi défini la situation, qu'il considérait comme lui étant irré-« vocablement acquise vis-à-vis des uns et des autres, il a déclaré :

« Que dans une affaire aussi préjudiciable à tant de personnes que l'a été l'entre-« prise de Panama, il considérait comme un devoir moral, lui qui avait fait des « bénéfices, d'aider, autant qu'il le pourrait, au relèvement et à la reconstitution de « l'œuvre.

« Qu'il avait toujours manifesté hautement cette intention, bien avant l'information « judiciaire, et près de quatre années avant les assignations qui lui ont été signifiées.

« Que ses intentions, à cet égard, étaient restées les mêmes et que, dans cet ordre « d'idées, il venait se mettre à la disposition des liquidateurs, et du mandataire des « obligataires, mais sans que jamais les conventions qui vont ci-après intervenir « puissent lui être opposées comme la reconnaissance d'une dette quelconque envers la « Liquidation, ou les obligataires du Panama.

« MM. Monchicourt, Gautron, liquidateurs, et Lemarquis, mandataire des obliga-« taires, ont pensé que la reconstitution de l'œuvre du Panama présentait un intérêt si « décisif pour les obligataires, qu'il ne leur appartenait pas de repousser le concours « *qui s'offrait à eux.*

« C'est donc en se plaçant *de part et d'autre au seul point de vue des intérêts consi-« dérables engagés dans l'entreprise* que les parties ont arrêté les conventions « suivantes, etc... »

Rien n'est plus formel que ces déclarations des liquidateurs.

combinaisons proposées et qui a permis la constitution définitive de la Société nouvelle; celle-ci a continué les travaux jusqu'à aujourd'hui (octobre 1901), et elle n'a pas perdu l'espoir de les voir s'achever.

Mais la politique dans cette affaire n'avait pas encore dit son dernier mot. A la suite d'une interpellation faite à la Chambre des Députés en décembre 1894, M. G. Eiffel fut appelé, comme membre de la Légion d'honneur, à fournir devant le Conseil de l'Ordre des explications au sujet de la part qu'il avait prise aux travaux du canal de Panama. Après plusieurs enquêtes minutieuses, le Conseil de l'Ordre prit, en 1895, une délibération par laquelle il fut reconnu qu'aucun fait ne pouvait dans cette affaire être reproché à M. Eiffel. Ainsi était démontrée par ce haut Tribunal de l'honneur, jugeant souverainement et devant lequel n'existaient ni exceptions juridiques ni questions de prescription, la profonde injustice des accusations portées contre M. Eiffel, tant à la Cour de Paris qu'à la tribune de la Chambre des Députés.

Voici le texte de cette délibération, telle qu'elle a été notifiée à M. Eiffel :

Paris, le 21 avril 1895.

Monsieur,

J'ai soumis au Conseil de l'Ordre, dans sa séance du 6 de ce mois, le travail de la Commission d'enquête que j'avais instituée, et devant laquelle vous avez été appelé, comme membre de la Légion d'honneur, à fournir des explications au sujet de la part que vous avez prise aux travaux du canal de Panama.

Après avoir pris connaissance du procès-verbal de cette Commission, le Conseil de l'Ordre a adopté les conclusions suivantes :

« Considérant que de l'examen de la conduite de M. Eiffel comme
« entrepreneur des travaux du canal de Panama, ainsi que des docu-
« ments produits, il résulte *qu'il n'a commis aucun fait portant atteinte*
« *à l'honneur* et de nature à entraîner l'application de peines discipli-
« naires, le Conseil de l'Ordre est d'avis qu'il n'y a pas lieu de suivre
« disciplinairement contre lui. »

Agréez, Monsieur, l'assurance de ma considération distinguée.

Le Grand Chancelier,

Général Février.

Au cours de la même année, à la suite d'un vote de la Chambre, le Conseil de l'Ordre et son Grand Chancelier, le général Février, estimant que ce vote portait atteinte à l'indépendance de leur jugement, résignèrent leurs fonctions par la lettre que nous reproduisons :

Paris, le 16 juillet 1895.

MONSIEUR LE PRÉSIDENT DE LA RÉPUBLIQUE,

Grand Maître de l'Ordre de la Légion d'honneur.

La Chambre des Députés, dans sa séance du 13 juillet dernier, a adopté un ordre du jour ainsi conçu :

« La Chambre, regrettant que le Conseil de l'Ordre de la Légion « d'honneur, dans des décisions récentes, ait tenu si peu compte des « arrêts de la Justice, invite le Gouvernement à déposer un projet de loi « réorganisant le Conseil de l'Ordre. »

Accusé d'avoir mal défendu la dignité de la Légion d'honneur, dont il est le gardien vigilant, le Conseil croit devoir présenter au Grand Maître de l'Ordre des observations sur la résolution adoptée par la Chambre des Députés.

Dans l'examen rapide que la Chambre a fait des questions qui avaient donné lieu à une instruction approfondie et à deux délibérations du Conseil, elle ne s'est pas rendu un compte exact de la législation sur la discipline de la Légion d'honneur, et, *faute de connaître l'ensemble des éléments de la question de droit et de la question de fait que soulevait l'affaire de M. Eiffel*, elle en a fait une fausse interprétation.

L'auteur de l'interpellation a invoqué l'article 46 du décret du 16 mars 1852, sans apercevoir qu'un arrêt cassé par la Cour de Cassation avait absolument perdu l'autorité de la chose jugée à tous les points de vue et qu'il n'était plus qu'un document à consulter par le Conseil de l'Ordre dans une instruction ouverte en vertu du décret du 14 avril 1874.

Il ne paraît pas avoir su et la Chambre a ignoré que, devant la Cour de Cassation, M. Eiffel ne s'était pas borné à soutenir que la Cour d'Appel de Paris avait fait une fausse application de la loi en matière de prescription, mais qu'il avait aussi demandé la cassation de cet arrêt par le motif qu'il avait violé la loi en assimilant un entrepreneur à un mandataire et en le déclarant, par suite, coupable d'abus de confiance.

La Cour de Cassation n'a pas pu examiner cette seconde partie du pourvoi, parce que la question de la prescription passait avant toutes les autres. Mais le Conseil de l'Ordre avait le droit et le devoir d'apprécier à son point de vue les faits retenus par la Cour de Paris, et il l'a fait avec la conscience qu'il a toujours apportée dans l'exercice de sa haute juridiction (1).

Le Conseil croit avoir répondu au grief invoqué dans l'ordre du jour de la Chambre.

Mais nous estimons que ce vote, accepté par le Gouvernement, atteint sans distinction tous les membres du Conseil. Notre devoir est donc, dans les circonstances actuelles, de résigner nos fonctions entre les mains du Président de la République, Grand Maître de l'Ordre, qui appréciera.

Le Conseil était ainsi composé :

Général Février, G. C. ✤, Grand Chancelier de la Légion d'honneur, *président;* Général Rousseau, G. O. ✤, Secrétaire général de la Légion d'honneur, *vice-président;* Vice-amiral Thomasset, G. C. ✤, Membre du Conseil de l'Amirauté; Général Charreyron; G. O. ✤, Général Grévy, G. O. ✤; Général Baron de Launay, G. O. ✤; Aucoc, G. O. ✤, Membre de l'Institut, ancien Président au Conseil d'État; Barbier, G. O. ✤, Premier Président honoraire de la Cour de Cassation; Daubrée, G. O. ✤, Membre de l'Institut; Delanbre, G. O. ✤, Conseiller d'État honoraire, ancien Trésorier général des Invalides de la marine; Gréard, G. O. ✤, Vice-Recteur de l'Académie de Paris; Janssen, C. ✤, Membre de l'Institut; Meurand, G O. ✤, Ministre plénipotentiaire honoraire; Tétreau, C. ✤, Président de section au Conseil d'État.

Ce document mémorable, qui fait si grand honneur à la haute indépendance du Conseil de l'Ordre, démontre, à lui seul, la profonde injustice des accusations portées contre M. Eiffel, tant à la Cour de Paris qu'à la tribune de la Chambre des députés.

Tels sont, dans leur réalité, les faits *positifs* généralement ignorés ou mal connus, mais appuyés sur des documents authentiques que

---

(1) Nous ne saurions trop insister sur le caractère si net de ces déclarations. Après la cassation de l'arrêt de la Cour de Paris par la Cour de Cassation, c'est une nouvelle et formelle cassation que prononce cette haute juridiction, devant laquelle cette fois la question de la prescription n'entrait absolument pour rien.

nous avons cru devoir rappeler ici. Ils sont à opposer aux légendes calomnieuses répandues sur le rôle de M. Eiffel dans l'affaire de Panama (1).

§ 9. — Titres honorifiques.

La longue carrière industrielle que nous venons de résumer valut à M. Eiffel des distinctions de diverses natures.

Il fut nommé :

Président de la Société des Ingénieurs civils de France, en 1889.

Président du Congrès international des procédés de construction à l'Exposition de 1889.

Président de l'Association amicale des anciens élèves de l'École Centrale, en 1890.

Membre du Conseil de perfectionnement de cette École.

Lauréat de l'Institut (Prix Montyon de Mécanique), en 1889.

Lauréat de la Société d'Encouragement (prix quinquennal Elphège Baude), en 1887.

A l'étranger, les Sociétés d'ingénieurs les plus en renom lui ont décerné le titre de Membre Honoraire. Nous citerons notamment les Sociétés suivantes :

Angleterre : Institution of Mechanical Engineers de Londres.

États-Unis : American Society of Mechanical Engineers de New-York.

Hollande : Institut Royal des Ingénieurs Néerlandais à La Haye.

Russie : Société Impériale polytechnique russe.

Espagne : Association des Ingénieurs industriels de Barcelone.

---

(1) M. le général Darras, président de la Commission d'enquête instituée par le général Février, a bien voulu tout récemment adresser à M. Eiffel les lignes suivantes, en l'autorisant à les publier dans cet ouvrage :

« *Le général Darras*, très reconnaissant de l'envoi que vous avez bien voulu lui faire « de l'intéressant ouvrage relatif aux travaux scientifiques que la Tour de 300 m a « permis d'exécuter ; très heureux surtout que vous ayez pu saisir ainsi l'occasion « d'éclairer le grand public sur l'inanité des accusations formulées autrefois contre « vous. Il ne doute pas que tous les gens sans parti pris vous rendent enfin pleine « et entière justice. »

Belgique : Association des Ingénieurs sortis des Écoles spéciales de Gand.

Mexique : Société mexicaine de Géographie et de Statistique et Société scientifique « Antonio Alzate ».

A chacune des Expositions de 1878 et de 1889, **M.** Eiffel obtint un Grand Prix, c'est-à-dire la plus haute des récompenses accordées.

Enfin la liste des décorations décernées à **M.** Eiffel montre que chacune d'elles correspond à l'exécution d'importants travaux :

Chevalier de la Légion d'honneur, *à l'ouverture de l'Exposition de 1878*, et Officier en 1889, *à l'inauguration de la Tour*.

Officier de l'Instruction publique (*Exposition de 1889*).

Chevalier de l'Ordre de François-Joseph (*gare de Pest*).

Chevalier de l'Ordre de la Couronne de Fer d'Autriche (*pont de Szegedin*).

Commandeur de l'Ordre de la Conception de Portugal (*pont du Douro*).

Commandeur de l'Ordre d'Isabelle la Catholique d'Espagne (*pont du Tage*).

Commandeur de l'Ordre Royal du Cambodge (*travaux en Cochinchine*).

Commandeur de l'Ordre du Dragon de l'Annam (*travaux en Cochinchine*).

Commandeur de l'Ordre de la Couronne d'Italie (*ponts démontables*).

Commandeur de l'Ordre de Sainte-Anne de Russie (*ponts démontables*).

Commandeur de l'Ordre du Sauveur de Grèce (*travaux divers*).

Commandeur de l'Ordre de Saint-Sava de Serbie (*travaux divers*).

Les principaux ingénieurs qui ont été les collaborateurs de M. Eiffel dans sa carrière industrielle sont :

MM. A. LELIÈVRE, T. SEYRIG, J.-B. GOBERT, Émile NOUGUIER, Maurice KŒCHLIN, Jules PUIG, Charles LOISEAU et Adolphe SALLES.

A. S.

Fig. 103. — Statue de la Liberté.

TABLE DES MATIÈRES

PREMIÈRE PARTIE

LA TOUR AVANT L'EXPOSITION DE 1900

CHAPITRE I

ORIGINES DE LA TOUR

CHAPITRE II

LA TOUR PENDANT L'EXPOSITION DE 1889

DEUXIÈME PARTIE

MODIFICATIONS EN VUE DE L'EXPOSITION DE 1900

CHAPITRE I

PLATES-FORMES

CHAPITRE II

DISPOSITIONS GÉNÉRALES DES ASCENSEURS ET ESCALIERS

CHAPITRE III

ASCENSEUR SYSTÈME FIVES-LILLE

CHAPITRE VIII

MACHINES ET CHAUDIÈRES

CHAPITRE IX

PRODUITS DE L'EXPLOITATION ET DÉPENSES POUR TRAVAUX EN VUE DE L'EXPOSITION DE 1900

I. — RECETTES DE L'EXPLOITATION.

CHAPITRE X

TRAVAUX SCIENTIFIQUES EXÉCUTÉS A LA TOUR

CHAPITRE XI

OBSERVATIONS MÉTÉOROLOGIQUES EN 1900

46

CHAPITRE XII

RÉCEPTIONS ET VISITES FAITES A LA TOUR
EXPÉRIENCES DE M. SANTOS-DUMONT

ANNEXE

CHAPITRE PREMIER

ASCENSEUR SYSTÉME FIVES-LILLE

CHAPITRE DEUXIÈME

ASCENSEUR OTIS DU PILIER NORD

CHAPITRE TROISIÈME

ASCENSEUR VERTICAL DU SOMMET

APPENDICE

TRAVAUX DE M. EIFFEL ET PRINCIPAUX OUVRAGES EXÉCUTÉS
PAR SES ÉTABLISSEMENTS DE 1867 A 1890

PARIS. — L. MARETHEUX, IMPRIMEUR, 1, RUE CASSETTE.

BIBLIOTHEQUE NATIONALE DE FRANCE

3 7531 02885883 6

www.ingramcontent.com/pod-product-compliance
Lightning Source LLC
Chambersburg PA
CBHW052105230326
41599CB00054B/3969